普通高等教育“十三五”规划教材

多媒体技术及应用

郭 芬 主编
陆 芳 林育蓓 余丙军 副主编

電子工業出版社
Publishing House of Electronics Industry
北京·BEIJING

内容简介

全书共分为7章，第1章为多媒体技术概述，第2～6章分别介绍各种媒体及创作工具，包括Photoshop、Audition、Animate、Corel VideoStudio、Dreamweaver等，第7章介绍多媒体应用开发技术。

本书配套的所有实例和素材、授课使用的电子教案及作者创作的多媒体应用实例全部共享，登录华信教育资源网（www.hxedu.com.cn）注册后免费下载，或直接联系作者（g_guofen@sina.com）。同时，还提供本教材中所有实例的操作演示，扫描书中的二维码可观看视频。

图书在版编目（CIP）数据

多媒体技术及应用 / 郭芬主编. —北京：电子工业出版社，2018.1
ISBN 978-7-121-33034-6

Ⅰ.①多… Ⅱ.①郭… Ⅲ.①多媒体技术—高等学校—教材 Ⅳ.①TP37

中国版本图书馆CIP数据核字（2017）第279793号

策划编辑：冉 哲
责任编辑：冉 哲
印　　刷：三河市双峰印刷装订有限公司
装　　订：三河市双峰印刷装订有限公司
出版发行：电子工业出版社
　　　　　北京市海淀区万寿路173信箱　　邮编　100036
开　　本：787×1092　1/16　印张：15.75　字数：403.2千字
版　　次：2018年1月第1版
印　　次：2018年1月第1次印刷
定　　价：39.80元

凡所购买电子工业出版社图书有缺损问题，请向购买书店调换。若书店售缺，请与本社发行部联系，联系及邮购电话：（010）88254888，88258888。

质量投诉请发邮件至zlts@phei.com.cn，盗版侵权举报请发邮件至dbqq@phei.com.cn。

本书咨询联系方式：ran@phei.com.cn。

前言

多媒体技术是一种崭新的、跨学科的综合技术，它给人们的工作、生活和学习带来了深刻的变化。多媒体技术的出现大大改善了人机交互界面，使各种信息系统提高了工作效率，从而让用户感受到一个丰富多彩的计算机世界。

目前，许多高等院校都开设了"多媒体技术及应用"课程。华南理工大学面向全校非计算机专业本科生开设了多门计算机公共基础课程，"多媒体技术及应用"是其中一门课程，占3学分。作者从事该课程教学工作10余年，希望通过教材把多年的教学和实践经验展现给学生，使学生对多媒体技术有一个完整的、综合的认识，从而能在今后的学习和生活中灵活地运用多媒体技术，提高效率。

本书在理论方面重视基础知识，在实践方面重视分析和解决问题的能力，通过实例加强学生对理论知识的理解，主要特点如下。

（1）新颖性。本书采用的应用软件均为当前多媒体技术方面的主流应用软件，且为较新版本。

（2）实用性。各章节引入案例教学，采用启发式教学方法，通过实际问题引出相关原理和概念，读者可参照本书内容边学习边实践，在实例学习中掌握知识点和各类多媒体素材的制作步骤和方法。

（3）系统性。本书从多媒体应用软件制作过程出发，系统全面地介绍了各种素材元素的制作和处理技术，提供了一个多媒体技术及应用的全方位解决方案。

全书共分为7章，第1章为多媒体技术概述，第2~6章分别介绍各种媒体及创作工具，包括Photoshop、Audition、Animate、Corel VideoStudio、Dreamweaver等，第7章介绍多媒体应用开发技术。本书的第3章由余丙军编写，第4章由林育蓓编写，第5章由陆芳编写，第1,2，6，7章由郭芬编写。全书由郭芬负责总体策划和统稿，在本书的编写过程中得到了华南理工大学计算机科学与工程学院徐红云教授的大力支持，同时，参考了大量的技术资料，汲取了许多同仁的宝贵经验，在此一并表示衷心的感谢。

本书配套的所有实例和素材、授课使用的电子教案及作者创作的多媒体应用实例全部共享，登录华信教育资源网（www.hxedu.com.cn）注册后免费下载，或直接联系作者（g_guofen@sina.com）。同时，还提供本教材中所有实例的操作演示，扫描书中的二维码可观看视频。

多媒体技术是一门发展迅速的新兴技术，新的思想、方法和系统不断出现，加之编者的知识水平有限，书中难免有错误和疏漏之处，敬请读者批评指正。

作者

于广州·华南理工大学

目 录

第1章 多媒体技术概述

多媒体技术是20世纪80年代发展起来的一门综合电子信息技术，它给人们的工作、生活和学习带来了深刻的变化。多媒体的开发与应用使计算机改变了单一的人机界面，转向多种媒体协同工作的环境，从而让用户感受一个丰富多彩的计算机世界。

1.1 多媒体技术的背景及现状

1.1.1 多媒体技术的产生

多媒体技术是计算机技术和社会需求相结合而造就的产物。计算机技术的发展，为多媒体技术的产生创造了技术条件，而社会需求则刺激了多媒体技术的发展。

一般认为，1984年美国Apple（苹果）公司提出的位图概念，标志着多媒体技术的诞生。当时，Apple公司正在研制Macintosh计算机，为了增强图形处理功能，改善人机交互界面，使用了位图（bitmap）、窗口（window）、图标（icon）等技术。改善后的图形用户界面（GUI）受到普遍欢迎，多媒体技术也得到很大发展。1985年，美国Commodore公司推出了世界上第一台真正的多媒体系统Amiga，该系统以其功能完备的视听处理能力，大量丰富的实用工具，以及性能优良的硬件，使全世界看到了多媒体技术的未来。多媒体技术的发展历程如下。

① 1986年，Sony（索尼）公司和Philips（飞利浦）公司联合推出了交互式光盘系统（CD-I），并公布了CD-ROM文件格式。

② 1987年，美国RCA公司推出了交互式数字视频（DVI）技术。1989年，Intel（英特尔）公司和IBM公司联合将DVI技术发展为多媒体开发平台Action Media 750，配置了音频板、视频板和多功能板。

③ 1990年10月，多媒体个人计算机市场协会提出了多媒体计算机技术规格MPC1.0标准。从此，标准化的速度进一步加快，1991年制定了JPEG标准，1992年制定了MPEG标准，1993年提出了MPC 2.0，1995年提出了MPC 3.0。

④ 1992年，Microsoft（微软）公司推出Windows 3.1，成为事实上的多媒体操作系统。

⑤ 1995年至今，Microsoft公司相继推出Windows 操作系统各版本。2013年推出Windows 8，如今已推出Windows 10。

⑥ 1996年，Intel公司从Pentium Pro开始，把MMX（Multimedia Extension，多媒体扩展）技术加入CPU中，继而发展为如今的多核处理器等。

1.1.2 多媒体技术的应用

目前，多媒体技术在许多领域得到了广泛的应用，特别在教育与培训、商业应用与企业形象设计、文化与娱乐、多媒体通信、智能化与信息管理等方面应用广泛。

1. 教育与培训

教育领域是应用多媒体技术最早的领域，也是进展相对比较快的领域，包括电子教案、形象教学、模拟交互过程、网络多媒体教学、仿真工艺过程。例如，教师授课使用多媒体教室与多媒体课件、历史或考古课程使用虚拟考古体验馆辅助教学等。

2. 商业应用与企业形象设计

（1）企业形象设计

如今的知名企业非常注重形象设计，利用多媒体网站、宣传视频作为媒介，用生动的多媒体演示作品，使客户了解企业的产品、服务等内容，树立良好的企业形象，促进企业发展。

（2）商业应用

- 商业广告。利用多媒体技术制作商业广告是扩大企业经营范围的有效途径。从影视商业广告、公共招贴广告到大型显示屏广告，其绚丽的色彩、变化多端的形态、特殊的创意效果，不但使人们了解了广告的意图，而且得到了艺术享受。
- 观光旅游。多媒体技术用于旅游业，充分体现了信息社会的特点。通过多媒体展示，人们可以全方位了解这个星球上各个角落发生的事情。此方面的多媒体应用主要包括风光重现、风土人情介绍、服务项目介绍。
- 效果图设计。在建筑装饰、家具等行业，多媒体将设计方案变成完整的模型，提升了客户与设计人员的沟通质量和效率。

除此之外，多媒体技术使得商场导购系统、网上购物系统已渗透到人们的日常生活中。

3. 文化与娱乐

众所周知，文化与娱乐业采用计算机技术，以适应人们日益增长的需求。在影视和娱乐作品中，各种特技、仿真游戏、电子相册均采用多媒体技术。

4. 多媒体通信

前沿的通信应用，例如远程医疗诊断、远程手术等，需要多媒体通信技术的支持，以保证远程应用的顺利进行；另外，人们在网络上传递多媒体信息，以多种形式互相交流，也需要多媒体通信技术的支持，例如多媒体视听会议等。

5. 智能化与信息管理

（1）智能办公

办公信息化中使用了多媒体技术，包括多媒体素材的采集和处理、存储等，以此组成全新的办公自动化系统。

（2）信息管理

多媒体技术已引入各种管理信息系统和平台中，使得人们查询更方便、直观，获取的信息更生动、丰富。例如，高德地图、百度地图、支付宝平台、腾讯云平台等。

（3）智能模拟

智能模拟主要包括生物形态模拟、生物智能模拟、人类行为智能模拟等，这些模拟会使用多媒体技术中的虚拟现实技术、增强现实技术、智能数据库管理技术等。

1.2　多媒体的基本概念

1.2.1　媒体与多媒体

1. 媒体

媒体又称为媒介，是信息表示、信息传递和信息存储的载体。按照国际上某些标准化组织制定的媒体分类标准，媒体主要有6种类型，如表1.1所示。

表1.1　媒体的类型

媒体类别	作　用	表　现	内　容
感觉媒体	直接作用于人的感官	视觉、听觉、触觉	音乐、图形、动画、数据、文字、图像等
表示媒体	定义信息的表达特征	计算机数据格式	图像编码、ASCII编码、声音编码
显示媒体	表达信息	输入、输出信息	输入：话筒、摄像机、鼠标、键盘等；输出：扬声器、显示器、投影仪、打印机等
传输媒体	连续数据信息的传输	传输信号的物理载体	同轴电缆、光纤、双绞线、电磁波等
存储媒体	存储信息	保存、取出信息	磁盘、光盘、闪存
信息交换媒体	存储和传输全部媒体	异地信息交换介质	内存、互联网、浏览器等

2. 多媒体

多媒体一词来自英文Multimedia，是一个复合词，由Multiple（多重）和Medium（媒体）的复数形式Media组成。按字面理解，多媒体是“多重媒体”或“多重媒介”的意思。

在计算机领域中，媒体包括两个含义：一是指存储信息的实体即存储媒体，如光盘、磁盘等；二是指表示信息的载体即表示媒体，如图像、文字等。表示媒体又可以分为三种类型：视觉类媒体（图形图像、动画、视频等）、听觉类媒体（语音、音乐等）、触觉类媒体（点、位置跟踪等）。视觉和听觉类媒体是信息传播的内容，触觉类媒体是实现人机交互的手段。

通常，人们所指的多媒体中的媒体是表示媒体，而多媒体是融合两种或两种以上的表示媒体的一种人机交互式信息交流和传播媒体，它是多种媒体信息的综合。

1.2.2　多媒体技术

多媒体技术的实质是将自然形式存在的各种媒体数字化，然后利用计算机对这些数字信息进行加工或处理，以一种友好的方式提供给用户使用。因此，多媒体技术往往与计算机联系起来，可以将多媒体技术看成将先进的计算机技术与视听技术、通信技术融为一体而形成的一种新技术。

概括起来，多媒体技术是指将文本、音频、图形图像、动画和视频等多种媒体信息通过计算机进行数字化采集、编码、存储、传输、处理和再现等，使多种媒体信息建立起逻辑连接，并集成为一个具有交互性的系统的技术。

Tips 随着技术的进步，多媒体的含义和范围将不断扩展。在应用上，多媒体一般泛指多媒体技术。

1.2.3 多媒体技术的特性

多媒体技术具有多样性、交互性、集成性、实时性、非线性、信息使用的方便性和信息结构的动态性等特性。

1. 多样性

多样性是指信息载体的多样性，即信息多维化，同时，也符合人从多个感官接收信息的这一特点。

2. 交互性

交互性可以增加对信息的注意力和理解力。当交互引入时，“活动”本身作为一种媒体介入到数据转变为信息、信息转变为知识的过程中。其中，虚拟现实（Virtual Reality）是交互式应用的高级阶段，可让人们完全进入与信息环境一体化的虚拟信息空间。

3. 集成性

多媒体技术的集成性包括两方面：多媒体信息媒体的集成，处理媒体设备的集成。

4. 实时性

由于多媒体系统需要处理各种复合的信息媒体，因此决定了多媒体技术必然支持实时处理。接收到的各种信息媒体在时间上必须是同步的，其中以声音和活动图像的同步尤为严格。对于电视会议系统等多媒体应用，更要求强实时（Hard Real Time），例如，声音和活动图像不允许停顿，必须做到“唇音同步”等。

5. 非线性

多媒体技术的非线性特点改变了人们传统循序性的读/写模式。多媒体技术借助超文本链接的方法，把内容以一种更灵活、更多变的方式呈现给读者。

6. 信息使用的方便性

人们可以按照自己的需要、兴趣、任务要求、偏爱和认知特点来使用信息，获取图、文、声等信息表现形式。

7. 信息结构的动态性

人们可以按照自己的目的和认知特征重新组织信息，即增加、删除或修改节点，重新建立链接等。

1.3　多媒体系统的组成

从广义上分，多媒体系统就是利用计算机技术和数字通信网络等技术，集电话、电视、媒体、计算机网络等于一体的信息综合化系统。

多媒体系统目前仍可分为多媒体硬件系统和多媒体软件系统两部分。其中，硬件系统主要包括计算机基本硬件、多媒体接口卡（包括多媒体实时压缩和解压缩电路）、多媒体外部设备及通信设备，软件系统包括多媒体硬件设备驱动软件、多媒体系统软件、多媒体编辑与创作软件及多媒体应用软件/系统等。

1.3.1　层次结构

计算机是一切多媒体计算机系统的核心。图1.1是多媒体计算机系统的层次结构。

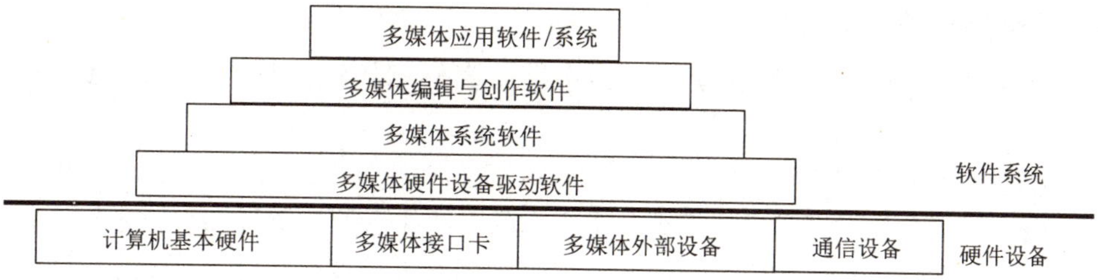

图1.1　多媒体计算机系统的层次结构

1.3.2　多媒体硬件系统

计算机系统的基本硬件包括运算器、控制器、存储器、输入设备和输出设备五大组成部分，多媒体计算机在五大组成部分的基础上增加了多媒体接口卡、外部设备和通信设备。

1. 多媒体接口卡

多媒体接口卡是多媒体系统为获取编辑音频或视频，插在计算机主板功能扩展槽上的设备，以便解决各种媒体数据的输入/输出问题。例如，声卡、显卡、网卡等。

2. 多媒体外部设备

多媒体外部设备种类繁多，主要包括如下设备。

① 视频、音频输入设备。例如，扫描仪、摄像机、数码相机、智能手机等。

② 视频、音频输出设备。例如，投影仪、音响设备等。

③ 交互界面设备。例如，触摸屏、光笔等。

④ 存储设备。例如，移动硬盘、闪存等。

3. 通信设备

通信设备包括有线通信设备（如交换机）和无线通信设备（如无线AP）等。

简言之，多媒体计算机硬件系统是由计算机音频输入/输出和处理设备、视频输入/输出和处理设备、计算机主机及其他通信设备等选择性组合而成的。现在的个人计算机普遍可处理多媒体指令，成为功能齐全的多媒体处理设备，例如，多功能一体机等。

1.3.3 多媒体软件系统

多媒体软件系统包括多媒体硬件设备驱动软件、多媒体系统软件、多媒体编辑与创作软件及多媒体应用软件/系统等。

1. 多媒体硬件设备驱动软件

其功能是完成设备的初始化，实现各种设备操作以及设备的关闭等。驱动软件一般常驻内存，每种多媒体硬件都需要一个相应的驱动程序。

2. 多媒体系统软件

它是指个人计算机的基本操作系统、数据库系统等。支持多媒体的操作系统是多媒体软件的核心，负责多媒体环境下任务的调度，保证音频、视频同步控制及信息处理的实时性，还提供多媒体设备管理等。多媒体数据库系统用于管理多媒体数据，为多媒体应用软件提供数据服务。

3. 多媒体编辑与创作软件

多媒体编辑与创作软件按其功能分为多媒体素材制作软件和多媒体应用开发软件两大类。

（1）多媒体素材制作软件

它是由专业人员在多媒体操作系统之上开发的，用于采集、整理和编辑各种多媒体素材的软件。在多媒体应用软件制作过程中，对多媒体素材进行编辑和处理是十分重要的，多媒体素材制作的好坏，会直接影响整个多媒体应用系统的质量。常见的多媒体素材制作工具软件如表1.2所示。有关多媒体素材制作的工具软件及应用是本课程的重要学习内容，后续章节将围绕这些工具的应用方法展开。

表1.2 常用素材制作工具软件

素材类型	常用工具软件	移动终端常用APP
文本	Cool 3D、Word、WPS、Indesign、Incopy等	WPS Office移动端、扫描全能王、各类输入法等
图形图像	Photoshop、CoreDraw、AutoCAD、Illustrator、Lightroom等	美图秀秀、天天P图、美图处理、B612、Beautyplus等
声音	Adobe Audition、GoldWave 、Audiodirector等	音频编辑器、音乐裁剪大师等
动画	Adobe Flash、3D Max、Maya、Adobe Animate等	动漫画制作编辑器、精灵动画等
视频	会声会影、爱剪辑、Adobe Premier、After Effects、Prelude、Adobe Media Encoder等	乐秀视频编辑器、视频播放软件（如爱奇艺）等
网页	Adobe Dreamweaver等	Mozilla Webmaker等

（2）多媒体应用开发软件

这是指主要用于特定领域的多媒体应用软件，是多媒体设计人员在多媒体操作系统中进行开发的软件工具。根据所用工具的类型不同，有的以页面或卡片为基础，例如，Tool Book、HyperCard、Prezi、PowerPoint 等；有的基于图标导向的编辑系统，例如，Authorware；有的基于时间导向的编辑系统，例如，Director、Action 等；有的以传统程序语言为基础，例如，C、Visual C++、Visual Studio 集成开发环境；有的是工具集，如 Adobe CC 工具集等。多媒体应用开发技术将在第 7 章中阐述。

4. 多媒体应用软件/系统

它是指由各种应用领域的专家或开发人员利用多媒体素材处理与创作工具等组织编排大量的多媒体数据而成为最终多媒体产品，例如，各种多媒体教学系统、多媒体素材播放软件、文件格式转换软件等。多媒体应用系统所涉及的应用领域主要有文化教育教学软件、信息系统、电子出版、音像影视特技、动画等。例如，用于教学的多媒体产品称为多媒体教材或多媒体课件，用于游戏娱乐的多媒体产品称为多媒体游戏。 有关多媒体产品的开发技术将在第7章中详细阐述。

1.4　多媒体主要技术及对象

1.4.1　多媒体主要技术

多媒体主要技术包括多媒体操作系统技术、功能芯片技术、输入/输出技术、多媒体数据压缩技术、光存储技术、多媒体通信与分布处理技术、多媒体数据库技术、多媒体素材采集和处理技术、虚拟现实与增强现实技术、智能多媒体技术等。

1. 多媒体操作系统技术

多媒体操作系统是多媒体应用程序的运行平台，该平台具备对多媒体数据和多媒体设备进行管理和控制的功能，具有综合使用各种媒体的能力，能灵活地调度多种媒体数据，并能进行相应的传输和处理。目前，流行的多媒体操作系统是通用操作系统，如Windows 系列、MAC OS系列。

2. 功能芯片技术

多媒体芯片技术近年来发展迅速。例如，实现动态多媒体数据的采集需要专用芯片，因此各种支持多媒体功能芯片的研制是多媒体基础技术之一。

3. 输入/输出技术

多媒体输入/输出技术是处理多媒体信息传输接口的技术。由于人类的听觉和视觉只能感知模拟信号，而计算机只能处理数字信号，因此多媒体技术必须解决信号转换问题。例如，声卡用来处理模拟音频与数字音频的相互转换问题。

4. 多媒体数据压缩技术

数字化后的多媒体信息的数据量非常庞大，给存储器的存储容量、带宽及计算机的处理速度都带来极大的压力，因此，需要通过多媒体数据压缩技术来解决数据存储与信息传输的问题，同时使实时处理成为可能。

5. 光存储技术

近几年，光存储技术得到迅速发展。目前存储容量很大的DVD光盘已广泛使用，单层DVD盘片能存储4.7GB的数据。

6. 多媒体通信与分布处理技术

大数据量、不同类型的媒体信息的传输对于通信有不同的技术要求。例如，视频数据的传输要求实时同步，但允许有小的数据错误；而文本数据对准确性要求极高，但允许有延迟。因此多媒体通信与分布处理必须充分考虑各种媒体的特点，解决数据传输中的所有问题。

7. 多媒体数据库技术

数据的组织和管理是任何信息系统都要解决的核心问题。传统数据库系统已不能处理数据量大、种类繁多、关系复杂的多媒体数据。目前，人们开发新一代数据库，结合多媒体技术手段，形成多媒体数据库管理系统。例如，美国CA公司的Jasmine数据库是世界上第一个真正面向对象的多媒体数据库。

8. 多媒体素材采集和处理技术

在制作多媒体产品过程中，需要对各种原始素材进行采集和处理。如今有许多针对各种素材的编辑和处理技术，例如，视频采集与编辑技术。这也是本书主要介绍的内容。

9. 虚拟现实与增强现实技术

虚拟现实技术（Virtual Reality，VR）综合利用了多种计算机技术，模拟人的视觉、听觉、触觉等感觉器官功能，创造出虚拟境界，并能让人通过手势与语言等进行实时交互，具有广阔的应用前景。例如，外科医生在真正动手术之前，通过虚拟现实技术的帮助，能在显示器上重复地模拟手术，移动人体内的器官，寻找最佳手术方案从而提高手术成功率；又如，四川成都市的虚拟考古体验馆，是通过虚拟现实产生三维空间影像，以供公众参观的数字化体验馆。

增强现实技术（Augmented Reality，AR）借助各种技术将计算机生成的虚拟环境与用户周围的现实环境融为一体，使用户从感官效果上确信虚拟环境就是其周围真实环境的组成部分。例如，为军队提供关于周边环境的重要信息，显示建筑物另一侧的入口等。

10. 智能多媒体技术

1993年12月，在英国举行的多媒体系统及应用国际会议上，由英国的Michael D.Vislon提出了智能多媒体的概念，希望通过引入人工智能，增加多媒体计算机的智能性，两者相互促进，共同发展。目前，智能多媒体技术在文字识别和输入、汉语语音的识别和输入、自然语言理解和机器翻译、图形识别、机器人视觉、基于内容检索的多媒体数据库、云计算与大数据处理方面取得了实质性进展，部分技术已得到广泛应用。

1.4.2 多媒体技术的发展方向

多媒体技术是一种跨学科、多应用领域的综合技术，涉及计算机科学、声像学、网络与通信等多个学科，其发展为人类与多维化的信息空间的交互提供了保障，将信息社会推向了一个崭新的时期，顺应了信息时代的需求。目前，多媒体技术主要有以下几个发展方向。

1. 多元化方向

多元化指多媒体技术发展的应用领域、主要技术、应用手段的全方位多元化。目前，多媒体技术除了在教育培训、商业服务、医疗服务等方面稳定发展外，正在向自动控制系统、人工智能系统、仿真系统等技术领域渗透，这将产生许多新的观点，并成为热点研究课题之一。

2. 网络化方向

由于技术进步，信息化速度加快，因此多媒体信息技术和网络化相互结合起来，解放了人们的思想，转变了教育方式，从根本上解决了文件处理、录像带资料长期保存、图像视频的观看等问题。例如，如今的百度云盘、360云盘已成为许多人存储个人资料的首选。

3. 智能化方向

随着未来多媒体网络的环境要求增强，多媒体网络的智能化发展更加完善，智能化机器人将会给人类社会带来翻天覆地的变化，更好地服务人类生活。例如，扫地机器人、智能家电、个性化推荐等，都是多媒体技术智能化方向的应用之一。

4. 标准化方向

各类标准的研究建立有利于产品规范化。以多媒体为核心的信息产业突破了单一行业的限制，涉及许多行业，而多媒体系统集成特性对标准化提出了更高的要求，因此标准化研究成为热点课题之一，标准化方向成为多媒体技术发展的趋势。

随着科技的发展，社会各领域对图形图像处理、大容量数据存储、信息交换与快速检索、大数据处理等的需求越来越多，医学、交通、工业产品制造及农业等各方面都构成了对多媒体技术的社会需求，全方位的社会需求使多媒体技术的应用领域越来越广泛，其发展也永无止境。

1.4.3　认识多媒体对象

在多媒体环境中，计算机所处理的信息已从简单的文字与数值计算发展到音频与视频信息，目前多媒体技术的主要处理对象包括文本、图像、音频、动画与视频等，所有对象均采用数字形式存储，形成相应的文件，这些文件称为多媒体数据文件，都有自己的特点和文件格式。目前，多媒体数据文件使用光盘、硬盘、半导体存储芯片等作为存储介质。

1. 文本

文本包含字母、数字等基本元素。多媒体系统除具备一般的文本处理功能外，还可以应用人工智能技术对文本进行识别、理解、翻译等。例如，Windows 10 操作系统自带文本转换为语音的功能；微信等应用嵌入了语音输入功能，实现了语音转换为文本的应用。另外，超文本是超媒体文档不可缺少的组成部分，这部分将在第6章中详细介绍。

2. 图像

图像一般是指自然界中的客观景物通过某种系统的映射，使人们产生视觉感受。在自然界中，景和物有两种形态，即动和静。静止的客观景物称为“静态图像”；活动的客观景物称为“动态图像”。

静态图像简称为图像，由像点表示，一个文件存储一幅图像，主要用于表现自然景物、人物及平面图形。经过数字化的静态图像以文件的形式存在，这种文件称为“图像文件”。图像文件的格式有很多种，常见的有JPEG、BMP、PNG、GIF等格式。关于静态图像文件的概念和编辑处理将在第2章中详细阐述。就色彩而言，图像分为单色图像、灰度图像和彩色图像三大类。

（1）单色图像

单色图像指颜色单一的图像。单色图像最简单的形式只有黑、白两色，该图像称为“二值图像”，效果如图1.2所示。二值图像常用于文本的显示，即所谓“白纸黑字”的显示形式，多用于木刻、版画等的显示。

（2）灰度图像

单色图像的复杂形式就是灰度图像。灰度图像是每个像素只有一个采样颜色的图像，但通常显示为从最暗的黑色到最亮的白色的灰度，如图1.3所示。灰度图像与二值图像不同，二值图像只有黑白两种颜色，灰度图像包含在黑色与白色之间的均匀过渡。

图1.2　二值图像

图1.3　灰度图像

（3）彩色图像

彩色图像的色彩丰富，可以用不同的颜色模式表示。色彩的使用详见1.5.3节。

3. 音频

在计算机中，声音以文件的形式存在，即“音频文件”。音频文件分为三大类：一类是采用 WAV 格式存储的波形音频文件；一类是采用 MIDI 格式的乐器数字化接口文件；一类是采用 MP3 等格式的压缩音频文件。对于 WAV 格式的文件和 MP3 等格式的压缩文件，通过数字采样获得声音素材；对于 MIDI 格式的文件，则通过 MIDI 乐器的演奏获得声音素材。

计算机的声卡具有声音解码器和MIDI接口。对于WAV格式、MP3格式的文件，采用波形音频编辑器对其进行编辑。对于MIDI格式的文件，使用专门的MIDI音频编辑器可对音频文件进行各种加工、合成和编辑操作。

对于音频文件的概念和编辑处理将在第3章中详细阐述。

4. 动画与视频

动态图像也是由像点组成的，一个文件可以存储多幅图像（称为序列帧），如图1.4所示。由于人眼有视觉滞留效应，因此当多幅图像连续放映时，就看到了所谓的“动态图像”。

图1.4　序列帧

动态图像分为两大类：动画和视频影像。人工绘制的图像或计算机产生的图像形成的动态图像就是“动画”，常采用FLV、SWF等文件格式。实时获取的自然景物组成的动态图像是“视频影像”，常采用AVI、MPG、MP4等文件格式。

动画和视频的制作与处理将在第4章和第5章中详细介绍。

1.5　多媒体产品的美学

多媒体创作的最终成果是多媒体应用产品。美学在多媒体产品设计中占有非常重要的位置，学习和掌握基本的美学理念，对产品的设计和开发能够起到画龙点睛的作用。

1.5.1　美学的表现手段及作用

1. 美学的表现手段

美学是由多种元素共同构成的一项系统工程，主要通过绘画、色彩和版面这三个基本美学要素来展现自然的美感。多媒体产品的美学设计就是利用美学观念和人体工程学观念来设计产品，以符合人们视觉规律为前提，设计媒体之间的最佳搭配方式和空间显示位置，设计产品及其外包装，设计使用说明书和技术说明书的封面和版式。

在美学三要素中，绘画是美学的基础。通过手工绘制、计算机绘制和图像处理，使线条等元素具有美学的意义，从而构成形象化的图形图像。色彩构成是美学的精华。研究色彩之间的关系、精确到位的色彩组合、良好的色彩搭配是色彩构成的主要内容。平面构成有时也称为版面构成，是美学的逻辑规则，主要研究对象之间的位置关系。

2. 美学的作用

在制作多媒体产品时引入美学观念，主要有如下作用。

（1）产生更好的视觉效应

多媒体技术已经应用到现代社会的各行各业，而所有行业都非常重视视觉效应。为提升人们对多媒体产品的注意力，必须运用美学的表现手段，使产品具有舒适的色调、醒目的标题等。

（2）内容表达形象化

研究表明，人们更容易接受和认识形象化事物。美学的运用不仅可以将多媒体产品中的内容形象化地表达和展示出来，而且还能以最简单的形式传递更多的信息。

(3) 增加产品的价值

利用美学观念，设计人们喜欢的产品，不仅扩大了产品的知名度，而且还增加了产品的附加价值。包装的日益盛行，正说明了这一点。

1.5.2 构图的设计

构图设计一般指的是平面构图。在多媒体产品中，有很多的平面需要构图。例如，控制界面、游戏界面、演示画面等。按照美学的基本原理，平面构图主要研究平面上两个或两个以上对象的构图方法，如果运用某些方法，平面的视觉效果相对会更好。平面的构图方法也有很多，例如，三角形构图、斜线构图、框式构图等。由于篇幅关系，本节只简要介绍几种和多媒体产品联系最紧密的构图方法。

1. 三分法构图

广义而言，三分法构图是指将平面纵向或横向分割为三部分，可以三等分，也可以按黄金比例分，甚至可继续细分变成棋盘式，然后各部分动态组合。

在多媒体产品的界面设计中，经常利用三分法构图方法，以达到凸显产品功能核心的目的，最终让用户获得更好的体验。该构图规则适用于显示功能较多的平级菜单导航。主要运用在以分类为主的一级页面，起到分类的作用。如图1.5所示，图（a）为上中下结构，其上部和下部为棋盘式，中部凸显当前主题；图（b）为左中右结构，其中部为棋盘式，这是操作系统界面的典型设计；图（c）为上中下结构，其中部为棋盘式，上部为标志和文字区域，底部为操作按钮区域，这是当前许多APP操作界面的典型设计方法。

(a) 上中下结构　　(b) 左中右结构　　(c) 上中下结构

图1.5　三分法界面设计构图

除此之外，图像的构图设计也可以采用三分法。首先将图像画面用两条竖线和两条横线分割，如同书写中文“井”字，这样就可以得到4个交叉点，然后再将需要表现的重点放置在4个交叉点中的一个即可。采用这种构图方法，画面鲜明，构图简练，可用于近景等，如图1.6所示。

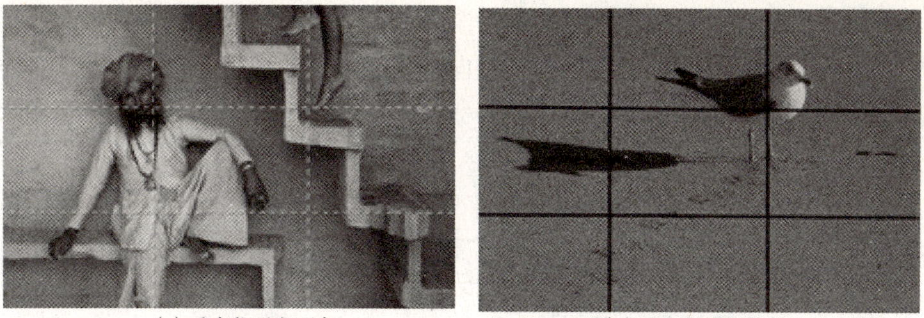

(a) 重点位于左下方　　(b) 重点位于右上方

图1.6　三分法图像构图

2. 放射状构图

放射状构图，能够凸显位于中间的内容或功能点的作用。将主要的功能设置在版式的中间位置，就能引导用户的视线聚集在想要突出的功能点上，就算视线本来不在中间的位置，也能引导用户再次回到中心的聚集处。放射状构图应用如图1.7所示。

(a) 图像　　(b) 图标

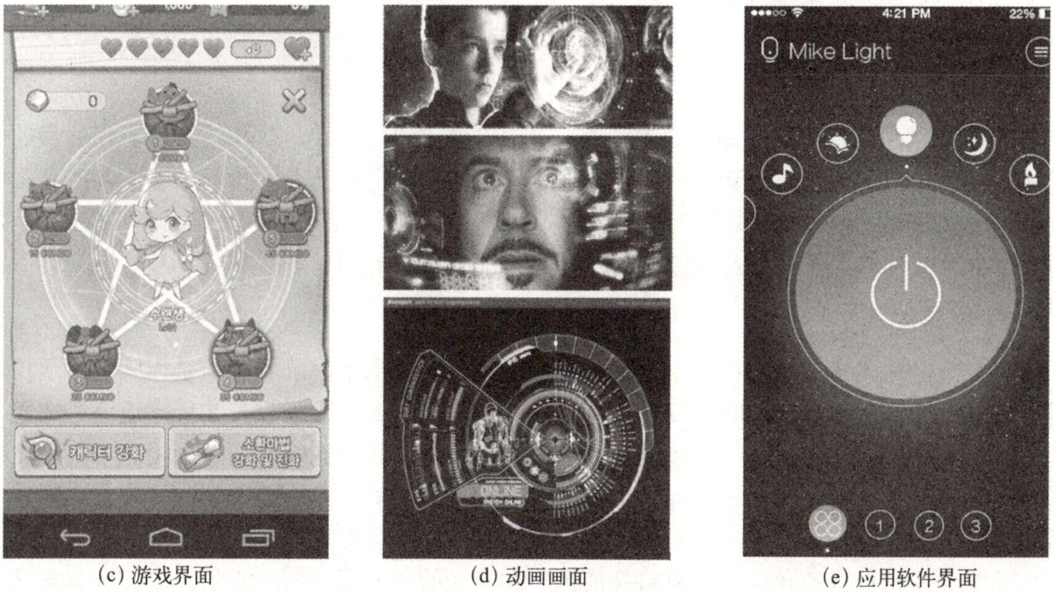

(c) 游戏界面　　(d) 动画画面　　(e) 应用软件界面

图1.7　放射状构图应用

3. S形构图

S形构图是指物体以字母S的形状从前景向中景和后景延伸，画面构成纵深方向的空间关系的视觉感，这种构图特点是画面比较生动，富有空间感，如图1.8所示。在多媒体产品的界面设计中有时也称为路径指引构图，在设计实践中，能有效引导读者视线，对增强用户体验有重要的作用。

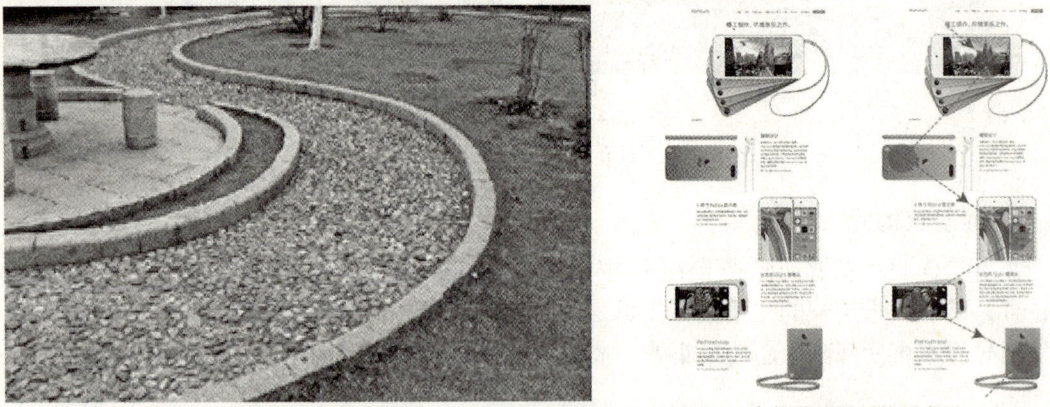

(a) 图像构图应用　　(b) 页面/界面构图应用

图1.8　S形构图应用

Tips 构图除了考虑构图方式外，还需要考虑标题、插图、标志和轮廓的搭配方式，以达到画面的美感。

1.5.3　色彩的使用

色彩是美学的重要组成部分，是人们生活中不可缺少的元素。色彩包含很多内容，例如色彩的作用、色调、形式美感、色彩物理学、色彩混合等。本节只对与多媒体产品相关的知识做简要介绍。

1. 色彩构成

把两个或两个以上的元素组合在一起，形成新的元素，称为“构成”。为了某种目的，把两个或两个以上的特定元素——色彩，按照一定的原则进行结合和搭配，形成新的色彩关系，这就是“色彩构成”。简言之，色彩构成就是色彩搭配，而色彩搭配的唯一目的就是创造美感。多媒体产品的画面是否漂亮，是色彩搭配要解决的问题。

2. 三原色

自然界物体本身没有颜色，不同的物体之所以会表现出不同的颜色，是因为物体所反射的光的波长不同。例如，树叶只反射自然光中绿色波长的光，而吸收了其他颜色波长的光，当反射的绿光作用于人眼时，看到的树叶就是绿色。不同物体吸收和反射太阳光中不同波长的光，从而构成了美丽的多彩世界。人们看到的大多数光不是单一波长的光，而是由多种不同波长的光组合而成的。表1.3列出了6种颜色对应的波长范围。

依据色彩理论，原色包含“色料三原色”和“光的三原色”两个系统，它们各有自己的理论和范畴。

（1）RYB色料三原色

色料三原色指绘画中使用的三种基本色料R（红）、Y（黄）、B（蓝）。掌握色料三原色的搭配是绘画的基本功。

（2）RGB光的三原色

光在本质上是一种电磁波。通常意义上的光是指可见光，即能引起人的视觉的电磁波。R（红）、G（绿）、B（蓝）三种颜色构成了光线的三原色。光三原色也称为“计算机三原色”。计算机显示器根据此原理制造。光三原色的配色规律如表1.4所示。在光色搭配中，参与搭配的颜色越多，其明度越高。在图像处理软件和动画制作软件中，都符合光三原色的搭配规律。

表1.3　颜色的波长范围

颜色	波长范围/nm
红	760～622
橙	622～597
黄	597～577
绿	577～492
蓝	492～455
紫	455～380

表1.4　RGB配色基本规律

原色	原色	原色	混合色
红	绿	—	黄
—	绿	蓝	湖蓝
红	—	蓝	紫
红	绿	蓝	白

3. 色彩要素

人的视觉系统既可以感觉到光的强度（即亮度），也可以感觉到光的颜色（即色彩）。人眼对亮度和色彩的感知是一个物理、生理和心理的复杂过程。通常，人眼对颜色的感知用色调、饱和度与亮度三要素来度量，它们共同决定了视觉的总体效果。

（1）色调（Hue）

色调又称色相，是指颜色的相貌，它代表颜色的种类。色相主要取决于颜色的波长。当某种颜色的亮度与饱和度发生变化时，虽然颜色发生了视觉变化，但波长未变，色调也就没有改变。在美学设计中，对色调敏感的人往往使用最少的颜色表现最丰富的内容。色调主要用于表现色彩的冷暖氛围、表达某种情感。

（2）饱和度（Saturation）

饱和度也称为纯度或彩度，描述颜色的深浅程度。彩色都有饱和度值，值的高低反映了该色中含灰色的程度，饱和度越高则颜色越浓。自然光中的红、橙、黄、绿、蓝、紫色是饱和度最高的颜色。人眼对不同颜色的饱和度感觉不同，红色醒目，饱和度感觉最高；绿色尽管饱和度高，但人们总是对该色不敏感。黑色、白色、灰色的饱和度为0。

（3）亮度（Luminance）

亮度又称明度，指色彩的明暗程度。恰到好处地处理物体各部位的亮度，可以产生物体的立体感。白色是影响明度的重要因素，当明度不足时，添加白色，反之亦然。亮度会对饱和度产生不可忽视的影响。

色彩三要素的关系是：亮度降低，饱和度也随之降低，反之亦然；当饱和度不够时，色调区分也不明显。色彩的三要素互相制约，互相影响。

4. **常用的色彩模式**

色彩模式是指在计算机上显示或打印图像时所能使用的色彩数目，决定了图像的通道数目和图像文件的大小（详见第2章）。每种色彩模式都有自己的特点，因此，不同的图像应用领域必须采用不同的色彩模式。

（1）索引模式（Index）

索引模式只能存储一个8位色彩深度的文件，即256种预先定义好的颜色。每幅图像的所有颜色都定义在其图像文件中，即将所有的色彩映射到一个色彩盘中，该色彩盘称为色彩对照表。用图像编辑软件打开图像文件时，软件从色彩对照表中找到最终的色彩值。

（2）RGB模式

RGB是色光的色彩模式，也称加色模式，如图1.9所示。其中，R代表红色，G代表绿色，B代表蓝色，由这三种色彩叠加形成其他色彩。显示器、投影设备及电视机等许多设备都依赖于这种加色模式来显示。RGB三种颜色各有256个亮度级，叠加后形成1670万种颜色，即真彩色，通过它们足以再现绚丽的世界。

（3）CMYK模式

当阳光照射到一个物体上时，这个物体将吸收一部分光线，并反射剩下的光线，反射的光线就是人眼所看见的物体颜色，这就是减色法的原理。CMYK模式采用减色法原理，也称减色模式，是人眼看物体的颜色和印刷时采用的模式。CMYK代表印刷上用的4种颜色，C代表青色，M代表品红色，Y代表黄色，由于在实际应用时，青色、品红色和黄色很难叠加形成真正的黑色，因此引入了K，代表黑色，用于强化暗调，加深暗部色彩，如图1.10所示。

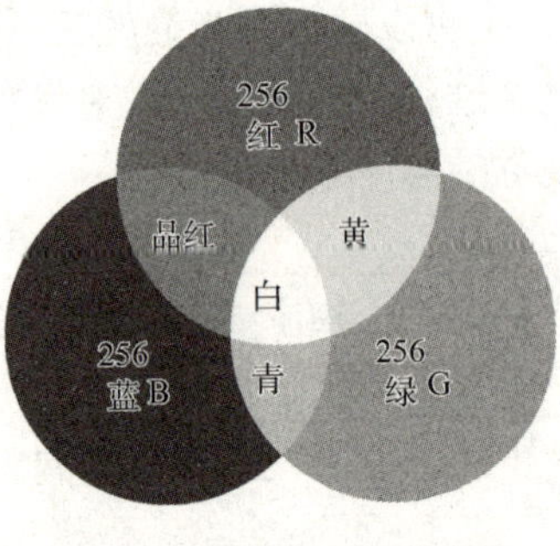

图1.9　RGB模式

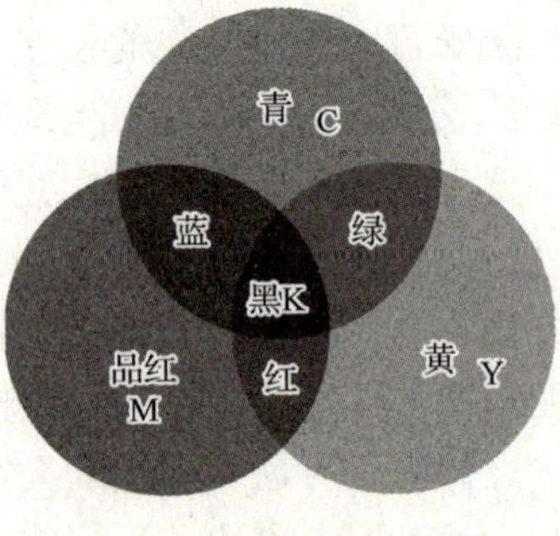

图1.10　CMYK模式

CMYK模式是最佳的打印模式，因为彩色打印机采用CMYK模式进行打印，但CMYK模式所定义的色彩要比RGB模式定义的色彩少很多。因此，尽管RGB模式色彩多，但不能完全被打印出来。从这个角度出发来考虑，需要高质量打印输出的图像，在编辑时应直接采用CMYK模式以避免色彩的损失，但CMYK的运算速度很慢，不是一个理想的编辑模式。

（4）Lab模式

Lab模式既不依赖于光线，也不依赖于颜料，它由亮度通道L、两个色彩通道A和B共三个通道组成，A通道包括的颜色从深绿色（低亮度值）到灰色（中亮度值）再到亮粉红色（高亮度值）；B通道包括的颜色从亮蓝色（低亮度值）到灰色（中亮度值）再到黄色（高亮度值）。

Lab模式弥补了RGB和CMYK两种色彩模式的不足，它所定义的色彩最多，与光线及设备无关，处理速度与RGB模式一样快，可以在图像编辑中使用。另外，Lab模式转换为CMYK模式时，色彩不会丢失或被替换。因此，可使用Lab模式编辑图像，再转换为CMYK模式打印输出。

（5）HSB模式

HSB色彩模式只在色彩汲取窗口中出现。H表示色相，即纯色，是组成可见光谱的单色，红色在0°，绿色在120°，蓝色在240°，它基本上是RGB模式全色度的饼状图。S表示饱和度，指色彩的纯度。白色、黑色和灰色都没有饱和度。当每种色相的饱和度最大时，具有最纯的色光。B表示亮度，指色彩的明亮度，黑色的亮度为0。

（6）YUV与YIQ模型

除此之外，还有一些其他的色彩模式，彩色电视系统采用YUV或YIQ颜色模型表示彩色图像，YUV适用于PAL和SECAM彩色电视制式，YIQ适用于NTSC彩色电视制式。

5. 颜色搭配要点

在多媒体创作过程中，应根据要表达的思想和目的，将尽可能少的颜色搭配起来产生美感。依据视觉平衡的原理，当不同的物件颜色具有共同属性时易于调和，会产生和谐美感。如果颜色相冲突时，就会产生不和谐的感觉而破坏美感。颜色的搭配离不开色轮理论，图1.11显示了颜色的种类和颜色之间的关系。颜色搭配的主要类型如下。

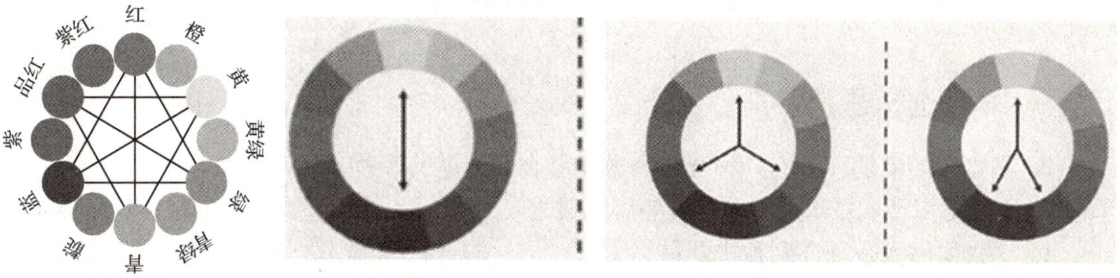

(a) 色环　(b) 互补色　(c) 三色组　(d) 分裂互补三色组

图1.11　颜色的关系

（1）同类色搭配。任意相同色相的颜色称为“同类色”，例如大红色和玫瑰红色。同类色的搭配即利用不同的明暗搭配（包括饱和度、明度的设置）制造出和谐的层次感。

（2）相邻色搭配。任意两个相邻的颜色称为“相邻色”。例如品红和紫红色，蓝色和紫色。比起同类色的搭配，相邻色显得更活泼些，搭配起来也相对比较随意。

（3）中性色搭配。中性色指黑色、白色和灰色，可以调和各种颜色，可大胆地配色并辅以一些其他方法，例如以颜色面积对比为主搭配等。

（4）互补色搭配。互补色指在色轮上完全对立的两种颜色，如图1.11（b）所示。这种色彩搭配效果比较强烈，因此可以再搭配一些低饱和度或中性色的颜色。

（5）三色组搭配。是指在色轮上彼此相隔120°的三种颜色，如红色、蓝色和黄色，如图1.11（c）所示。在双色搭配中，可以任意选择三色组中的两组进行搭配。

（6）分裂互补三色组。是指一种颜色与其互补色两边的颜色组成的颜色组。例如，黄色和紫色、靛色，如图1.11（d）所示。

Tips　互联网上有很多关于配色的网站和素材，提供一些二色配色、三色配色、多色配色的彩色样本给用户下载，用户可根据需要从中选择合适的配色方案。

本章小结

本章概述了多媒体技术的基本概念及相关知识。

多媒体技术是计算机技术和社会需求相结合而造就的产物。

多媒体技术在许多领域得到了广泛的应用，特别在教育与培训、商业应用与企业形象设计、文化娱乐、多媒体通信、智能化与信息管理等方面应用广泛。

多媒体是融合两种或两种以上表示媒体的一种媒体，它是多种媒体信息的综合。多媒体技术是指将多种媒体信息通过计算机进行采集、处理和再现等，使多种媒体信息建立起逻辑连接，并集成为一个具有交互性的系统的技术。多媒体技术具有多样性、交互性、集成性、实时性、非线性、信息使用的方便性和信息结构的动态性等特性。

多媒体系统包括多媒体软件系统和多媒体硬件系统。多媒体技术的主要对象包括文本、图像、音频、动画与视频等。

设计多媒体产品必须了解一定的美学基础，包括构图的设计、色彩的使用等。

练习与思考

一、单项选择题

1．多媒体技术是（　　）和社会需求相结合而造就的产物。

A）虚拟现实技术　　B）视频编码技术　　C）人工智能　　D）计算机技术

2．多媒体技术是融合两种或两种以上（　　）的一种媒体，是多种媒体信息的综合。

A）表示媒体　　B）传输媒体　　C）存储媒体　　D）感觉媒体

3．多媒体系统包括（　　）。

A）多媒体硬件系统和多媒体软件系统　　B）多媒体应用系统和多媒体创作系统

C）素材管理系统和多媒体硬件系统　　D）多媒体硬件系统和多媒体应用系统

4．设计多媒体产品必须了解一定的美学基础，其中色彩构成本质上是（　　）。

A）色彩搭配　　B）色彩模式　　C）色彩要素　　D）以上都不是

5．图像编码属于（　　）。

A）表示媒体　　B）传输媒体　　C）存储媒体　　D）感觉媒体

6．磁盘属于（　　）。

A）表示媒体　　B）传输媒体　　C）存储媒体　　D）感觉媒体

二、多选题

7．多媒体技术在（　　）领域得到了应用。

A）教育与培训　　B）商业应用与企业形象设计

C）文化娱乐　　D）智能化与信息管理

E）多媒体通信

8．多媒体技术的主要对象包括（　　）。

A）声音　　B）图像　　C）动画

D）文本　　E）视频

9．多媒体技术的发展方向包括（　　）。

A）多元化方向　　B）网络化方向　　C）智能化方向　　D）标准化方向

三、简答题

10．什么是媒体？什么是多媒体？

11．多媒体计算机系统的组成层次结构如何？

12．多媒体硬件系统有哪些组成部分？

13．多媒体软件系统包括哪些部分？

14．多媒体技术主要包括哪些技术？

15．多媒体对象有哪些？

16．多媒体产品的美学有哪些表现手段？有何作用？

17．色彩三要素是什么？有哪些常用的色彩模式？

第2章 图像制作与处理

图像是多媒体应用中传递信息的重要媒体。人们所获得信息的75% [1]来自于视觉系统，其中主要通过图像和视频来获取。本章主要介绍图像的基本知识、图像的处理和制作，并以Photoshop软件为例，介绍图像处理的基本技能和图像素材制作的基本方法与应用技巧。

2.1 图像的基本概念

2.1.1 什么是图像

图像是自然景物和生物通过视觉感官在大脑中留下的印记，是客观对象的一种表示，它包含了被描述对象的有关信息。从空间上看，一幅图像在二维空间上都是连续分布的，亮度值也是连续分布的。

2.1.2 矢量图与位图

计算机能处理的图片主要有两种形式，即矢量图和位图，两者是构成动画或视频的基础。两者可以通过工具软件相互转换，但其构成原理有明显区别。

1. 位图

通常，数字化后的图像称为位图图像或点阵图像，简称为图像，以像素为基本元素。图像数字化是指把图像的连续空间位置和亮度值离散化与数字化，这样处理过后的图像才能被计算机处理。本书后续内容将位图图像统一简称为图像。

可将一幅图像理解为一个矩形，矩形中的任一元素都对应图像上的一个点，在计算机中对应于该点的值为它的灰度或颜色等级。这种矩形的元素即为像素，像素的颜色等级越多，图像越逼真。因此位图图像是由许多像素组合而成的，如图 2.1所示。

2. 矢量图

通常，矢量图又称为几何图形，简称为图形，其内容是用一组指令来描述的，例如维数、形状等，从而构成该画面的所有直线、圆、矩形、曲线、图表等，如图 2.2所示。

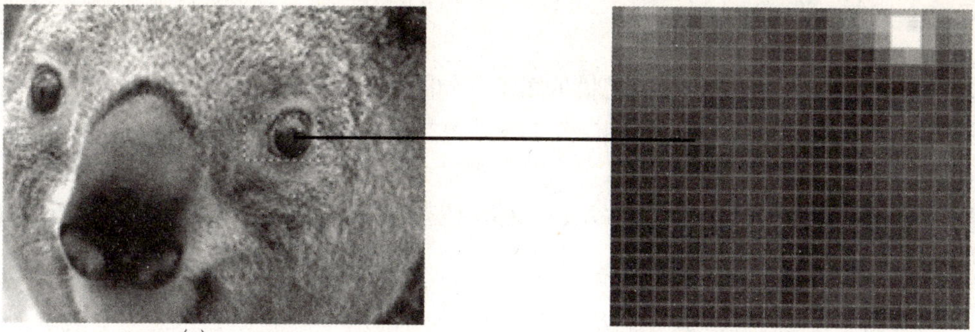

(a)　(b)

图 2.1　位图局部放大前与放大后的效果对比

图 2.2　矢量图

3. 矢量图和位图的区别

矢量图与位图除了在构成原理方面的区别外，还有以下不同点，如表2.1所示。

表2.1　矢量图与位图的区别

	矢量图（图形）	位图（图像）
数据来源	主观世界，较难表示自然景物	客观世界，易于表示自然景物
屏幕显示	适合于表现变化的曲线、简单的图案和运算的结果	适合于表现自然的、细节的景物
数据描述	小；颜色作为参数在指令中给出，颜色数目与文件的大小无关	大，需要压缩；每个像素所占据的二进制位数与颜色数目有关，数目越多，位数也就越多，文件数据量也随之增加
获取途径	(1) 由矢量图处理软件绘制 (2) 由数字化硬件设备绘制	(1) 通过数字化采集设备获得 (2) 通过网络下载、素材库等方式获得 (3) 利用绘画软件绘制
可操作度	可任意缩放、旋转、修改对象属性，不引起失真	缩放、旋转等操作会引起失真
编辑处理	用Draw程序编辑	用位图处理软件（如Paint、Photoshop等）编辑
关键技术	对矢量图的控制与再现	对位图进行编辑、压缩、解压缩后，色彩应一致
适合对象	适合描述轮廓不很复杂，色彩不是很丰富的对象，如：几何矢量图、工程图纸、CAD、3D造型软件等	适合表现含有大量细节（如明暗变化、场景复杂、轮廓色彩丰富）的对象，如：照片、绘图等

2.1.3 图像数字化

要在计算机中处理图像，必须把模拟图像（如图片、照片等）通过数字化处理过程转变成计算机能够使用的文件格式。图像文件的格式是图像处理的重要依据，对于同一幅数字图像，采用不同的文件格式保存时，其图像的数据量、色彩数量和表现力会有所不同。影响图像质量的要素包括：分辨率、颜色深度、压缩编码技术等。在采集和处理图像时，正确理解和运用这些要素非常重要。

1. 分辨率

分辨率是影响图像质量的重要参数，主要包括显示分辨率、图像分辨率、扫描分辨率、打印分辨率等。

（1）显示分辨率

显示分辨率又称屏幕分辨率，是显示器在显示图像时的分辨率，指显示器所能显示的像素数目，即整个显示器所有可视面积上水平像素和垂直像素的数量。例如，800×600像素的分辨率，是指在整个屏幕上水平显示800像素、垂直显示600像素。

显示分辨率与显示器的硬件条件有关，同时也与显示卡的缓冲存储器容量有关，其容量越大，显示分辨率越高。显示器可显示的像素越多，画面就越精细，同样的屏幕区域内能显示的信息也越多，因此分辨率是一个非常重要的性能指标。

显示分辨率的水平像素和垂直像素是成一定比例的，一般为4：3、16：9等。每个显示器都有自己的最高分辨率，并且可以兼容其他较低的显示分辨率，所以一个显示器可以用多种不同的分辨率显示。

（2）图像分辨率

图像分辨率指图像中存储的信息量，是单位英寸中所包含的像素点数，其单位为PPI（Pixels Per Inch），通常称为像素每英寸。图 2.3为两幅不同分辨率的图像。图像分辨率的表示方法也有多种，主要取决于不同的用途。图像分辨率的常用表达方式为“水平像素数×垂直像素数”，也可以用规格代号来表示。在某些文献和教材中，图像分辨率又称为图像大小、图像尺寸、像素尺寸和记录分辨率。图像分辨率越高，像素越多，图像质量越高，所需的存储空间越大。

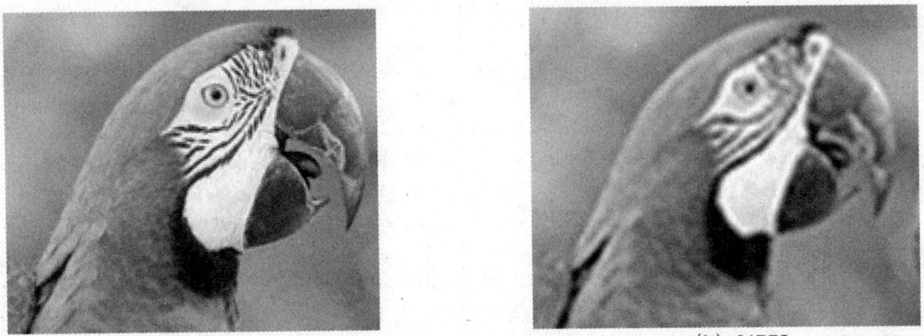

(a) 72PPI　　(b) 21PPI

图 2.3　不同分辨率的图像效果

当图像分辨率与显示分辨率相同时，所显示的图像正好布满整个屏幕区域。当图像分辨率大于显示分辨率时，屏幕上只能显示出图像的一部分。图像分辨率和显示分辨率决定了显示图像的相对大小。例如，有一幅分辨率为800×450像素的彩色图像，在显示分辨率为1600×900像素的屏幕上居中显示，这时图像在屏幕上的大小只占整个屏幕的1/4，如图 2.4所示。

图 2.4　图像分辨率与显示分辨率

(3) 扫描分辨率

扫描分辨率是指每英寸扫描所得到的点，单位是DPI（Dot Per Inch）。它表示一台扫描仪输入图像的细微程度，其数值越大，被扫描的图像转化为数字化图像就越逼真。

(4) 打印分辨率

该值表示打印头每英寸输出的点的数目，是打印机输出图像的技术指标，单位也是DPI。

2. 颜色深度和位平面

图像像素的颜色（或亮度）信息使用若干二进制数据位来表示，这些数据位的数目称为图像的颜色深度。

对于彩色图像而言，图像支持的最大颜色数目，取决于该图像的所有位平面中的颜色深度之和。例如，一个RGB模式的彩色图像，是由R、G、B三个位平面组成的。若三个位平面的颜色深度均为8位，则此时该图像的颜色深度为24位，该图像的最大颜色数目为 2^{24}=16 777 216种。对于灰度图像而言，颜色深度决定了该图像可以使用的亮度级别数目。显示器也有“颜色深度”的属性设置，可以将显示器的颜色深度看作一个调色板，它决定了屏幕上每个像素点支持显示的颜色种类。

颜色深度反映了构成图像的颜色总数量，如表2.2所示。例如，深度为1位的图像只能有两种颜色（一般为黑色和白色），此时该图像称为单色图像。在实际应用中，彩色图像或灰度图像的颜色分别用4位、8位、16位、24位和32位二进制数表示。

表2.2　图像的颜色数量

颜色深度/bit	数　值	颜 色 数 量	颜 色 评 价
1	2^1	2	单色/二值图像
4	2^4	16	简单色图像
8	2^8	256	基本色图像
16	2^{16}	65536	增强色图像
24	2^{24}	16 777 216	真彩色图像
32	2^{32}	4 294 967 296	真彩色图像

颜色深度值越大，显示的图像色彩越丰富，画面越自然、逼真，所需的存储空间也越大。如图 2.5所示，其中图（a）颜色深度为24位，图（b）为8位。

(a) 24位　　(b) 8位

图 2.5　颜色深度反映图像颜色的总数目

3. 图像的压缩编码

(1) 图像压缩编码的基本原理

大数据时代带来了“信息爆炸”，使数据量大增，因此，无论传输或存储都需要对数据进行有效的压缩。图像数据之所以能被压缩，是因为数据中存在着冗余。例如，图像中相邻像素间的相关性引起的空间冗余。图像数据压缩的目的就是通过去除冗余来减少图像文件所需的存储量。图像文件的存储量是指在磁盘上存储整幅图像所需的字节数，它的计算公式是：

$$图像文件的字节数=图像分辨率 \times 颜色深度 \div 8$$

例如，一幅分辨率为800×600像素的真彩色图像（32位），未经压缩的原始数据量为：

$$800 \times 600 \times 32/8B=1920000B \approx 1.9MB$$

显然，如果对图像文件进行压缩处理，可以减少图像文件所占用的存储空间，从而方便图像文件的高效存储和传输。图像压缩是多媒体数据压缩技术在数字图像上的典型应用。图像压缩又称为图像压缩编码或图像编码，指以较少的数据量表示原来图像的像素矩阵的技术。

(2) 图像压缩的基本方法

图像压缩编码可分为两类：一类压缩是可逆的，即从压缩后的数据可以完全恢复原来的图像，信息没有损失，称为无损压缩编码，如医疗图像或者用于存档的扫描图像等尽量选择无损压缩编码；另一类压缩是不可逆的，即从压缩后的数据无法完全恢复原来的图像，信息有一定损失，称为有损压缩编码。有损压缩适用于自然景物的图像，例如，一些应用中图像的微小损失是可以接受的。

Tips　关于动静态图像压缩标准，将在第5章中介绍，此处不做赘述。

4. 图像文件格式

通常而言，不同文件格式的数字图像，其压缩编码方式、存储容量及色彩表现不同。常见的图像文件格式如下。

① BMP（Bitmap，位图）格式：是Microsoft（微软）公司为其Windows环境设置的标准的静态无压缩位图格式文件，是一种与设备无关的图像文件格式，数据量较大。

② JPEG/JPG（Joint Photographic Experts Group，联合图像专家组）格式：采用JPEG国际压缩标准，压缩比可调，色彩数最高可达24位。一般，数码相机和部分网络图片采用JPG文件格式。

③ GIF（Graphics Interchange Format，图形交换文件格式）格式：该格式大小不能超过64MB，颜色数最多为256色（8位），需要引入调色板的支持。这是适合网上传输和网上播放的微型动画格式，是网络上最流行的图像文件格式之一。

④ TIFF（Tagged Image File Format，位映射图像文件格式）格式：是一种通用的文件格式，支持32位真彩色，有多种数据压缩存储方式，适用于多种操作平台和机型，如PC机和Macintosh机等。

⑤ PNG（Portable Network Graphic Format，可携带的网络图像格式）格式：是20世纪90年代中期开发的一种位图图像文件格式，它融合了GIF格式和TIFF格式的优点并避免两者的缺点，能表示的颜色数很多，存储灰度图像时，深度可达16位，存储彩色图像时，深度可达48位；同时，它还支持Alpha通道，适于制作透明背景的图像。目前在网络上广泛使用。

⑥ PCX格式：PCX是最早支持彩色图像的一种文件格式，在许多基于 Windows 的程序和基于 MS-DOS 的程序中是标准格式。

⑦ PSD（Photoshop Document）格式：是Adobe Photoshop的专用格式。

2.2　图像处理过程及处理工具

2.2.1　图像的处理过程

计算机处理图像的过程可归纳为图像获取、图像编辑处理、图像浏览、图像输出等几个步骤。

1. 图像获取

图像既可以利用图像输入设备获取，也可以用软件工具获取。最常用的输入设备是图像扫描仪和数码相机。如今数码相机已经嵌入到各种智能终端设备中（例如，智能手机、平板电脑等），可以即时拍摄，其分辨率等性能指标也在不断提高，目前已经成为获取图像的主流设备。

对于屏幕和网页图像，可以用键盘功能键、屏幕捕获工具（例如Windows 7以上版本自带的截图工具、Snagit等工具）获取，也可以用图像处理软件中的相应功能或专用的工具获取。

此外还可以购买图像素材库，这些通常由专业人员创作完成，图像制作精美，分类索引，使用方便。

2. 图像编辑处理

图像编辑指对图像素材进行再加工，以适应实际应用的各种需求，图像编辑处理软件通过集成各种运算来实现对图像的解读、处理、转换、压缩和保存。具体包括：

① 图像绘制、编辑、预览等。

② 图像调整，包括亮度、对比度、色彩模式等的调整。

③ 图像区域处理，包括锐化、柔化等。

④ 图像的几何处理，包括放大、缩小、旋转等。

⑤ 特殊文字、特殊效果处理，可制作油画等各种滤镜效果。

⑥ 图像格式处理，包括图像模式、存储格式、压缩与解压缩等。

⑦ 图像的合成、动态图像的处理等。

3. 图像浏览

对图像处理的结果或对处理的中间过程进行浏览。此时一般用图像处理工具或专门的图像浏览与查看工具完成，例如Windows自带的图像查看器。

4. 图像输出

图像输出包括显示、打印或以某种文件格式存储等多种方式。

2.2.2 图像处理工具

图像的处理过程在计算机中通常通过软件工具实现，目前，图像的处理工具可分为三类。

1. 操作系统中自带的图像处理工具

多媒体操作系统都自带了图像处理工具。例如，Windows操作系统自带了画图程序、截图工具、Windows图片和传真查看器、图片工厂等。其中“图片工厂”工具可以进行简单的图像处理、浏览和输出，包括版面设计、特效、批处理、拼接、分割、浏览、编辑与输出等功能，功能相对比较完整。

2. 专业的图像处理工具

随着技术的进步，图像处理软件更趋专业化和多功能化。目前比较常用的、全面的专业图像处理软件为Adobe公司的Photoshop，除此之外还有美图秀秀、光影魔术手、Lightroom、可牛影像等软件。每种软件都有其特点，用户可根据需要选择合适的软件。本节将重点介绍Photoshop，为后面结合Photoshop阐述图像处理的手段做准备。

3. 智能终端的图像处理APP

目前流行的智能手机和平板电脑的图像处理APP的功能主要以美化图片为主。这些手机APP简单实用，包含各种滤镜，多种简单边框、炫彩边框等，并有去黑眼圈、祛痘、瘦脸、瘦身、拼图、裁剪、虚化等图片简单处理功能，让自拍变得非常精彩。目前智能终端图像处理APP主要有美图秀秀、玩图、百度魔图、Prisma、天天P图、B612、SNOW、Vsco、Snapseed等。

Tips 目前智能终端APP发展迅速，各种智能终端修图APP层出不穷，许多终端用户甚至安装多种APP，以便根据实时需求选择不同的APP修饰图片。由于篇幅关系，本书对智能终端图像处理APP不做详细介绍，请读者自行学习。

2.2.3 Photoshop概述

1. Photoshop的发展简史

Adobe Photoshop，简称PS，是由Adobe Systems公司开发和发行的图像处理软件，是当前计算机图像处理领域中最流行的图像处理软件。该软件提供了强大的图像编辑和绘画功能，广泛用于数码绘画、广告设计、建筑设计、彩色印刷和网页设计等许多领域。

Adobe Photoshop 诞生于1990年，1996年Adobe公司已推出Photoshop 4.0，随后相继推出升级版本，2003年，Adobe Photoshop 8.0被更名为Adobe Photoshop CS。2013年7月，Adobe公司推出了新版本的Photoshop CC，自此，Photoshop CS6作为Adobe CS系列的最后一个版本被新的CC系列取代。截至2016年12月，Adobe Photoshop CC 2017为市场最新版本。Adobe支持Windows操作系统、安卓系统与Mac OS，Linux操作系统用户可通过使用Wine来运行Photoshop。

Tips 本书以Photoshop CC 2017版本为蓝本介绍Photoshop的功能使用，其中核心方法和步骤亦适合其他版本，不同版本之间界面和路径略有差别。

2. Photoshop的基本功能

Photoshop可以进行图像处理，也可以进行图形创作，但Photoshop的专长在于图像处理，主要处理以像素所构成的图像，对已有的图像进行编辑加工处理及制作一些特殊效果。具体而言，Photoshop主要有以下用途。

① 平面设计。平面设计是Photoshop应用最为广泛的领域，无论是图书封面，还是海报等，这些平面印刷品通常都需要Photoshop软件对图像进行处理。

② 修复照片。Photoshop具有强大的图像修饰功能。利用这些功能，可以快速修复一张破损的老照片，也可以修复人脸上的斑点等缺陷。

③ 广告摄影。广告摄影作为一种对视觉要求非常严格的工作，其最终成品往往要经过Photoshop的修改才能得到满意的效果。

④ 影像创意。影像创意是Photoshop的特长，通过Photoshop的处理可以将不同的对象组合在一起，使图像发生变化。

⑤ 艺术文字。利用Photoshop可以使文字发生各种各样的变化，并利用这些艺术化处理后的文字为图像增加效果。

⑥ 网页制作。在制作网页时，Photoshop是必不可少的网页图像处理软件。

⑦ 后期修饰。在制作建筑效果图包括三维场景时，人物与配景（包括场景的颜色）常常需要在Photoshop中增加并调整。

⑧ 视觉创意。Photoshop可进行具有个人特色与风格的视觉创意。

⑨ 界面设计。界面设计是新兴的领域，受到越来越多的软件企业及开发者的重视。当前绝大多数设计者使用的都是该软件。

3. Photoshop的启动和退出

Photoshop的启动和退出操作是所有应用软件在操作系统的通用操作，这里不做赘述。若用户熟悉所使用的操作系统，可以自己设置快捷的启动和退出方式。

4. Photoshop的窗口组成

Photoshop窗口由标题栏、菜单栏、图像编辑窗口、状态栏、工具选项栏、工具箱、控制面板等组成，如图 2.6所示。

图 2.6　Photoshop CC 2017窗口

（1）标题栏

标题栏位于图像编辑窗口顶端，它用标签栏列表的形式显示当前图像编辑窗口的图像文件名列表，与浏览器相似。若用户创建新的图像文件，Photoshop便会给它们命名为“未标题-1”、“未标题-2”等。

（2）菜单栏

菜单栏为整个环境下所有窗口提供菜单控制，包括：文件、编辑、图像、图层、文字、选择、滤镜、3D、视图、窗口和帮助。单击菜单名称即可打开该菜单，每个菜单中都包含数量不等的命令。例如：单击“文件”菜单，选择“打开”命令（在本书中简写为：选择“文件”→“打开”命令）。在Photoshop中，可以通过两种方式执行所有命令，一是菜单，二是快捷键。

（3）图像编辑窗口

在Photoshop中，每幅打开的图像文件都有自己的图像编辑窗口，所有图像的操作都要在此窗口中完成，是Photoshop的主要工作区。当打开多个文件时，其中标签为高亮状态的是当前文件，所有操作只对当前文件有效。在标签上单击即可将此文件切换为当前文件。图像窗口提供了打开文件的基本信息，如文件名、缩放比例、颜色模式等。

（4）状态栏

主窗口底部是状态栏，由三部分组成。最左端显示当前图像窗口的显示比例，在其中输入数值后按Enter键可改变图像的显示比例；中间显示当前图像文件的大小；单击右侧的黑色三角按扭，弹出菜单，选择任意命令，相应信息会在预览框中显示，如图 2.7所示。

（5）工具选项栏

又称属性栏，位于菜单栏的下方。当选中某个工具后，工具选项栏中就会显示相应工具的属性设置选项，可更改相应的选项设置。例如，选择画笔工具，工具选项栏中会出现画笔类型、绘画模式、不透明度等选项，如图 2.8所示。用户可以选择“窗口”→“选项”命令来显示和隐藏工具选项区。

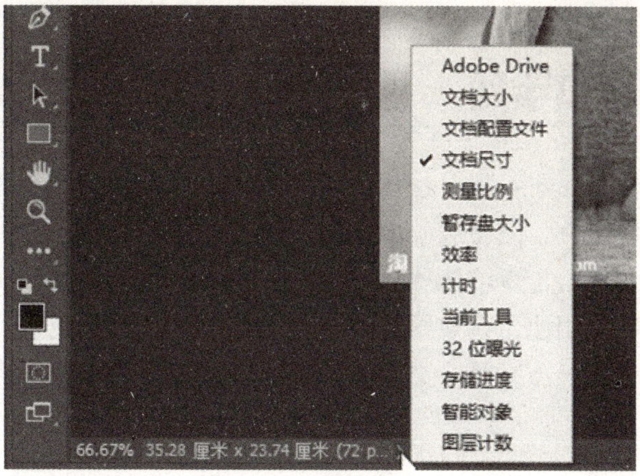

图 2.7　状态栏

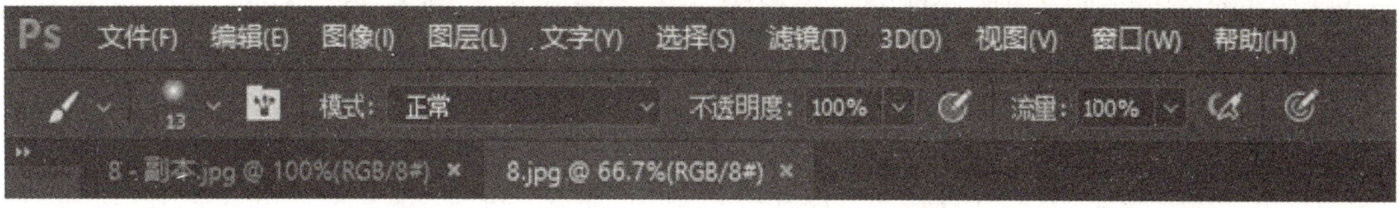

图 2.8　画笔工具选项栏

（6）工具箱

在默认状态下，Photoshop CC工具箱位于窗口左侧，工具箱是工作界面中最重要的面板，它几乎可以完成图像处理过程中的所有操作。用户可以将鼠标指针移动到工具箱顶部，按住鼠标左键不放，将其拖动到图像工作界面的任意位置。单击某工具，工具选项栏会显示该工具的属性。

有些工具的右下角有一个小三角形符号，这表示在工具位置上存在一个工具组，其中包括若干相关工具，例如选框工具组（▣）。将鼠标指针指向工具箱中的某个工具，将会出现该工具名称的注释，注释括号中的字母即是对应此工具的快捷键。工具箱中的工具可用来选择、绘画、编辑或查看图像。

（7）控制面板

控制面板是 Photoshop CC 中非常重要的一个组成部分，通过它可以进行选择颜色、编辑图层、新建通道、编辑路径和撤销编辑等操作。例如，使用“历史记录”面板可以记录最近的操作步骤，并可快速恢复到保存的任意一步中。Photoshop CC 的控制面板有了很大的变化，选择“窗口”→“工作区”命令，可以选择需要打开的面板。打开的面板都依附在工作界面右边。单击面板右上方的三角形按钮，可以将面板缩为图标按钮，使用时可以直接选择所需面板对应的按钮即可弹出面板。

Tips　Photoshop的注释功能非常完善，当鼠标指针放置在工具、工具选项栏或控制面板上时，均会出现相应的注释供用户参考。

2.3 图像处理基本手段

本节将结合Adobe Photoshop CC 2017软件阐述图像处理的基本手段，主要包括：图像文件的管理；图像范围的选取；图像的基本编辑，包括图像的复制、旋转、变形、大小调整、移动和复制图像的局部等；色彩的使用，包括图像色彩的调整和Photoshop色彩的使用，调整图像的色相、饱和度和明度，调整图像的亮度与对比度，图像色调的调整；绘图和编辑工具，包括在图像中绘制图形图案等；文字的处理，包括在图像中输入文字并进行相应的编辑处理等。

2.3.1 图像文件的管理

利用Photoshop进行图像处理的过程分为三步：① 创建新的图像文件或打开一个已有的图像文件；② 进行图像处理；③ 保存图像文件并退出。

1. 新建图像文件

Photoshop主要是用来处理图像的，但用户也可根据需要随时创建新的图像，并通过绘图、复制、粘贴等操作来添加图像内容。新建图像文件，可选择“文件”→“新建”命令，或直接按Ctrl+N组合键，打开“新建”对话框，如图2.9所示。

图 2.9 “新建”对话框

在该对话框中，用户需要确定新建文件的名称、图像大小、分辨率、色彩模式、背景内容等信息。

2. 打开图像文件

在打开图像文件时，用户可以选择本地或网络的文件。打开图像文件，可选择“文件”→“打开”命令，这时系统将弹出“打开”对话框。在默认情况下，文件列表框中显示所有格式的文件。如果所选的文件夹中的文件比较多，不利于用户查找所需图像文件，可打开“文件类型”下拉列表，选择要打开图像文件的类型，使文件列表框中只显示所选格式的图像文件。在文件列表框内选择图像文件后，单击“打开”按钮即可打开所选的图像文件。

打开图像后，可以通过导航工具组的工具查看图像。当图像较大，超出图像窗口的显示范围时，可使用抓手工具来拖动图像在图像窗口内滚动，以浏览图像的其他部分。使用该工具时，光标会变成其工具按钮上所标注的图标样式；也可以使用缩放工具来放大或缩小图像的显示比例。

3. 保存图像文件

对于不同的图像，用户可以采用不同的保存方式。如果用户要保存的是一个已有的图像文件，而且不需要修改图像文件的格式、文件名或路径，可选择“文件”→“存储”命令，这时系统就会直接保存最近的修改内容。

如果文件已经保存过，需要修改图像文件的格式、文件名或路径等，可选择“文件”→“存储为”命令，出现“另存为”对话框，如图2.10所示。

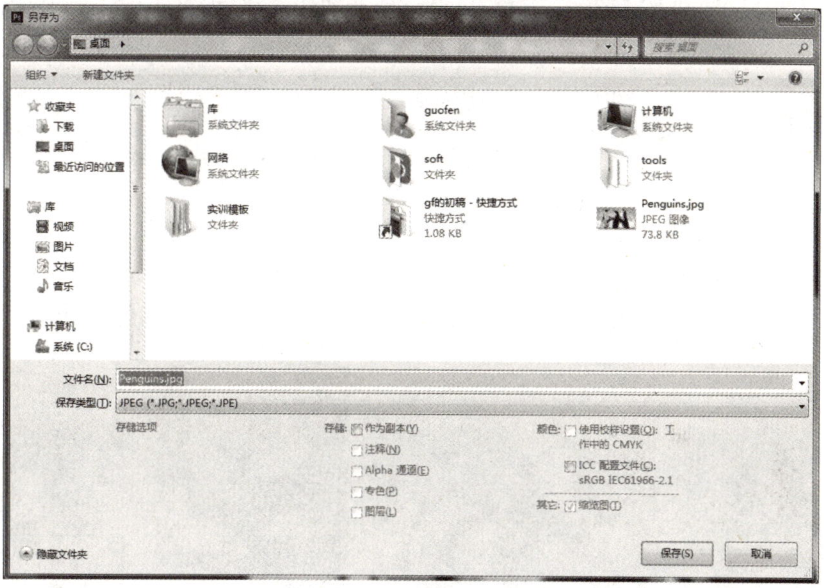

图2.10　“另存为”对话框

在该对话框中，在“文件名”文本框中确定文件的名称，在“保存类型”下拉列表中选择文件的格式，然后单击“保存”按钮即可按照用户的设置保存文件。

2.3.2　图像的基本编辑

1. 图像的复制

图像文件的复制可以在操作系统里面进行。当需要将图像的内容复制到其他图像编辑窗口中进行处理时，则必须使用软件完成。在Photoshop中，若需建立图像的副本，则可以使用“图像”→“复制”命令完成。

若需复制图像选定的区域到其他的图像编辑窗口中，则用如下方法：①先定义一个选区；②使用移动工具，将选取图像拖动到其他的图像编辑窗口或应用软件中，或先选择

“编辑”→“复制”命令，再选择目标图像编辑窗口，选择“编辑”→“粘贴”命令完成操作，如图 2.11所示。

(a)　　(b)　　(c)

图 2.11　从原图复制“蘑菇”至目标图中

Tips 在使用移动工具时，在编辑窗口内拖动鼠标指针可以移动当前选区的内容。若按住Alt键不放，则可复制当前选区的内容。

2. 图像的旋转和翻转

选择“图像”→“图像旋转”中的命令，即可旋转和翻转整幅图像，如图 2.12所示。

(a) 原图　　(b) 水平翻转　　(c) 顺时针90°　　(d) 垂直翻转

图 2.12　旋转和翻转图像

3. 图像的变形

除了将图像翻转外，用户还可以根据需要对图像进行缩放、旋转和透视等处理，从而制作出各种特殊效果。图像变形的使用方法是：① 选取图像；② 选择“编辑”→“变换”中的命令进行图像的变形处理，或者直接选择“编辑”→“自由变换”命令，这时在图像中将出现一个调整框，借助调整框周围的8个控制点来对图像进行缩放与变形操作；③按Enter键确认变形操作。如图 2.13所示为图像经过各种变形后的效果。

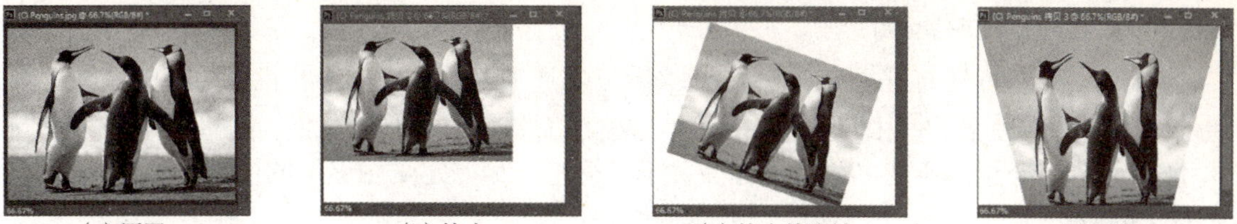

(a) 原图　(b) 缩小　(c) 缩小并旋转　(d) 透视

图 2.13　图像变形

4. 调整图像的大小

要改变图像的大小时，图像中的像素数目也会随之改变。当增加像素时，系统会参考接近原来像素的颜色来增加新的像素；反之，则将不需要的像素删除。

改变图像大小的方法是：打开图像，选择“图像”→“图像大小”命令，在对话框中根据需要调整各参数，单击“确定”按钮完成操作，如图 2.14所示。为保证图像不变形，通常会选中“约束比例”锁定选项。

图 2.14　“图像大小”对话框

5. 画布的尺寸

在处理图像时，当画布大小不合适时，通常需要调整画布大小。改变画布大小的方法是：选择“图像”→“画布大小”命令，打开“画布大小”对话框，如图 2.15所示。在对话框中根据需要调整各参数，单击“确定”按钮完成操作。

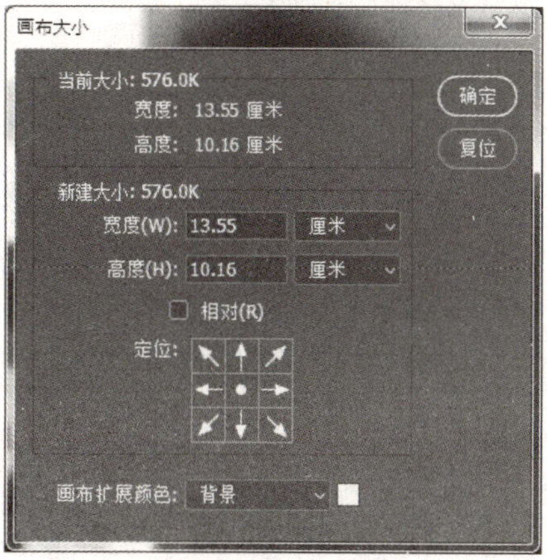

图 2.15　“画布大小”对话框

6. 图像的其他编辑操作

“编辑”菜单内还有“填充”、“定义图案”、“首选项”等命令。工具栏中还有图像浏览辅助工具：注释工具、抓手工具、放大/缩小工具。由于篇幅关系，这里不一一介绍。本书通过例2-1介绍图像基本编辑操作。关于“填充”和“定义图案”的使用详见例2-9中心形贺卡的制作。

例2-1将通过对图像的基本编辑操作来实现指定效果。

【例2-1】淡黄色的记忆：要求以浅黄色的方形为背景，添加人物，如图2.16所示。

操作视频

【知识点】选框工具的样式设置；图像的变换旋转；图像位置的调整；辅助工具的使用。

【工具】Photoshop CS及以上版本，本例采用Photoshop CC 2017版本。

(a) 素材　　(b) 效果图

图 2.16　淡黄色的记忆

【操作步骤】

(1) 打开素材。选择“文件”→“打开”命令，打开背景和人物素材，如图 2.17所示。

(2) 复制图像。选择移动工具单击“人物”图像，按住鼠标左键，将“人物”图像拖至“背景”编辑窗口中，如图 2.18所示。

图 2.17　打开素材

图 2.18　复制图像

(3) 调整图像大小。选择“编辑”→“自由变换”命令，配合图像抓手工具，将“人物”图层中的图像缩小至相框大小，并按Enter键确认（当需要对“人物”图像边缘进行模糊化时，可以使用选择工具选取图像的全部区域，并合理设置羽化值，然后将其复制并粘贴到“背景”编辑窗口中），如图 2.19所示。

（4）复制多个图像。重复步骤（2）和（3），将“人物”放置在“背景”中的不同位置上，最后效果如图 2.20所示。

图 2.19　调整大小

图 2.20　复制多个图像

（5）保存图像。选择“文件”→“存储为”命令，将最终作品保存为所需格式。

2.3.3　图像范围的选取

图像编辑的原理是“先选取，后操作”，即当用户要给图像的某部分进行编辑或加特效时，通常先确定特效的操作范围即选区，后执行操作，因此选区的创建成为Photoshop中相当重要的环节。用户可用工具也可结合菜单来进行选择。Photoshop中常用的选择方法有以下几种。

1. 利用选择工具

（1）选框系列工具用于建立规则的选区，包含矩形选框、椭圆选框、行选框和列选框工具等，如图 2.21所示。

图 2.21　利用选框工具定义选区

Tips 在选取的同时，按Shift键或Alt键或Shift+Alt组合键，有不同的选取效果。例如，使用矩形选框工具时，若同时按Shift键，则可定义一个正方形选区；若同时按Alt键，则可定义一个以起点为中心的矩形选区；若同时按Shift+Alt组合键，则可定义一个以起点为中心的正方形选区。

（2）套索系列工具用于建立不规则形状的选区。如图 2.22所示，包含多边形套索工具、磁性套索工具、普通套索工具等。其中，磁性套索工具则用于自动寻找图像的边缘建立选区；多边形套索工具可以通过单击屏幕上的不同点来创建直线多边形选区；选择普通套索工具按住鼠标左键不放，则鼠标轨迹形成的封闭区域为选区。

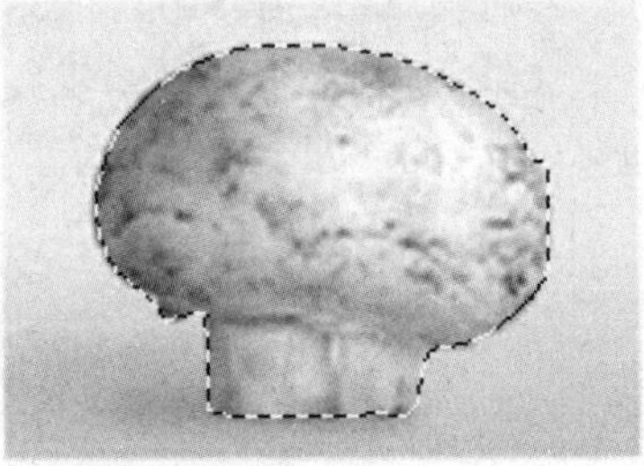

图 2.22　利用套索工具定义选区

（3）魔棒系列工具用于选择色彩接近的区域，包含魔棒工具、快速选择工具等。魔棒工具选项栏中的容差属性值决定了色彩的接近程度，取值范围是0 ～ 255，默认值为32。容差越大，选择的范围就越大。容差设置在Photoshop中其他工具选项栏和菜单命令中的含义均相同。

2. 利用菜单

选择“选择”→“色彩范围”命令，通过调整容差设置来选择相近的色彩，如图 2.23所示。

图 2.23　色彩范围选择

3. 利用通道

利用通道抠图主要应用于细节处的抠图，方法是复制一个色彩通道，调节色阶，然后将这个通道载入选区（详见2.4.2节）。

4. 利用路径工具

当所需要选择的对象和周围边界模糊，不好用魔棒等选择时，可以用钢笔系列工具画好路径，在路径选项卡里把路径变成选区即可（详见2.4.3节）。

Tips　在选择过程中，按Esc键取消本次选择；选择完毕后，按Ctrl+D组合键取消该选区。

5. 利用工具栏改变选区

在一般情况下，选择区域需多次修改并完善。当利用选择工具进行时，可以利用选择工具选项栏中的选区范围运算功能进行多次选取，如图 2.24所示。

（1）新选区：建立一个新的选区。

（2）添加到选区：在选择选区前，单击该按钮或按住Shift键，可以在已经建立的选区中加入新添加的选区。

（3）从选区减去：在选择选区前，单击该按钮或按住Alt键，可以在已经建立的选区中减去新建的选区。

（4）与选区交叉：保留前后选区的重叠部分。

Tips 图像范围的选取及选区操作参见例2-13中牵手字的使用，可以帮助巩固此知识点。

6. 利用菜单栏修改选区

选定选择区域后，还可以使用“选择”菜单中的命令来对选区进行进一步修改，如图2.25所示，选区的操作包括扩大选取、变换选区等。如果在选择选区时未设置选区“羽化”属性值，可以通过“修改”→“羽化”命令对选区进行后续修改。

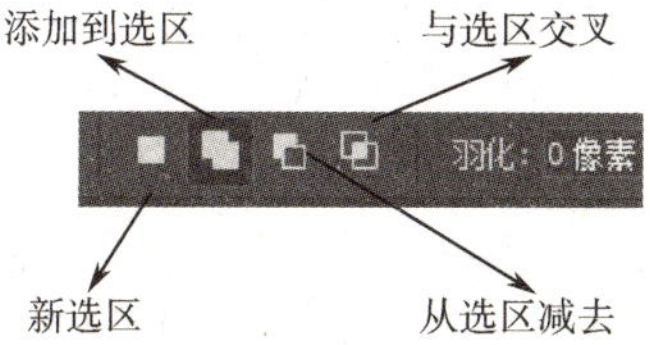

图 2.24　选择范围运算功能

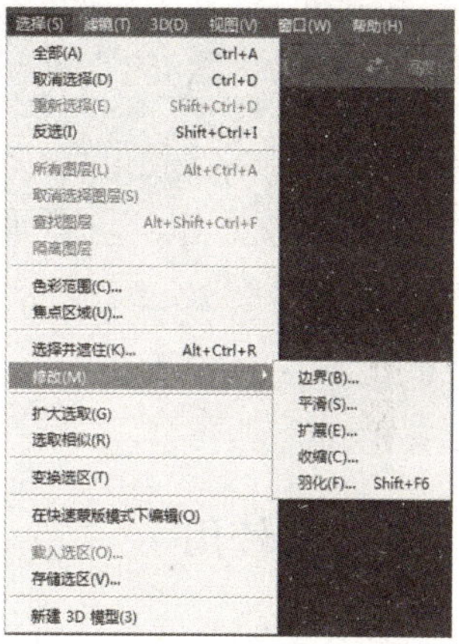

图 2.25　“选择”菜单

Tips 在Photoshop中，羽化就是使你选定范围的图像边缘达到朦胧的效果。羽化值越大，朦胧范围越宽；羽化值越小，朦胧范围越窄。

例2-2将通过建立和修改图像选区来完成指定效果。

【例2-2】晕边效果：绘制图像选区的晕边效果，如图2.26所示。

【知识点】图像的选取；选区的属性值——羽化值的含义和设置；图像的复制。

操作视频

【工具】Photoshop CS及以上版本，本例采用Photoshop CC 2017版本。

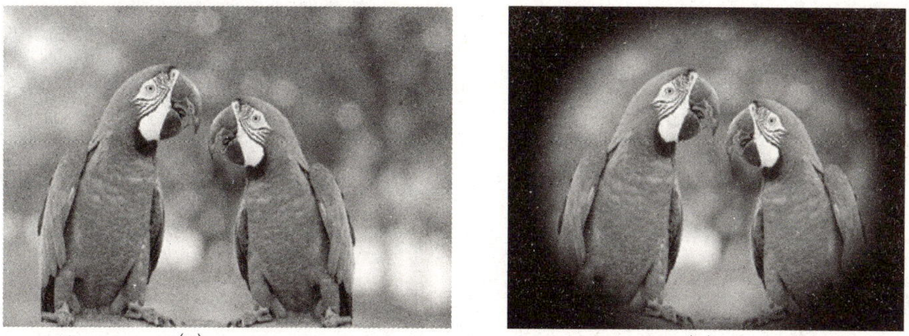

(a)　　(b)

图 2.26　晕边效果

【操作步骤】

(1) 打开素材。在Photoshop中，通过选择“文件”→“打开”命令打开素材图像。

(2) 建立选区。从工具箱中选择某种选择工具（如椭圆选框工具）。在工具选项栏中，指定“羽化”值为30 羽化：30 像素。选择羽化图像区域，如图 2.27所示。

(3) 复制选区并新建图像。选择“编辑”→“复制”命令，复制选择区域。选择“文件”→“新建”命令，在“新建文档”对话框中单击“确定”按钮，可创建一个与选择区域大小相同的新图像，如图 2.28所示。

图 2.27 选取图像部分

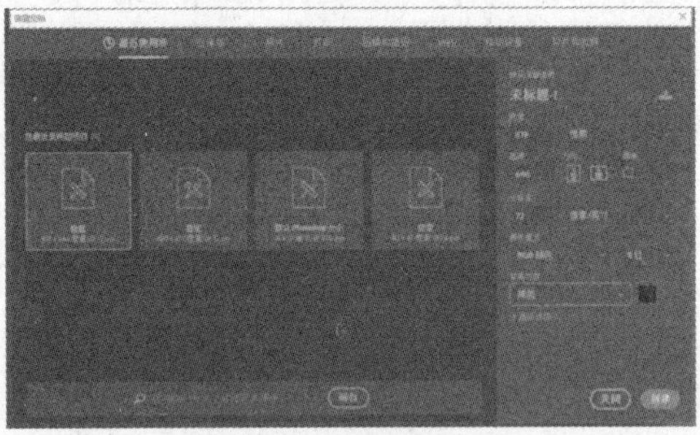

图 2.28 新建图像

(4) 粘贴选区。选择“编辑”→“粘贴”命令，可粘贴羽化的选择区，如图2.26所示。

(5) 保存图像。

2.3.4 色彩的使用

色彩的应用在图像处理中非常重要，以下结合Photoshop阐述如何管理颜色。

1. 前景色与背景色

单击工具箱中的前景色或背景色的色块图标，如图 2.29所示。在出现的“拾色器”对话框中定义颜色，如图 2.30所示。在任意模式下输入的数值会同时影响其他模式相应的值，其中“只有Web颜色”复选框用于设置网页安全色，可避免因平台不一致而产生的颜色失真问题。

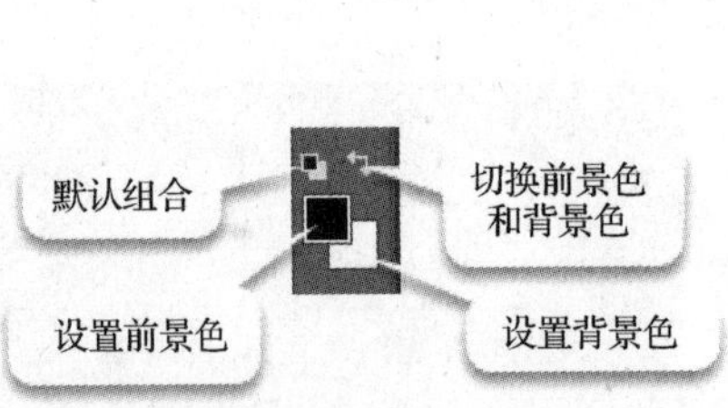

图 2.29 前景色和背景色

图 2.30 “拾色器”对话框

2. 控制面板

设置前景色和背景色，可以使用“颜色”面板。单击该面板右上角的按钮，从弹出的下拉列表中可以选择不同的色彩模式，如图 2.31所示。

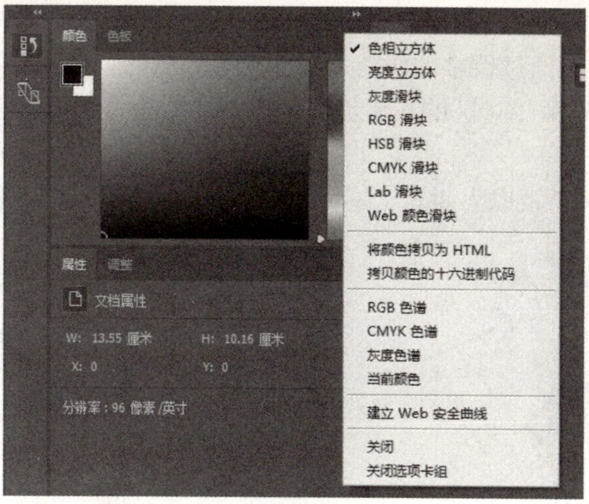

图 2.31　“颜色”面板

为便于用户快速选择颜色，系统还提供了“色板”面板。此面板中的颜色均已预先设置好，用户可直接使用。单击该面板右上角的按钮，可以管理面板。

3. 吸管工具

选择此工具，直接单击图像中的某点即可提取该点颜色作为前景色。要更改背景色，需同时按住Alt键并单击。使用时，鼠标指针会变成按钮上的图标样式。

4. 油漆桶工具

此工具用于填充图像或选区中颜色相近的区域，其中颜色的相近程度由工具选项栏中的容差值来决定，如图 2.32所示。在默认情况下，用前景色填充区域。

图 2.32　油漆桶工具选项栏

5. 渐变工具

使用渐变工具可以创建多种颜色之间的混合效果，用逐渐过渡的色彩填充一个选区。如果无选区，则填充整幅图像。混合色可以是系统内置的前景色到背景色的过渡，也可以是其他颜色之间的过渡，可通过渐变工具选项栏中的各选项，设置渐变颜色、渐变样式、渐变模式、不透明等，如图 2.33所示。

图 2.33　渐变工具选项栏

6. 菜单命令

除了使用常用工具外，也可使用Photoshop的菜单命令配合工具实现对图像色彩的调整。例如“图像”→“调整”子菜单中的命令，“图像”菜单中的“自动色调”、“自动颜色”、“自动对比度”等命令。

例2-3将通过调整图像的色彩完成指定效果。

【例2-3】变色的花：通过调整图像色彩，变换花的颜色，如图2.34所示。

【知识点】图像的选取；选区的属性值——容差值的含义和设置；图像色彩的调整。

操作视频

【工具】Photoshop CS及以上版本，本例采用Photoshop CC 2017版本。

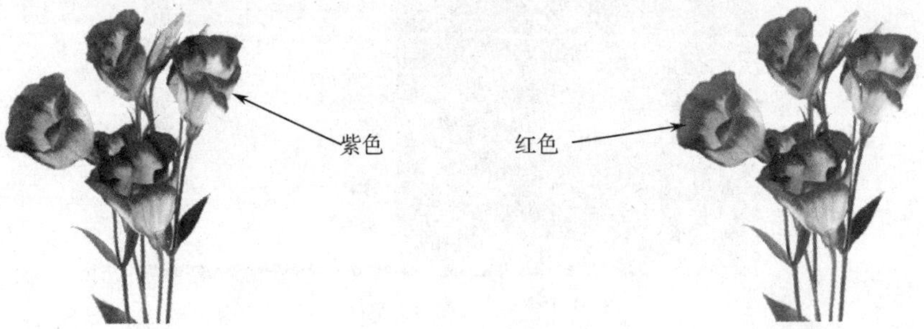

图 2.34 变色的花

【操作步骤】

（1）打开素材。在Photoshop中，通过选择“文件”→“打开”命令打开素材图像。

（2）建立选区。选择“图像”→“调整”→“替换颜色”命令，打开对话框。设置颜色容差值，用吸管工具单击图像中紫色部分，建立选区，如图 2.35所示。

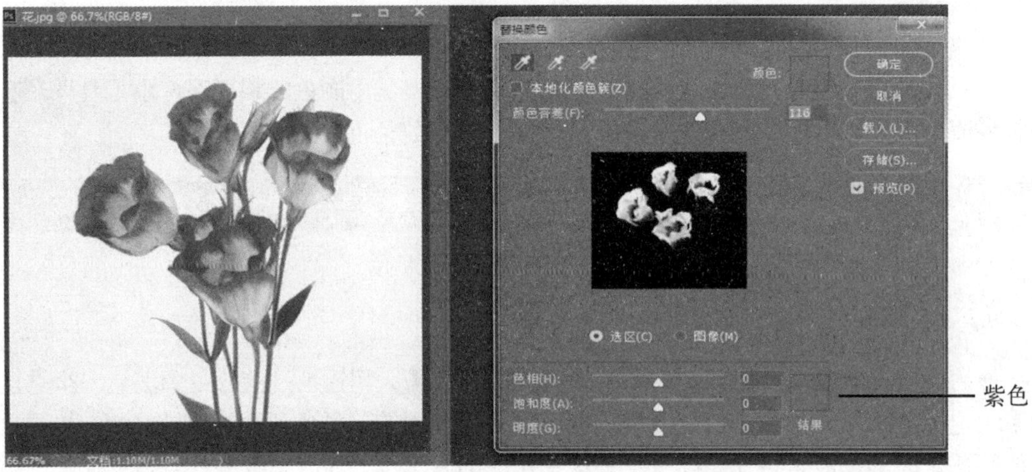

图 2.35 打开素材并建立选区

（3）替换颜色。单击“替换颜色”对话框中的“结果”框，在弹出的“拾色器”对话框中选择目标颜色，单击“确定”按钮，返回“替换颜色”对话框，调整色相、饱和度、明度等参数值，观察图像的颜色变化，如图 2.36所示。

（4）保存图像。

Tips 本例中还可使用魔棒工具等选择工具建立选区；调整颜色除使用“替换颜色”命令外，还可以使用其他菜单命令或工具完成，请读者思考并练习操作。

图 2.36 替换颜色

2.3.5 绘图与编辑工具

熟悉和使用Photoshop的绘图与编辑工具，除可以绘制图形外，还可以对图像进行修补处理及简单效果的处理。

1. 画笔工具组

画笔工具组主要包括画笔工具、铅笔工具等。画笔工具是许多图像编辑软件中最基本的绘图工具，Photoshop也不例外。使用方法如下：选择画笔工具，并指定一种前景色，然后在画笔工具选项栏中设置各选项，最后在图像编辑窗口中单击或拖动（按住鼠标左键）即可。例如，使用不同的画笔样式即可完成一幅草丛图画，如图 2.37所示。

图 2.37 草丛

铅笔工具的使用方法和画笔工具相同，功能也类似。但画笔工具绘出的线条边线比较柔和，而铅笔工具很像实际生活中的铅笔，线条棱角分明。在铅笔工具选项栏中，除“自动抹掉”选项（用于设置当使用铅笔工具进行绘图时，若落笔处不是前景色，则铅笔工具将使用前景色绘图；否则使用背景色绘图）外，其他选项与画笔工具的相同。画笔工具组中还有其他颜色替换工具和混合器画笔工具，由于篇幅关系，此处不做介绍。

2. 橡皮擦工具组

橡皮擦工具组主要包括像皮擦工具，此工具是用来擦除图像颜色的，能把图层擦为透明。如果在背景层上使用此工具，则被擦处变为背景色。绘制图案经常需要使用橡皮擦工具。例2-4将通过绘制图案等操作实现指定效果。

【例2-4】草地：绘制草地，并加入其他点缀，美化图像，如图2.38所示。

【知识点】图像的选取；选区的属性值——容差值的含义和设置；色彩的使用；画笔的使用。

【工具】Photoshop CS及以上版本，本例采用Photoshop CC 2017版本。

操作视频

(a) 卡通人物素材　　(b) 草地效果图

图 2.38　草地

【操作步骤】

(1) 新建图像。选择“文件”→“新建”命令，新建大小为800×600像素、背景色为白色的图像，如图 2.39 (a) 所示。

(2) 填充颜色。选择“编辑”→“填充”命令，打开“填充”对话框，从“内容”下拉列表中选择“颜色”选项，如图2.39 (b) 所示。打开拾色器，选择蓝色，单击“确定”按钮，如图 2.39 (c) 所示。用淡蓝色填充图像背景颜色。

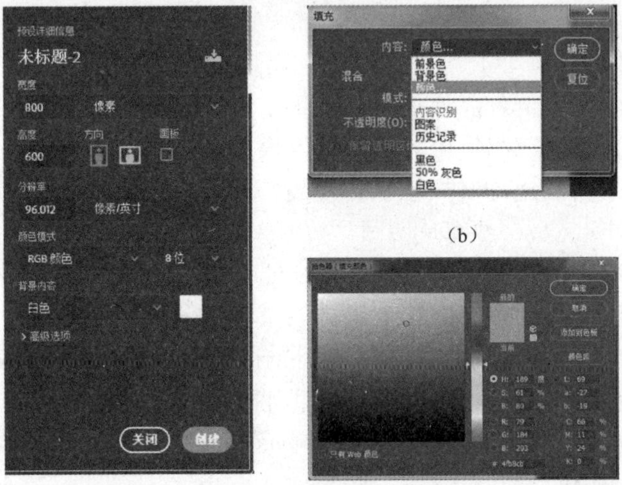

(a)　(b)　(c)

图 2.39　新建图像并填充颜色

(3) 打开素材。选择“文件”→“打开”命令打开卡通人物素材图像。

(4) 选择卡通人物。先选择魔棒工具，再单击素材白色区域，然后选择“选择”→“反选”命令，得到如图 2.40所示的选区。

(5) 复制选区。选择移动工具，单击步骤 (4) 得到的选区，按住鼠标左键，将选区拖动到新建图像编辑窗口中，如图 2.41所示。选择“编辑”→“自由变换”命令，调整卡通人物至合适大小。

(6) 绘制草地。根据2.3.4节内容，设置前景色为绿色，背景色为黑色；选择画笔工具，在工具选项栏中选择画笔类型和大小；在“图层”面板中单击“背景层”，在背景层上绘制草地，如图 2.42所示。

图 2.40　选择卡通人物

图 2.41　复制选区

图 2.42　绘制草地

（7）绘制星星。与步骤（6）类似，设置前景色为白色，背景色为黑色；选择画笔工具，选择画笔类型为星星样式，如图 2.43（a）所示；在背景层上绘制星星，如图 2.43（b）所示。

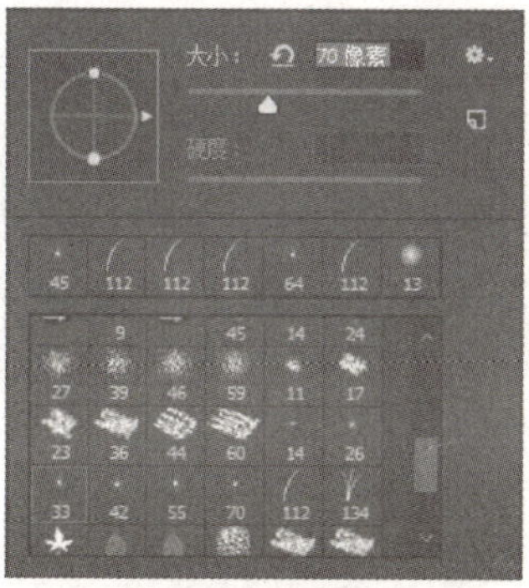

（a）改变画笔样式

（b）绘制图形

图 2.43　绘制星星

（8）保存图像。

Tips 若需要删除绘制的图形，可使用橡皮擦工具进行擦除，请读者思考并练习。

3. 图章工具组

图章工具组包括仿制图章工具和图案图章工具。仿制图章工具可从图像中取样，然后将取样应用到其他图像或同一图像的不同部分上，达到复制图像的效果。

图案图章工具可以把图案复制到同一幅图像或其他图像中。在使用此工具前，用户必须在工具选项栏中单击“图案”下拉按钮，在弹出的图案面板中选择一个图案，然后用此工具在图像编辑窗口中拖动复制出图案来。

例2-5将通过图案工具的应用来实现指定效果。

【例2-5】太阳伞：通过图案的点缀，将白色雨伞制作成花伞，如图2.44所示。

【知识点】图像的选取；图案图章工具的使用；图案的定义。

【工具】Photoshop CS与Photoshop CC系列各版本，本例采用Photoshop CC 2017版本。

操作视频

花素材　　雨伞素材　　花伞效果图

图 2.44　太阳伞

【操作步骤】

（1）打开素材。在Photoshop中打开素材“花.jpg”。

（2）定义图案。双击“图层”面板中的“背景”层，将当前背景层转换为图层；选取花的轮廓，选择“选择”→“反选”命令，然后按Delete键；调整图像大小为原图像的5%；选择“编辑”→“定义图案”命令，命名图案为“花”。效果和设置如图 2.45所示。

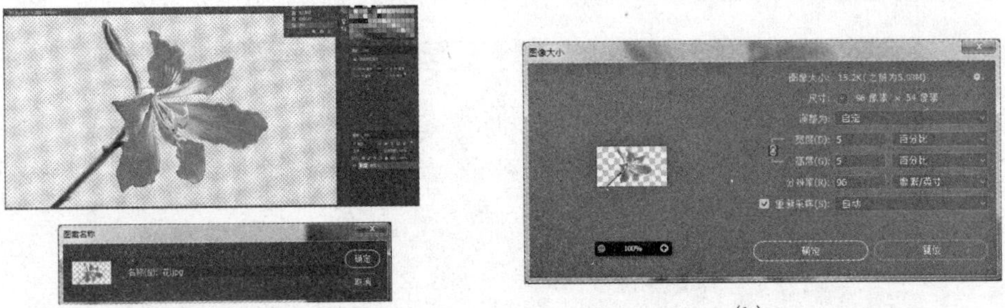

(a)　　(b)

图 2.45　定义图案

（3）填充图案。打开素材“雨伞.jpg”，并选择雨伞中的白色区域。选择图案图章工具，在工具选项栏中单击“图案”下拉按钮，在图案面板中选择名为“花”的图案，如图 2.46（a）所示；在选区内拖动图案图章工具，用该图案填充选区，如图 2.46（b）所示；

继续拖动，直到全部填充。

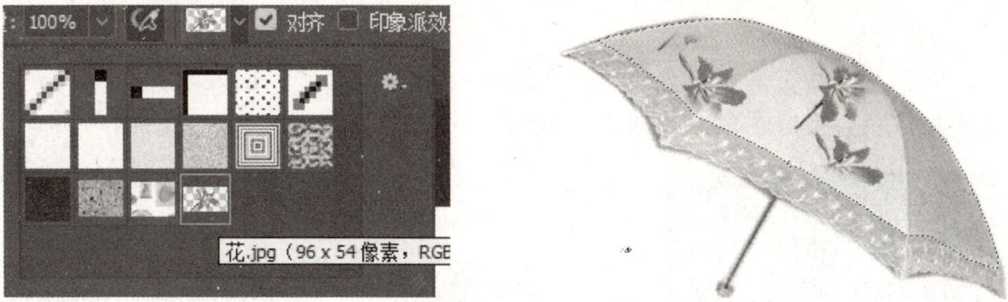

(a) 选择图案　　(b) 用图案填充选区

图 2.46　填充图案

（4）保存图像。

Tips 本例除图案图章工具外，还可以使用其他方法实现最终效果，请读者思考并练习其他方法。

4. 修复画笔工具组

Photoshop中的修复画笔工具组包括污点修复画笔工具、修复画笔工具、修补工具、内容感知移动工具和红眼工具，如图 2.47所示。此工具组在修复图像时非常实用。

图 2.47　修复画笔工具组

污点修复画笔工具和修复画笔工具通过匹配样本图像和原图像的形状、光照、纹理，使样本像素和周围像素相融合，前者自动匹配，后者手动匹配。

修补工具与修复画笔工具功能类似。红眼工具可移去闪光灯造成的红色反光。内容感知移动工具主要用来移动图片中主体，并随意放置到合适的位置，移动后的空隙位置，Photoshop会智能修复。

例2-6将通过使用图像修复工具并结合选区的操作实现指定效果。

【例2-6】图像的修复：修复一张有红眼、有斑点的照片，如图2.48所示。

【知识点】修复画笔工具组的使用。

【工具】Photoshop CS各版本，Photoshop CC各版本，本例采用Photoshop CC 2017版本（其中“内容感知移动工具”需要使用CS5以后的版本）。

操作视频

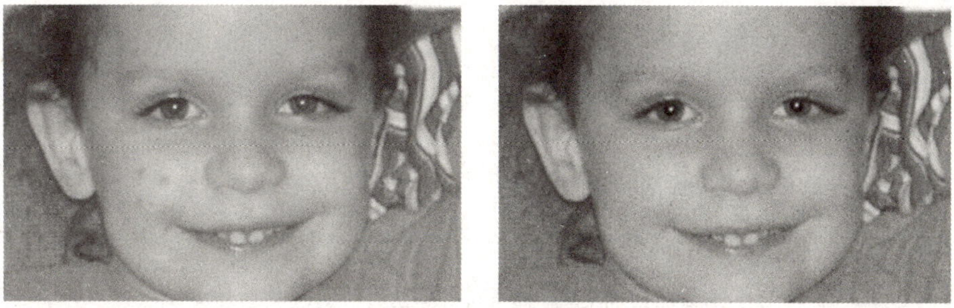

(a) 原图　　(b) 效果图

图 2.48　图像的修复

【操作步骤】

（1）打开素材。在Photoshop 中，选择“文件”→“打开”命令打开“红眼前.jpg”文件。

（2）消除红眼。从工具箱中选择红眼工具，如图 2.49所示；在人脸的红色瞳孔上单击，红眼工具将把红色替换成黑色，如图 2.50所示。

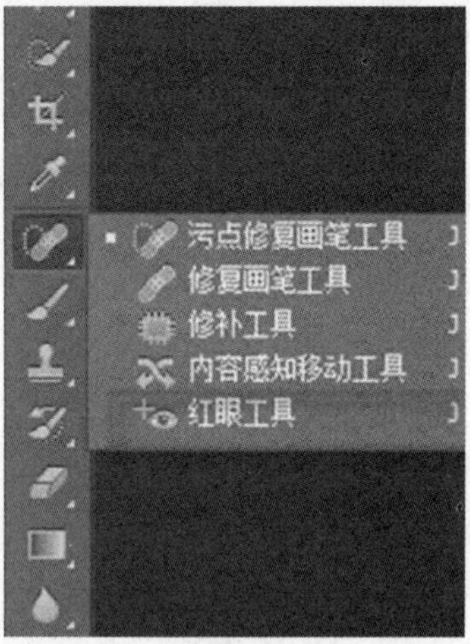

图 2.49　选择红眼工具

图 2.50　修复红眼后

（3）修复斑点。将图像中某个区域中的像素复制到有斑点的区域，具体操作如下：

① 从工具箱中选择修复画笔工具，在工具选项栏中设置画笔大小值为10像素，其他按照默认值设置。

② 先按住Alt键在人脸无斑点处单击设置取样点，放开Alt键，将鼠标指针移至斑点处单击，对斑点处进行局部修复，观察效果，反复操作，直到达到如图2.48（b）所示效果。

（4）保存图像。

Tips 本例中“修复斑点”操作除可以用修复画笔工具外，还可以使用污点修复画笔工具、修补工具、内容感知移动工具实现最终效果，请读者思考并练习其他方法。

2.3.6　文字的处理

使用Photoshop添加图形文字，可满足一般的文字处理需要。

1. 输入文字

选择工具箱中的文字工具 T，在图像中画出文字输入区，此时自动生成文字图层（详见2.4.1节）；输入文字后，选中文字，在工具选项栏中可设置字号、字体、颜色、变形等；单击文字图层或其他工具，可结束文字输入；需调整文字位置时，选择工具箱中的移动工具，按住鼠标左键移动文字即可。

2. 制作文字效果

选择“图层”→“图层样式”命令，显示如图 2.51所示的“图层样式”对话框，调整各属性，可以制作文字的斜面与浮雕、阴影、投影等效果。

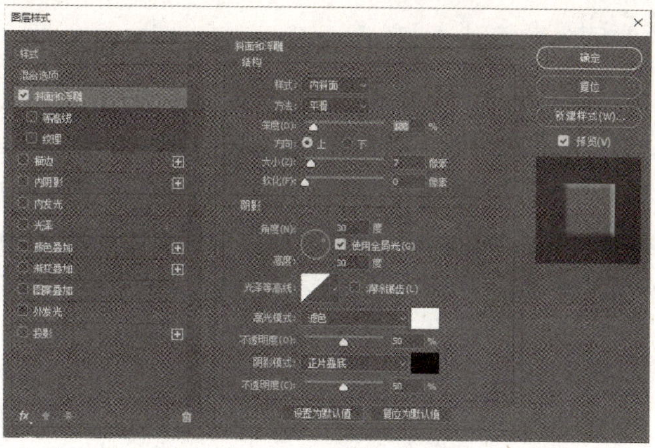

图 2.51　“图层样式”对话框

3. 制作3D效果

单击文字工具选项栏中的3D按钮3D，可以新建3D图层，设置界面如图 2.52所示，可以创建文字的3D效果。

图 2.52　创建文字3D效果

4. 栅格化文字

用文字工具生成的文字为矢量图，可重新编辑，如更改内容、字体、字号等，但无法使用滤镜。若需要制作更加丰富的效果，可使用栅格化命令将文字栅格化，操作方法是：选择“图层”→“栅格化”命令。

Tips　对于文字的效果及属性的设置等，参见例2-10中的燃烧字和例2-13中的牵手字。Photoshop的“帮助”菜单中有很多操作指南和实例，读者可查看帮助自学。

2.4　图像处理高级手段

图像处理的高级手段主要包括：图层的应用、通道与蒙版的应用、路径与矢量图的应用、滤镜的使用、3D制作、帧动画的制作等。

2.4.1 图层的应用

1. 图层简介

图层是一种由程序构成的物理层，图像的编辑在各个相对独立的层面上进行。一幅图像被调入系统后，一般作为底层，随着编辑操作的进展，可在底层之上形成若干层面，编辑操作可在各个层面上单独进行。由于各层面上所承载的内容均为图像，因此得名“图层”。图层的示意如图 2.53所示。

(a) 底层　(b) 图层1　(c) 图层2　(d) 三个图层拼合效果

图 2.53　图层示意

Photoshop软件最具特色的功能就是图层编辑，图层可将图像中各部分独立出来，对其中一部分单独处理而不会影响其他部分。各图层可通过不同模式混合在一起，使图像产生各种效果。

2. 图层的操作

在默认情况下，图层控制面板与通道控制面板一起成组出现，如图 2.54所示。图层的所有操作均可通过选择“图层”菜单里面的命令完成，如图 2.55所示。

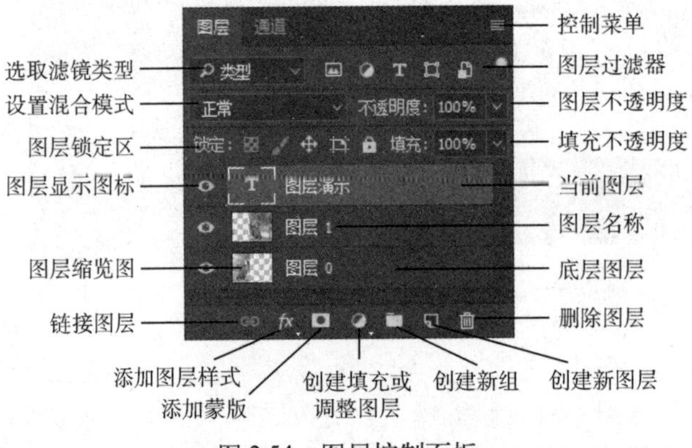

图 2.54　图层控制面板

(1) 调整图层位置

在图层控制面板中，各图层是按从上到下的顺序依次排列的，即位于控制面板最上方的图层在图像编辑窗口中也处于最上方，调整图层控制面板中图层的位置就可以调整图像编辑窗口中图像的叠放顺序。

(2) 锁定图层

图层锁定区提供了4种锁定方式：锁定透明像素（禁止在透明区中绘画）、锁定图像像素（禁止编辑该图层）、锁定位置（禁止移动该图层）和锁定全部操作。

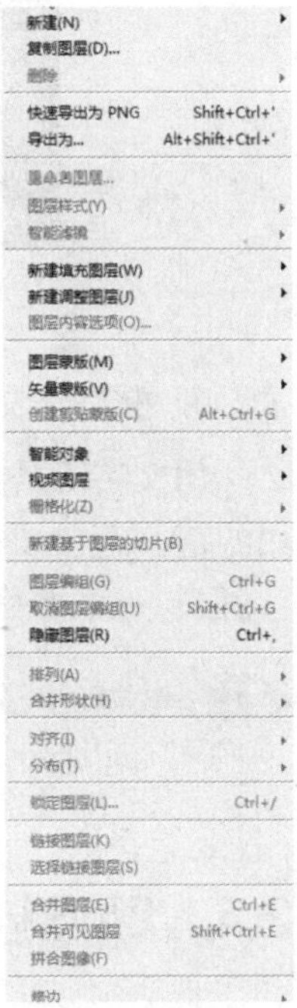

图 2.55　“图层”菜单

（3）显示/隐藏图层

一幅图像可由多个图层组成。单击图层面板中某图层的显示/隐藏图标，即可切换此图层的显示和隐藏状态。

（4）创建/删除图层

在处理图像时，为使当前操作不影响其他部分，可将要处理的部分放在新建的图层中。图层占用一定的存储空间，当不需更改图层时，可以删除该图层。最快捷的处理方法是：单击图层控制面板上的“创建新图层”按钮，在当前图层之上新建一个图层。单击“删除图层”按钮，则删除当前编辑的图层。

（5）复制图层

复制图层时，用户可以在单个图像文件内复制图层，也可将一个图像文件内的任何图层复制到另一个图像文件中。复制图层的方法很多，最快捷的方法是：在图层控制面板中选择要复制的图层，然后将其拖到“创建新图层”按钮上，则可完成同一图像文件内图层的复制。若需复制图层到其他图像文件中，则可使用移动工具直接拖动图层至另一个图像文件编辑窗口中。

（6）合并图层

图层越多，占用的存储空间就越多，处理速度则会降低。可将多个图层合并成一个图层，既能减少空间，又能提高处理速度。最快捷的方法是：打开“图层”菜单执行相应命令即可。合并图层命令包括：

① 向下合并：将当前图层与其下一图层合并。

② 合并可见图层：将图像文件中所有显示的图层合并。

③ 拼合图像：将图像文件中的所有图层合并。

3. 图层的设置

每个图层均有选项设置，如图层名称、混合模式等。选择“图层”→“图层样式”→“混合选项”命令，或双击图层缩览图，则出现“图层样式”对话框，用户可根据需要对图层各选项进行设置，如图 2.56所示。例2-7将通过图层的各种操作并结合其他工具来实现指定效果。

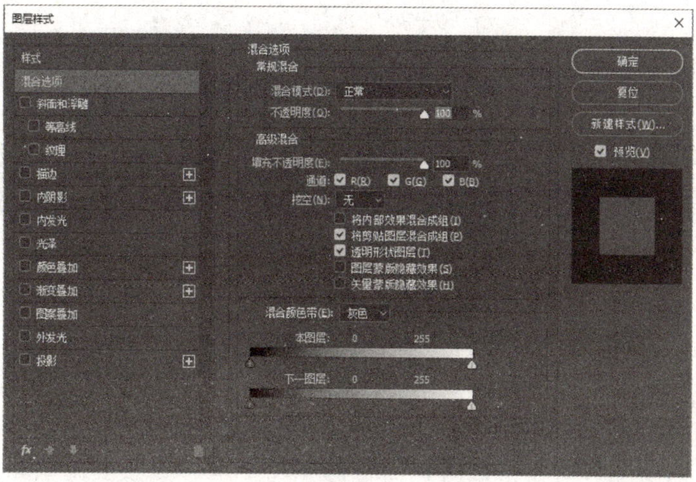

图 2.56　“图层样式”对话框

【例2-7】蔬果娃娃：通过把几种不同形状的蔬果拼成一个蔬果娃娃，练习利用Photoshop进行图像选择的主要方法，如图2.57所示。

【知识点】利用多种选择工具进行图像的选择；结合菜单命令进行选区的选择和变换；图层的选择与切换。

【工具】Photoshop CS及以上版本，本例采用Photoshop CC 2017版本。

操作视频

(a) 素材　　(b) 效果图

图 2.57　蔬果娃娃

【操作步骤】

(1) 打开素材文件。选择“文件”→“打开”命令，打开素材文件。

(2) 新建“蔬果娃娃.psd”文件。选择“文件”→“新建”命令，在打开的“新建文档”对话框中设置参数，如图 2.58所示，单击“确定”按钮完成文件的新建。然后，选择“文件”→“保存”命令，保存文件。

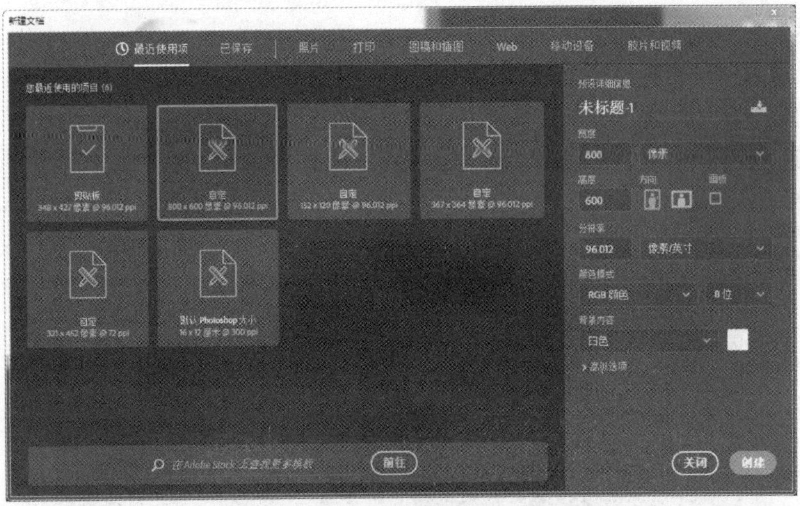

图 2.58　新建文档

(3) 选择香瓜作为蔬果娃娃的脸。返回素材文件，先用矩形选框工具选择香瓜，如图 2.59所示。再选择魔术棒工具，在工具选项栏中设置“容差”参数为32，单击“从选区减去”按钮，这时鼠标指针变成带减号的魔术棒。把鼠标指针移到选区内，单击其中的白色区域，如图 2.60所示。这时，白色区域从原来的选区中被删除，得到香瓜的选区，如图 2.61所示。

图 2.59　选择香瓜

图 2.60　减去魔术棒的选区

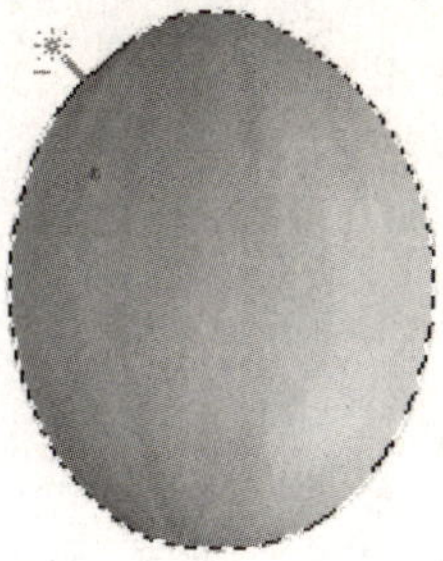

图 2.61　最终的选区

（4）复制香瓜到“蔬果娃娃”文件中。选择“编辑”→“复制”命令，复制已选定的香瓜图案。单击新建的“蔬果娃娃”文件中的空白处，选择“编辑”→“粘贴”命令，把香瓜图案复制到该文件中，香瓜以新建图层的方式放在背景层的上面，被自动命名为“图层1”，如图 2.62所示。

（5）复制蔬菜图像到“蔬果娃娃”文件中作为眉毛。把操作对象改为素材文件中的蔬菜，重复步骤（3）和步骤（4）的操作，选择蔬菜并复制到“蔬果娃娃”文件中作为左眉毛。由于蔬菜仍在剪贴板中，再次选择“编辑”→“粘贴”命令，再复制一个蔬菜图案到“蔬果娃娃”文件中，作为右眉毛，如图 2.63所示，它们分别被命名为“图层2”和“图层3”。

图 2.62　蔬果娃娃的脸

图 2.63　作为蔬果娃娃的左、右眉毛

（6）使眉毛左右对称。选择右眉毛所在的图层3，选择“编辑”→“变换”→“水平翻转”命令，使蔬菜图案水平翻转，利用移动选择工具调整位置，使两个蔬菜图案对称放置，如图 2.64所示。

Tips 在移动图案前，需选择相应的图层，再移动图层内的对象。在调整图像大小、角度时，可选择“编辑”→“自由变换”命令进行快捷变换。

（7）制作蔬果娃娃的眼睛。把操作对象改为红萝卜，重复步骤（3）至步骤（5），制作“蔬果娃娃”的左、右眼睛，如图 2.65所示，它们分别被命名为“图层4”和“图层5”。

图 2.64　眉毛对称效果

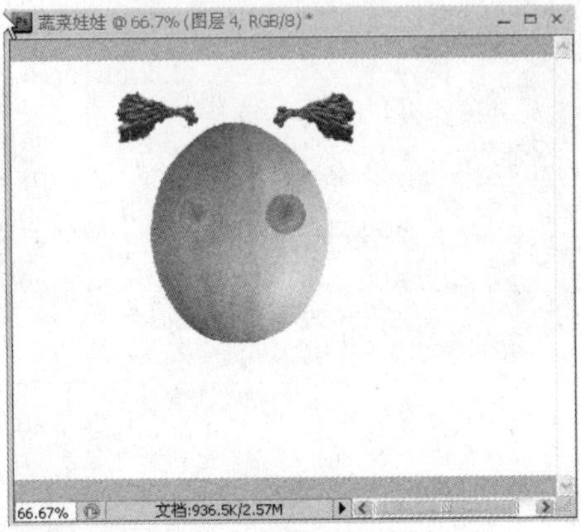

图2.65　蔬果娃娃眼睛的制作

(8) 制作蔬果娃娃的眼珠。① 选择眼珠：返回素材文件，选择椭圆选框工具，在工具选项栏中单击“新选区”按钮，确保本次的选择形成一个独立的选区，然后选择“眼珠”图案。为便于图像的选择，选区可比图案范围大，如图 2.66所示。② 缩小选区：选择“选择”→“变换选区”命令，调整并移动选区使之适应眼珠图案，按Enter键确定选区，复制后在“蔬果娃娃”文件中粘贴两次，并调整位置，形成两个眼珠，如图 2.67所示。它们分别被命名为“图层6”和“图层7”。

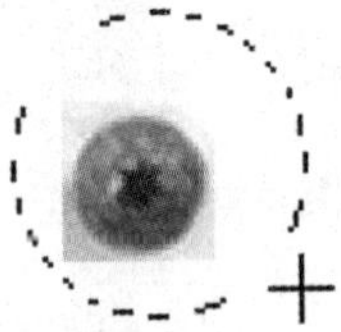

图 2.66　建立眼珠的选区

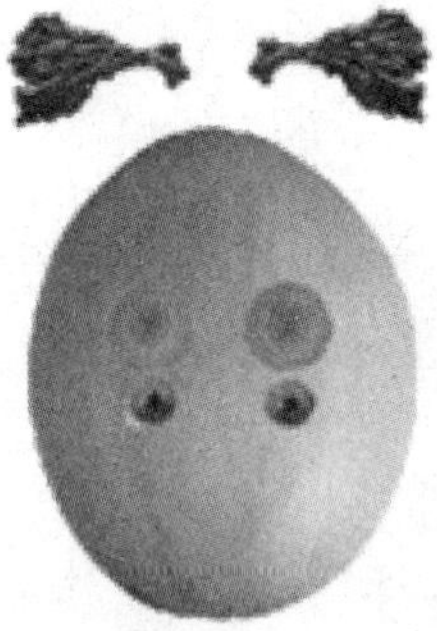

图 2.67　蔬果娃娃眼珠的制作

(9) 制作蔬果娃娃的帽子。返回素材文件，使用磁性套索工具选择蘑菇作为“帽子”。① 在蘑菇的边缘处单击，确定起始位置。② 放开鼠标左键，使鼠标指针沿着蘑菇的边缘移动，Photoshop将自动识别蘑菇的边缘并生成选区，如图 2.68所示。③ 按Ctrl+C组合键把选好的“蘑菇”复制到“蔬果娃娃”文件中，自动命名为“图层8”，如图 2.69所示。

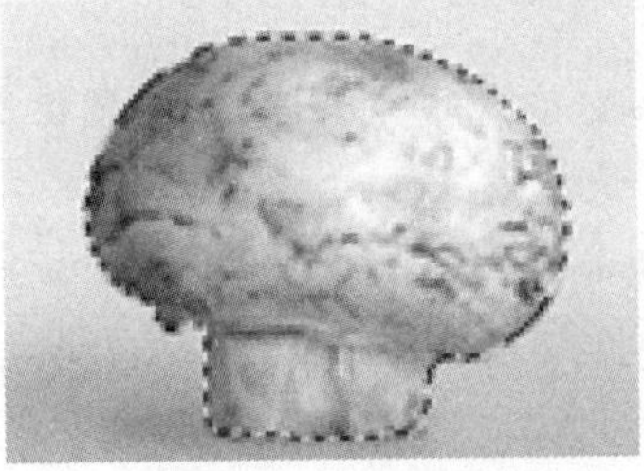

图 2.68　蘑菇选区

图 2.69　蔬果娃娃帽子的制作

(10) 制作蔬果娃娃的其他部位。用同样的方法选择素材文件中的其他图案，复制到“蔬果娃娃”文件中，进行一定的调整，如图 2.70所示。例如，用磁性套索工具选择“耳朵”，再进行适当的缩放和旋转等操作。

(11) 完成作品。把“蔬果娃娃”文件中的所有图案摆放好，并调整各图层的顺序，例如，“帽子”所在的图层8应放在“脸部”所在的图层1的下面，“耳朵”所在的图层10和图层11应放在“脸部”所在的图层1的下面等。最后，利用裁剪工具根据蔬果娃娃的实际大小进行裁剪，去掉无用的空白画面。最终效果如图 2.71所示。

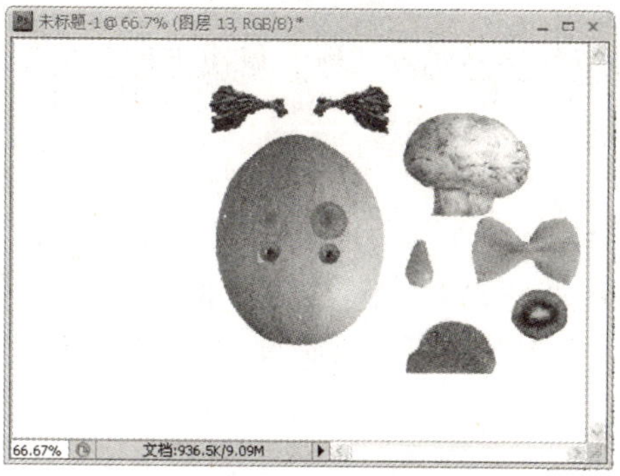

图 2.70　蔬果娃娃其他部位的制作

图 2.71　蔬果娃娃

Tips　Photoshop提供了多种选择工具，可以根据不同选区的特点选择相应的工具，并结合菜单命令进行选择。

2.4.2　通道与蒙版

通道与蒙版是Photoshop中相对复杂的两个概念，但也是图像高级处理中非常重要的功能。本节先对两者的概念进行简单介绍，然后通过实例帮助读者更好地理解。

1. 通道简介

Photoshop的通道主要有两个作用：一是存储彩色信息，二是保存选择区域。通道的概念较复杂，可理解为图像中各种单色分量的分布状态。如果抽取的是图像的红色成分，则称为图像的“红色通道”；如果抽取的是图像的绿色成分，则称为图像的“绿色通道”等。图像模式的不同决定了通道的数量，在通道面板中可以直观地看到。如图 2.72所示，通道面板中显示了图像通道的数量，并提供了新建通道、删除通道等命令。

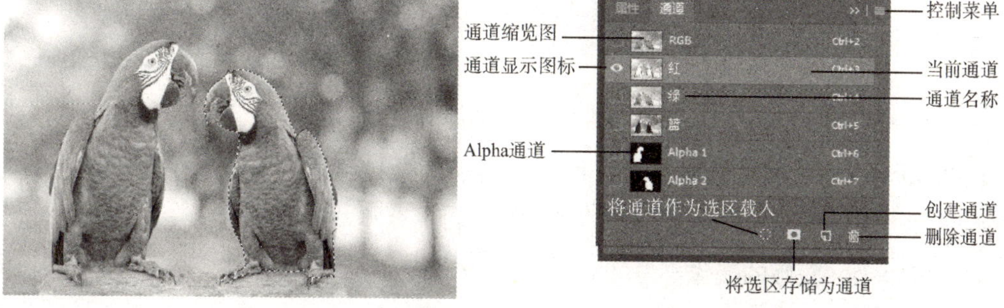

（a）选区载入　　（b）通道面板

图 2.72　通道

Photoshop在进行图像处理时，使用的通道主要分为如下三种。

(1) 颜色通道

颜色通道在图像文件建立或打开后自动创建。这些通道把图像分解成一个或多个色彩成分，图像的模式决定了颜色通道的数量，RGB模式有R、G、B三个颜色通道，CMYK图像有C、M、Y、K四个颜色通道，灰度图只有一个颜色通道。当查看单个通道的图像时，图像窗口中显示的是没有颜色的灰度图像，通过编辑灰度图像，可以更好地掌握各个通道原色的亮度变化。

(2) 专色通道

专色通道是一种特殊的颜色通道，主要作用是辅助印刷，解决无法利用CMYK四种油墨合成的特殊颜色的印刷问题。

(3) Alpha通道

Alpha通道是为保存选择区域而专门设计的通道。在处理图像时，若用户需要反复利用同一选取范围，则可以单击通道面板底部的“将选区存储为通道”按钮，将该选择范围存为Alpha通道；当需要选区时，单击通道控制面板底部的“将通道作为选区载入”按钮即可。

Tips 上述通道与选区相互转换的方法，在图像编辑处理中应用非常广泛，请读者多练习。

2. Photoshop通道的操作

在Photoshop中，对图像进行处理时，往往需要同其他工具（如蒙版、选区工具和绘图工具）结合使用并配合滤镜、“编辑”菜单中的各种命令进行综合处理。

3. 蒙版简介

蒙版用于隔离和保护图像被选取或指定的区域不受编辑操作的影响，起到遮蔽的作用。蒙版的示意如图 2.73所示，蒙版的黑色（即保护区域）为完全透明，白色（即选区）为不透明，灰色介于二者之间（部分选取，部分保护）。图层应用蒙版后的效果如图 2.74所示。

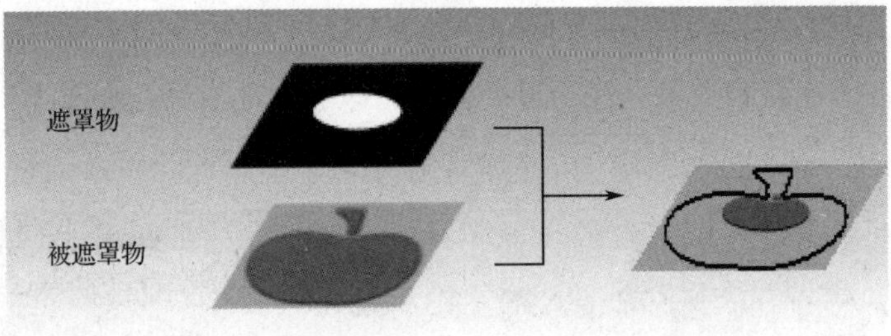

图 2.73　蒙版的示意

在Photoshop中，通常利用蒙版来抠图、实现图的边缘淡化效果及图层间的融合等。Photoshop中的蒙版通常有图层蒙版、剪贴蒙版、矢量蒙版（形状蒙版）等。

4. Photoshop蒙版的操作

制作蒙版的常用方法有如下几种:

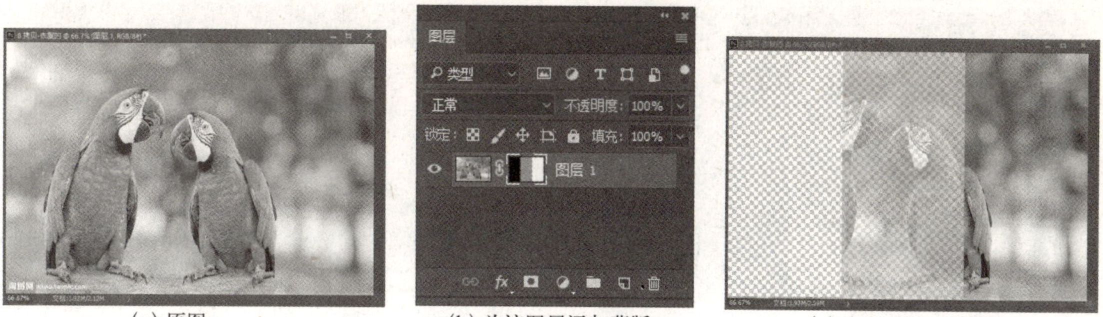

(a) 原图　　(b) 为该图层添加蒙版　　(c) 应用蒙版后的效果

图 2.74　蒙版的效果

(1) 单击图层控制面板中的“添加蒙版”按钮，为图层创建蒙版；或选择“图层”菜单中的相关命令创建蒙版，如单击“创建剪贴蒙版”。

(2) 使用Alpha通道或路径面板存储和载入选区作为蒙版。

(3) 利用工具箱中的快速蒙版显示模式工具创建快速蒙版；或建立选区，选择“选择”→“选择并遮住”命令创建快速蒙版；或选择“选择”→“在快速蒙版模式下编辑”命令产生一个快速蒙版。

例2-8将通过应用图层蒙版实现指定效果。

【例2-8】图像融合实例：将不同图片合成为一张图片，如图2.75所示。

【知识点】渐变工具的使用；蒙版的概念。

【工具】Photoshop CS及以上版本，本例采用Photoshop CC 2017版本。

操作视频

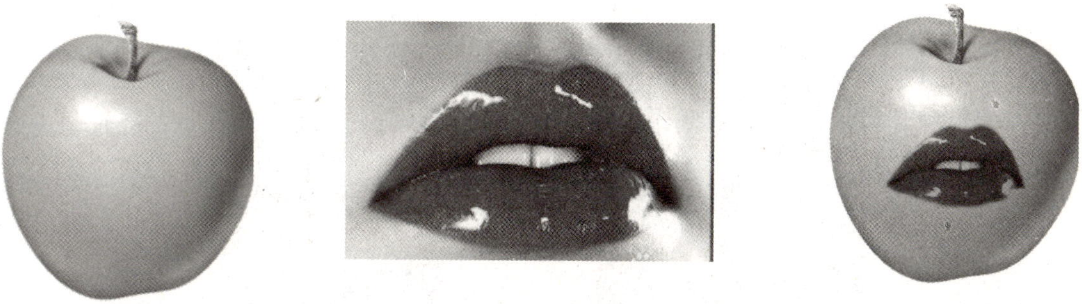

(a) 苹果素材　　(b) 红唇素材　　(c) 效果图

图 2.75　图像融合实例

【操作步骤】

(1) 打开素材。打开素材文件，将两张图片放到一张图片里。具体方法：打开“苹果”文件，然后打开“红唇”文件，用移动工具拖动“红唇”图片到“苹果”图片所在窗口中，并调节“红唇”图片到合适的大小，如图 2.76所示。

(2) 更改图层混合模式。使用正片叠底效果，将“红唇”里亮色的部分隐藏掉，如图 2.77所示。

(3) 添加图层蒙版。选定“红唇”图层，单击图层面板底部的“添加蒙版”按钮，在该图层上添加一个图层蒙版，如图 2.78所示。

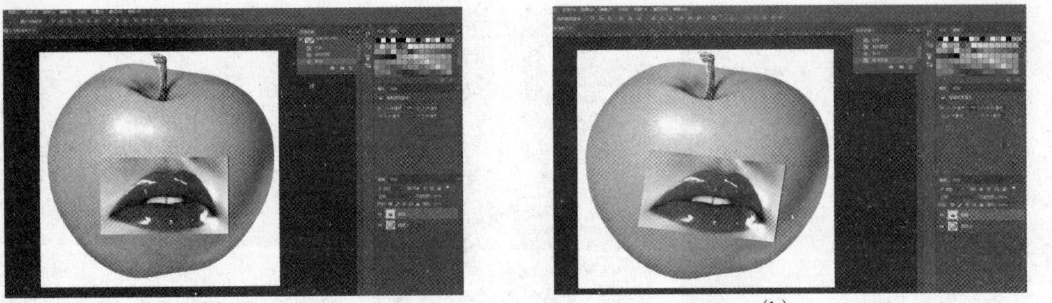

(a) (b)

图 2.76　打开素材并合成

图 2.77　更改图层混合模式

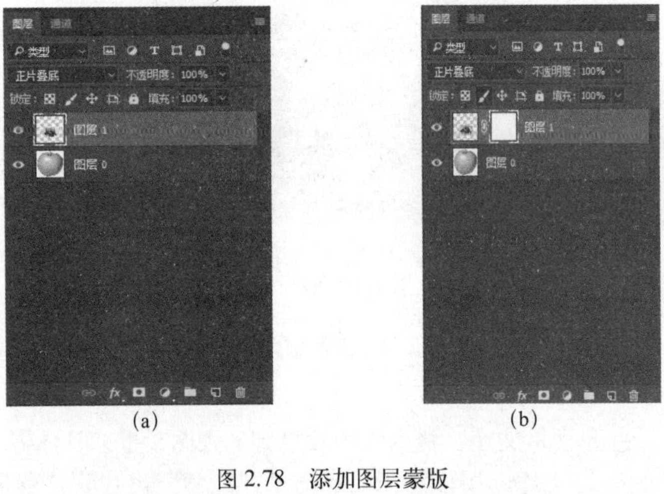

(a) (b)

图 2.78　添加图层蒙版

(4) 用画笔工具涂改蒙版。选择画笔工具，画笔颜色选择黑色，画笔涂过的地方就是要隐藏的地方，嘴角等细微的地方可以按Ctrl + “+” 组合键放大图片之后，按 “[” 键缩小笔尖，涂改直到满意为止，如图 2.79所示。

(5) 保存图像。

Tips　Photoshop可通过多种方法实现图片合成，请读者自行思考并练习采用不同的方法实现。

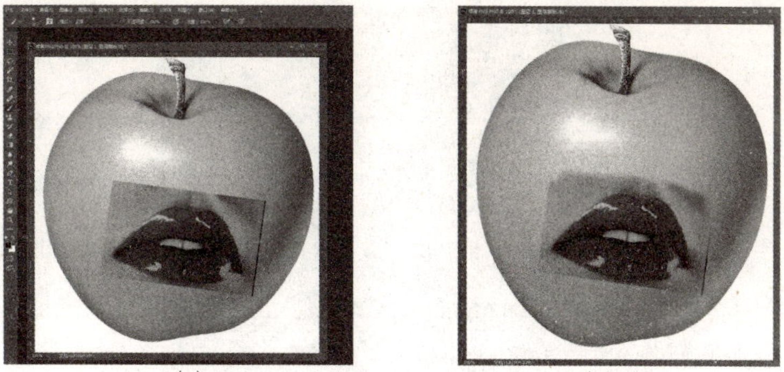

(a)　　　　　　(b)

图 2.79　用画笔工具涂改蒙版

2.4.3　路径与矢量图

Photoshop有矢量图功能，绘制矢量图时需要借助路径功能。矢量图功能随着该软件的版本升级而不断完善。

1. 路径简介

在Photoshop中，路径可以转换为选区或使用颜色填充和搭边的轮廓，是使用贝塞尔曲线所构成的一段闭合或开放的曲线段。

不同的贝塞尔曲线之间使用锚点进行连接。锚点是用来定义路径中每条线段开始和结束的点，当第一个绘制的锚点和最后一个绘制的锚点重合时，路径就是一个封闭的区域。移动锚点可以修改路径并改变路径的形状。选择带曲线属性的锚点时，锚点的两侧会出现控制杆，拖动控制杆两侧的控制点可以调整曲线的弯曲度，如图 2.80所示。

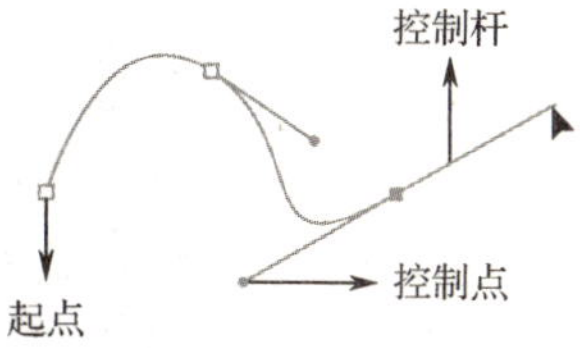

图 2.80　路径的调整

2. 路径的使用

在Photoshop中，通过路径工具编辑路径，可以很方便地改变路径的形状。通过与选区的相互转换，路径可用来编辑选区的轮廓线。

（1）路径工具

路径工具不仅可以绘制路径，也可以绘制矢量图。钢笔工具组是绘制路径的基本工具，如图 2.81所示。

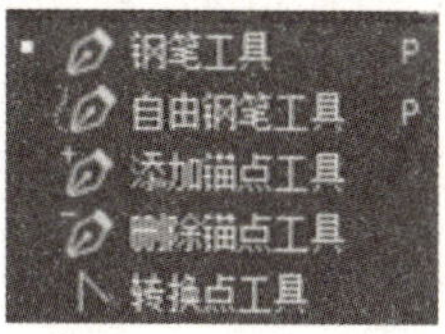

图 2.81　钢笔工具组

钢笔工具：以单击创建锚点的方式绘制路径。

自由钢笔工具：类似铅笔工具，以连续绘制方式，在图像上创建初始点后，即可随意拖动鼠标徒手绘制路径。

添加锚点工具和删除锚点工具：用于在已有的路径上增加或减少锚点。

转换点工具：用于选择锚点，并改变与该锚点相连接的两条路径的弯曲度。

（2）路径面板

利用路径面板可以对已建立的路径进行编辑与管理，如图 2.82所示。单击面板中的命令即可进行路径的编辑与修改操作。

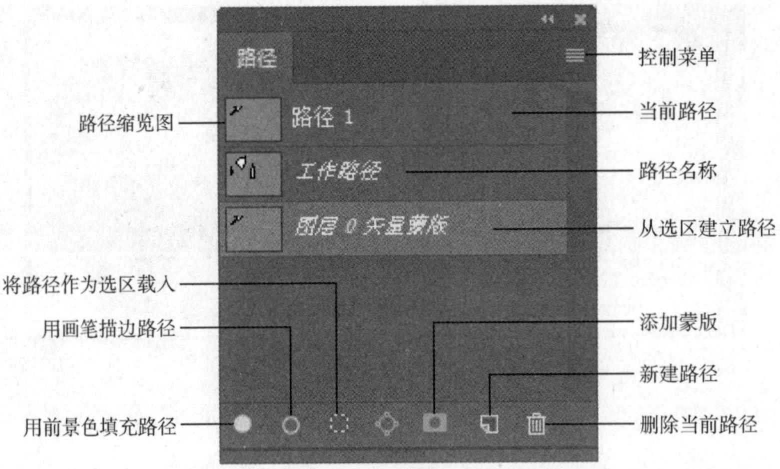

图 2.82　路径面板

3. 矢量图绘制工具

使用矩形工具组中的工具可以绘制矢量图，如图 2.83所示。使用自定义工具，在工具选项栏中单击“形状” 下拉按钮，打开形状面板，如图 2.84所示，可以绘制出一些不规则的形状或自己定义的形状，可用作绘制矢量图、路径或填充区域。

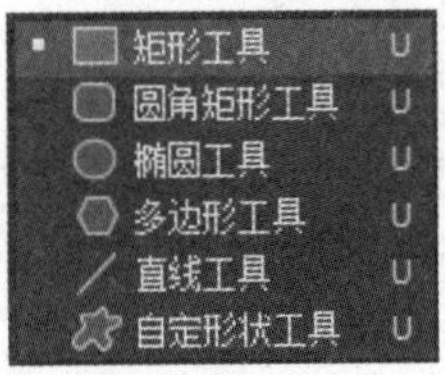

图 2.83　矩形工具组

图 2.84　形状面板

例2-9将通过使用路径与矢量图的操作实现指定效果。

【例2-9】心形贺卡：通过钢笔工具的使用，制作一个以心形图案填充的贺卡，如图2.85所示。

操作视频

【知识点】钢笔工具设置路径；把路径转换为选区，并载入图像中；定义和填充图案。

【工具】Photoshop CS及以上版本，本例采用Photoshop CC 2017版本。

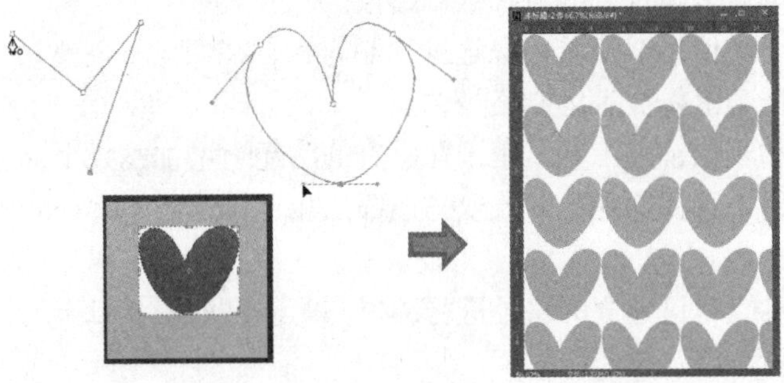

图 2.85　心形贺卡

【操作步骤】

（1）新建“贺卡.psd”文件。选择“文件”→“新建”命令，在打开的“新建”对话框中设置参数，如图 2.86所示，并保存为“贺卡.psd”文件。

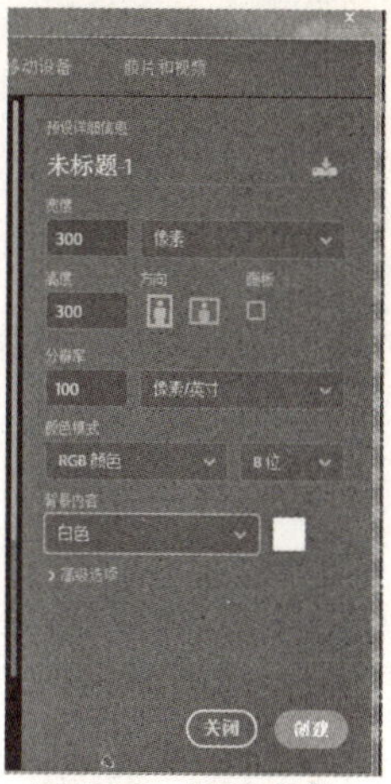

图 2.86　设置参数

（2）创建心形路径。① 选择钢笔工具画出楔形路径：在工具选项栏中选择路径选项，确保生成的是路径；在图像的空白处单击4次，4个锚点，最后回到起点的锚点，此时鼠标后面会出现一个小圆圈，如图 2.87所示；单击起点以封闭路径，如图 2.88所示。② 选择钢笔工具组中的转换点工具，先单击选择锚点，再按住鼠标左键不放，拖动鼠标拉出曲线，把楔形转换为心形，如图 2.89所示。

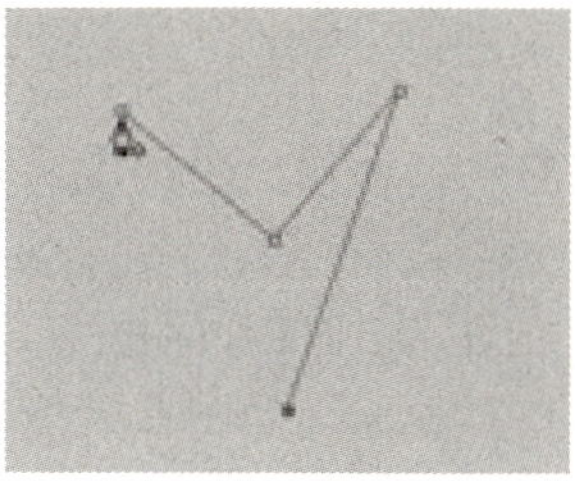
图 2.87　未封闭的楔形路径图

图 2.88　已封闭的楔形路径

图 2.89　楔形转换为心形

（3）把路径转换为选区。单击路径面板，选择工作路径，如图 2.90所示。在工作路径上单击右键，在快捷菜单中选择“建立选区”命令，如图2.91所示。在打开的对话框中单击“确定”按钮即可。也可单击路径面板中的“将路径作为选区载入”按钮，最后效果如图 2.92所示。

图 2.90　心形工作路径

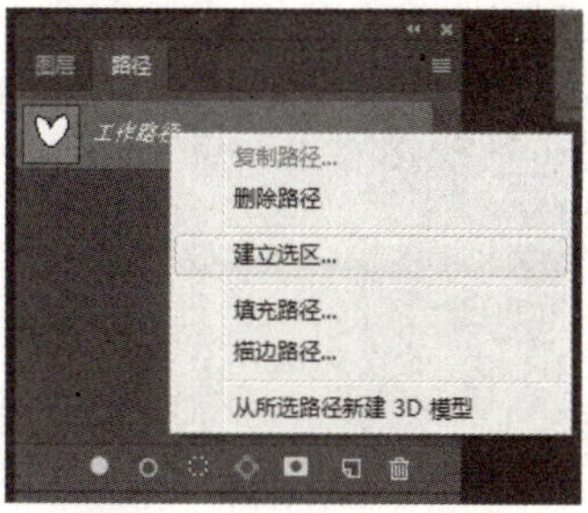

图 2.91　从路径中建立选区

图 2.92　把路径转换为选区

（4）制作红色的心形图案。① 把前景色设为红色，选择油漆桶工具，在心形选区里填色。② 利用裁剪工具，根据需要裁切心形图像，按Enter键确定，如图 2.93所示。

（5）把红色的心形图像定义为图案。选择“编辑”→“定义图案”命令，输入图案名称，单击“确定”按钮，如图 2.94所示。

Tips　需要定义为图案的图像必须是用矩形选框工具或裁剪工具形成的方形区域，圆形区域不能定义为图案。

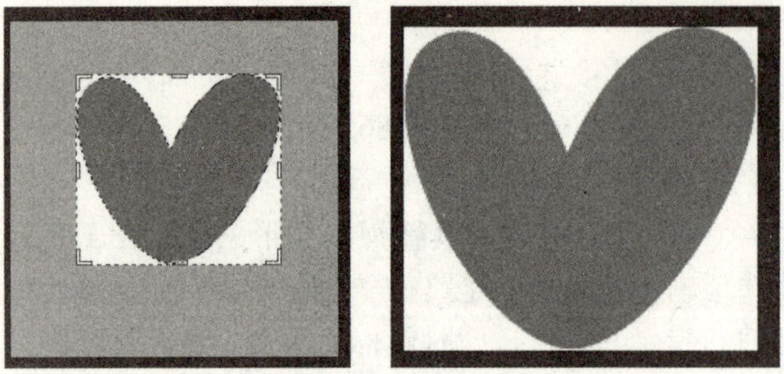

图 2.93　裁切图像

图 2.94　设置图案名称

（6）新建“心形贺卡.psd”文件。选择“文件”→“新建”命令，新建一个图像文件，设置如图 2.95所示。

（7）用心形图案填充文件。选择“编辑”→“填充”命令，在弹出的对话框中，“内容”设置为“图案”，在“自定图案”下拉面板中选择刚定义的心形图案，如图 2.96所示，不透明度设为“50%”，单击“确定”按钮，效果如图 2.97所示，作品完成。

（8）保存图像。

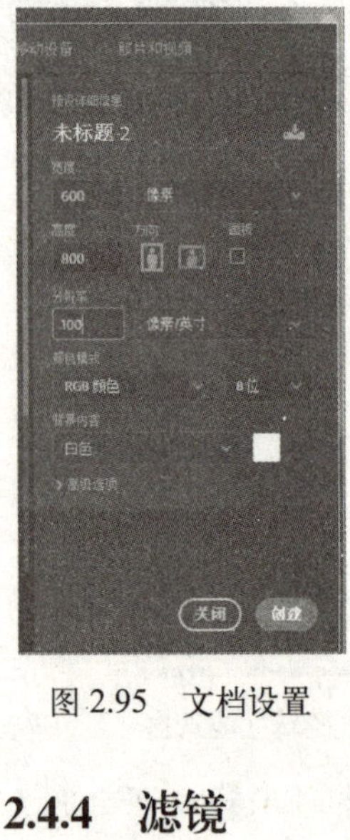

图 2.95　文档设置

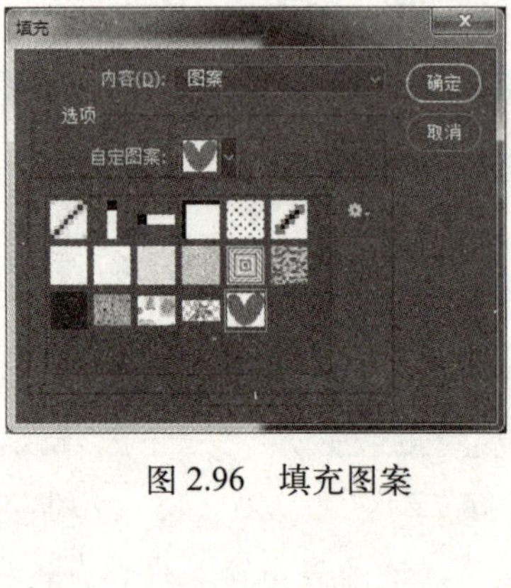

图 2.96　填充图案

图 2.97　填充效果

2.4.4　滤镜

1. 滤镜简介

Photoshop的滤镜是一些经过专门设计的、用于产生图像特殊效果的工具。Photoshop的滤镜主要用来提高工作效率、增强创意效果等。虽然不少滤镜功能可以用通道和蒙版来实现，但滤镜更方便和直观。滤镜的分类方法很多，一般将其分为内置滤镜和外挂滤镜两大类。内置滤镜是Photoshop自身提供的各种滤镜，外挂滤镜则是由其他厂商开发的滤镜，它们需要安装在Photoshop目录中才能使用。

Photoshop的内置滤镜主要有两种用途。第一种用于创建具体的图像特效，例如可以生成粉笔画、图章、纹理、波浪等各种效果。此类滤镜的数量最多，绝大多数都放在“风格化”、“画笔描边”、“扭曲”、“素描”、“纹理”、“像素化”、“渲染”、“艺术效果”等滤镜组中，除“扭曲”及其他少数滤镜外，基本上都是通过“滤镜库”来管理和应用的。第二种主要用于编辑图像，如减少图像杂色和提高清晰度等，这些滤镜放在“模糊”、“锐化”、“杂色”等滤镜组中。此外，“液化”、“消失点”和“扭曲”滤镜组中的“镜头校正”也属于此类滤镜。这三种滤镜比较特殊，它们功能强大，并且有自己的工具和独特的操作方法，更像是独立的软件。

Photoshop的外挂滤镜其实是插件，典型的有KPT系列滤镜。外挂滤镜的安装和普通软件的插件安装类似，其使用方法和内置滤镜一样，此处不做单独介绍。

2. 滤镜的使用

滤镜的一般使用步骤为：①执行滤镜命令。②设置滤镜参数。③重复滤镜效果。④消退滤镜效果（选择“编辑”→“渐隐”命令）。

所有的Photoshop滤镜都按分类放置在菜单中，使用时只需要执行命令即可，“滤镜”菜单如图 2.98所示。其中“滤镜库”、“液化”和“消失点”是特殊滤镜，被单独列出，而其他滤镜则依据其主要功能分别放置在不同类别的滤镜组中。如果安装了外挂滤镜，它们会出现在“滤镜”菜单的底部。

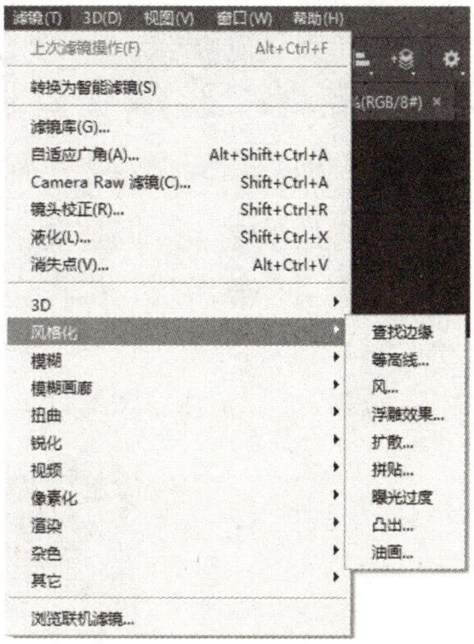

图 2.98　滤镜菜单

Tips　如今智能手机的各种修图APP均带有强大的滤镜功能，各种滤镜集成在APP中，此类APP成为普通用户使用滤镜的首选。

例2-10将通过滤镜的应用等操作实现指定效果。

【例2-10】燃烧字：用Photoshop制作火焰燃烧文字效果，如图2.99所示。

【知识点】滤镜的概念及使用；文字的输入和文字图层的使用；渐变映射的概念和使用。

操作视频

【工具】Photoshop CS及以上版本，本例采用Photoshop CC 2017版本。

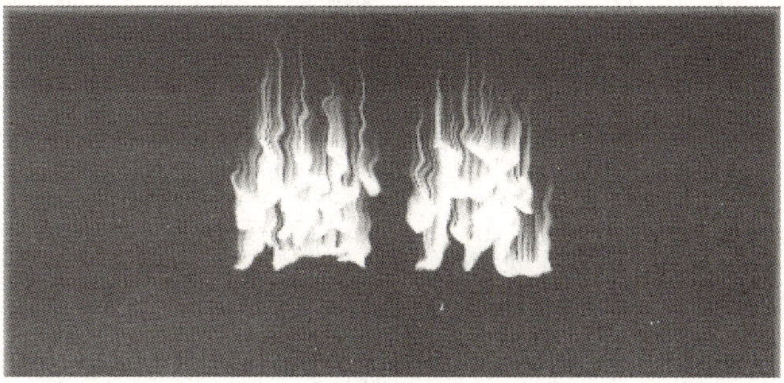

图 2.99　燃烧字

【操作步骤】

（1）新建文档。选择“文件”→“新建”命令，新建一个图像文件，背景填充为黑色，设置如图 2.100所示。

（2）输入文字。使用文字工具在图像中输入“燃烧”两字，颜色为白色，其他设置如图 2.101所示。

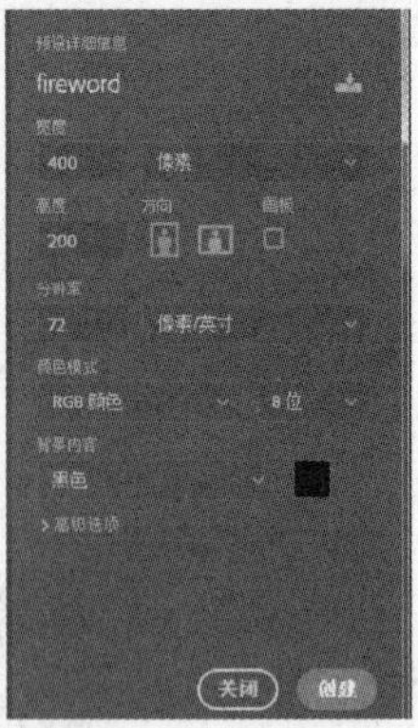

图 2.100　文档设置

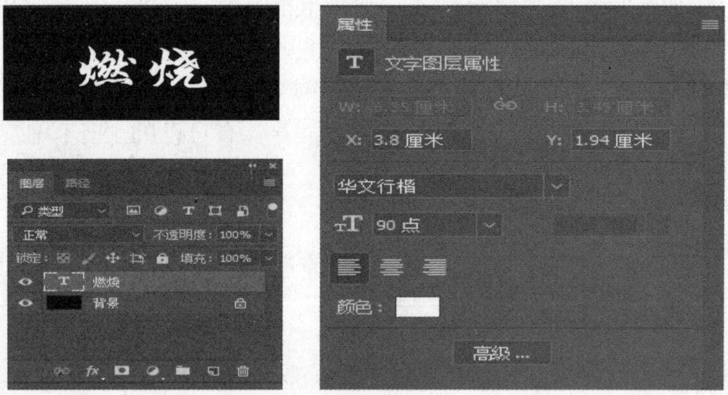

图 2.101　输入文字

（3）调整文字。调整文字的位置，然后右击文字图层从快捷菜单中选择“栅格化文字”命令，之后合并图层，操作完成后图层面板如图 2.102（a）所示。

（4）旋转图像。选择“图像”→“图像旋转”→“90度（顺时针）”命令，将图像顺时针旋转90°，如图 2.102（b）所示。

（a）调整文字　　（b）旋转图像

图 2.102　调整文字位置并旋转90°

（5）应用“风”滤镜。选择“滤镜”→“风格化”→“风”命令，在“风”对话框中，选择“方法”栏中的“风”，“方向”栏中的“从左”，单击“确定”按钮。然后按Ctrl +Alt + F组合键，再次执行刚使用过的滤镜操作，加强风吹效果，如图 2.103所示。

（6）旋转图像。选择“图像”→“图像旋转”→“90度（逆时针）”命令，将图像逆时针旋转90°。

（7）应用“波纹”滤镜。选择“滤镜”→“扭曲”→“波纹”命令，在“波纹”对话框中可以调节数量和大小，获得最佳火焰效果，如图 2.104所示。

（8）颜色调整。选择“图像”→“调整”→“渐变映射”命令，打开“渐变映射”对话框。单击渐变条打开“渐变编辑器”对话框，在这里设置4个色标的颜色值分别为：000000

（黑色）、FF6600（橙色）、FFFF33（黄色）、FFFFFF（白色），如图2.105所示。当然也可以试试别的颜色。设置完成后单击“确定”按钮。

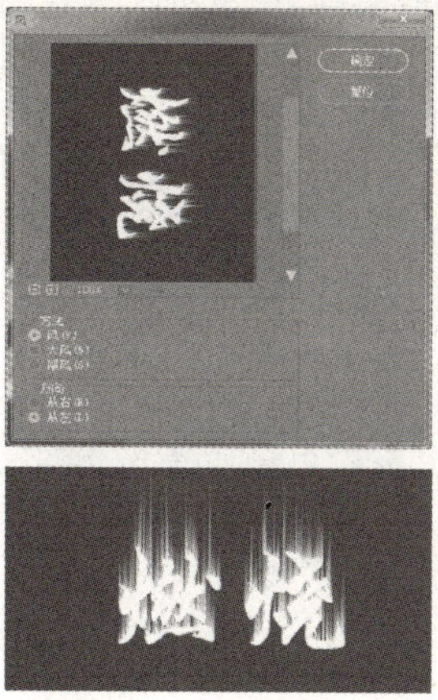

图 2.103 滤镜“风”

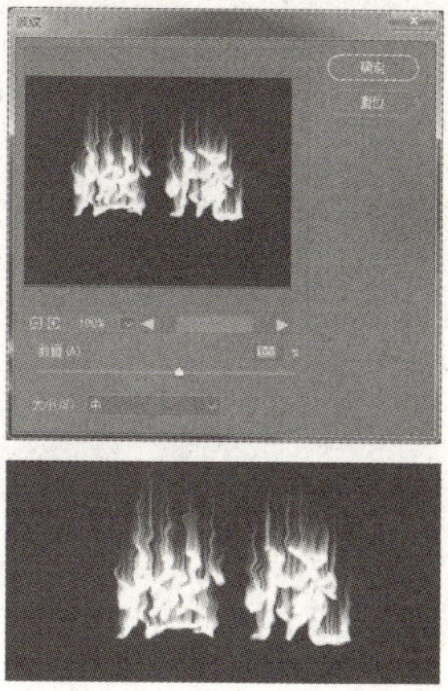

图 2.104 滤镜“波纹”

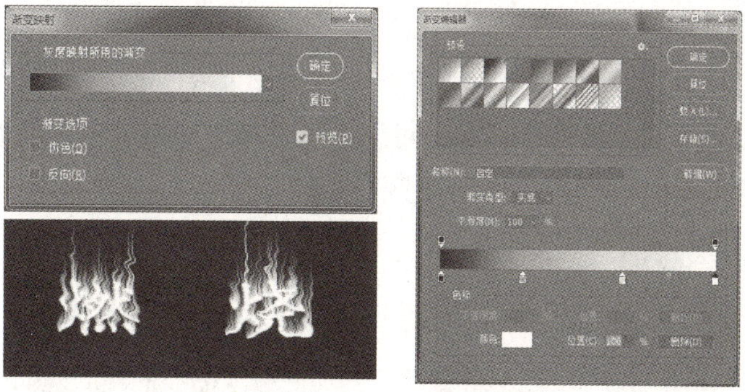

图 2.105 颜色调整

Tips 有些文献使用索引模式的颜色表对“燃烧”二字进行颜色调整，请读者自行查阅并练习。

（9）图层样式设置。双击“背景”图层，将其转化为普通图层。双击该图层，打开“图层样式”对话框，混合选项选择“内阴影”，参数设置如图 2.106所示。

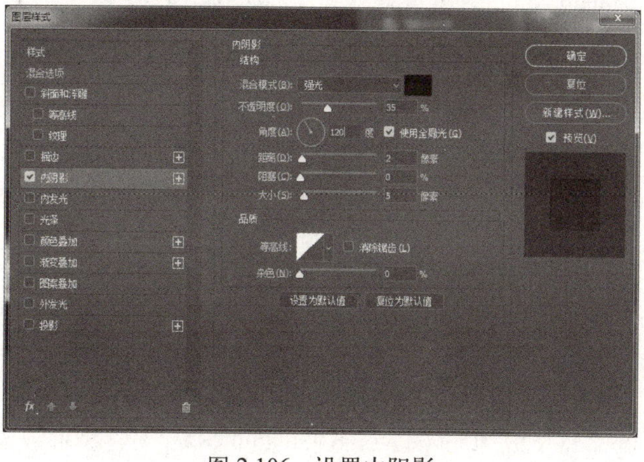

图 2.106 设置内阴影

混合选项选择“内发光”，参数设置如图 2.107所示。

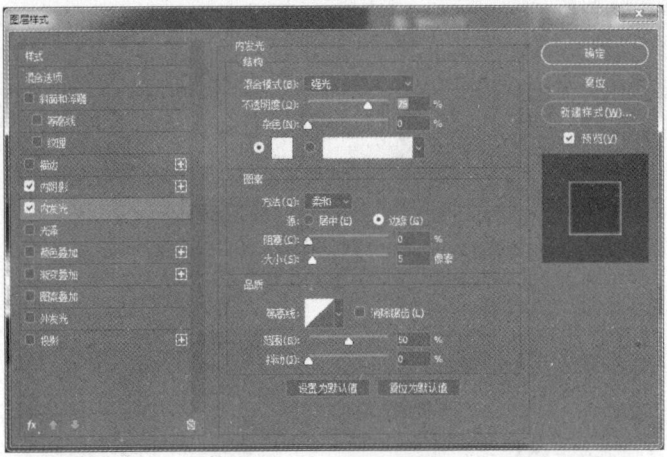

图 2.107　设置内发光

(10) 保存图像。

2.4.5　3D制作

Photoshop的3D功能越来越完善，几乎可以满足一切平面设计中的3D要求，例如3D立体字、立体盒、3D贴图等。3D制作的主要步骤包括建模和材质编辑处理，3D作品如图 2.108所示。

图 2.108　3D作品

Tips 要使用Photoshop的3D功能，需要先启用3D功能，使菜单栏中出现“3D”菜单方能使用。

例2-11将通过3D功能制作立体文字。

【例2-11】3D文字创作：利用3D功能制作漂亮的立体文字，如图2.109所示。

【知识点】形状属性的设置；3D功能的使用；文字的输入和文字图层的使用。

【工具】Photoshop CS3及以上版本，本例采用Photoshop CC 2017版本。

操作视频

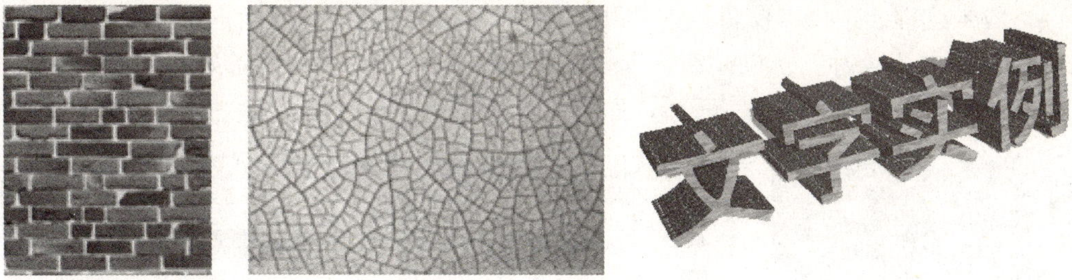

(a) 素材1　　(b) 素材2　　(c) 效果图

图 2.109　3D文字制作

【操作步骤】

(1) 新建文档。新建一个空白文档，设置如图 2.110所示。

(2) 输入文字。选择文字工具，在图像中输入文字“文字实例”，字体颜色为黑色，字体为粗黑体，如图 2.111所示。

(3) 生成3D文字形状。右击文字图层，从快捷菜单中选择“栅格化图层”命令，然后选择“3D”→“从所选图层新建3D模型”命令，得到3D效果。单击文字中间的“3D”按钮，旋转文字角度到满意为止，如图 2.112所示。

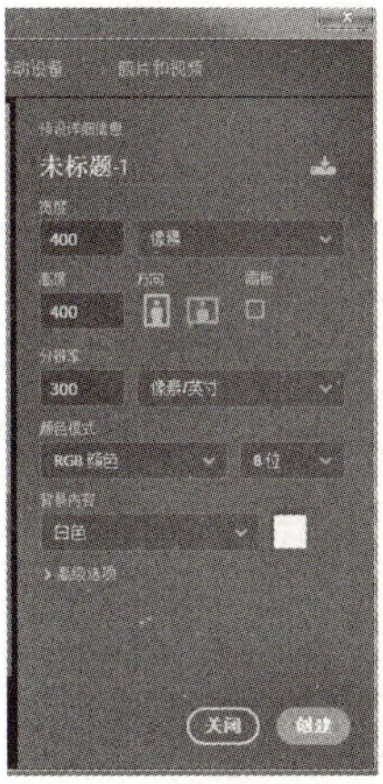

图 2.110　新建文档

图 2.111　输入文字

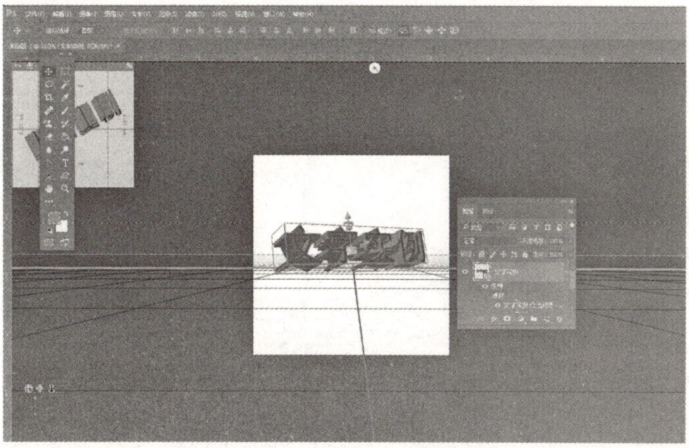

图 2.112　生成3D文字效果

（4）载入纹理。选择“窗口”→“3D”命令，弹出“属性”对话框，选择“文字实例”凸出材质，单击“漫射”下拉按钮，选择“替换纹理”项。选择准备好的贴图，单击“确定”按钮，将图片贴到立体文字表面，如图 2.113所示。

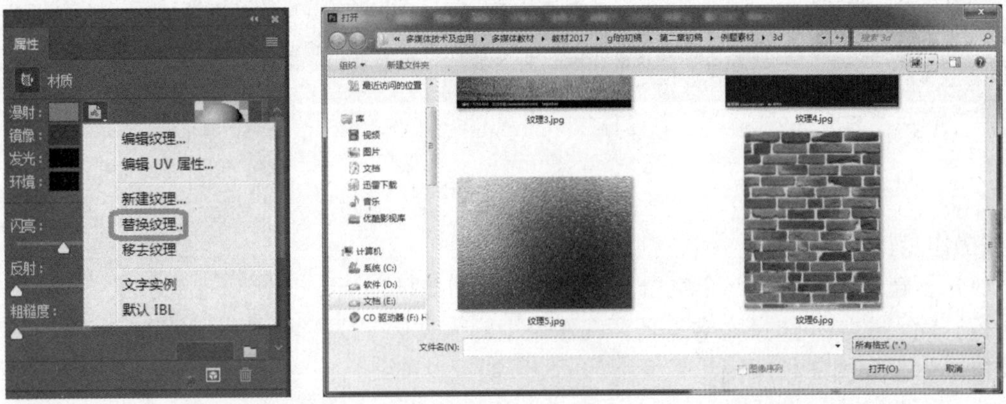

图 2.113　载入纹理

（5）编辑属性。打开“纹理属性”对话框，根据需要，设置U和V的值，如图 2.114所示。

图 2.114　编辑属性

（6）编辑前膨胀材质。设置“文字实例”前膨胀材质，方法同上，如图 2.115所示。

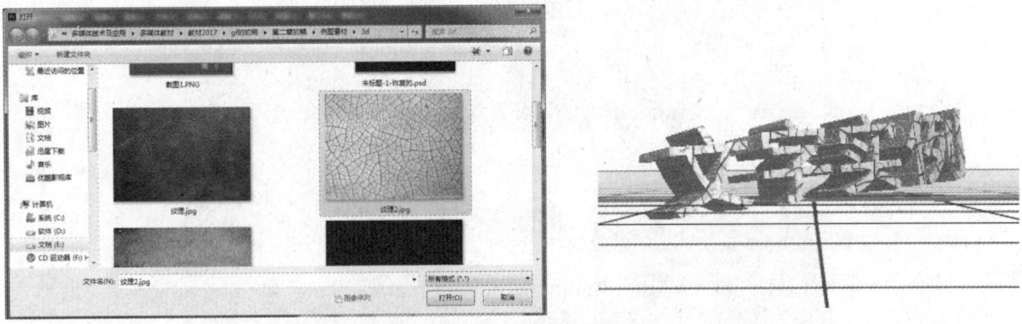

图 2.115　编辑材质

（7）完成作品。3D立体字基本完成。可继续对图片做其他美化效果，如图 2.116所示。此处不一一赘述。

图 2.116　完成作品

2.4.6　制作帧动画

Photoshop中植入了动画制作功能，例2-12将通过Photoshop来完成帧动画的制作。

【例2-12】闻味的小狗狗：用Photoshop处理“小狗狗”图片，制作动画效果。

【知识点】滤镜的处理；帧动画的原理；图层面板和时间轴面板的综合运用等。

操作视频

【工具】Photoshop CS2及以上版本，本例采用Photoshop CC 2017版本。

【操作步骤】

（1）打开文件。打开一张名为“小狗狗.jpg”文件，如图 2.117所示。

（2）选中“鼻子”。使用椭圆选框工具将小狗狗的鼻子选中（选区不宜太大，羽化值取1），如图 2.117所示。

图 2.117　打开素材

图 2.118　选取局部

（3）复制“鼻子”。按Ctrl + J 组合键（或选择“复制”和“粘贴”命令），将选区内容复制到新层中，得到图层1，如图 2.119（a）所示。将图层1再复制1次，得到图层2，并将两个图层的名字分别更改为：“吸”、“张”，如图 2.119（b）所示。

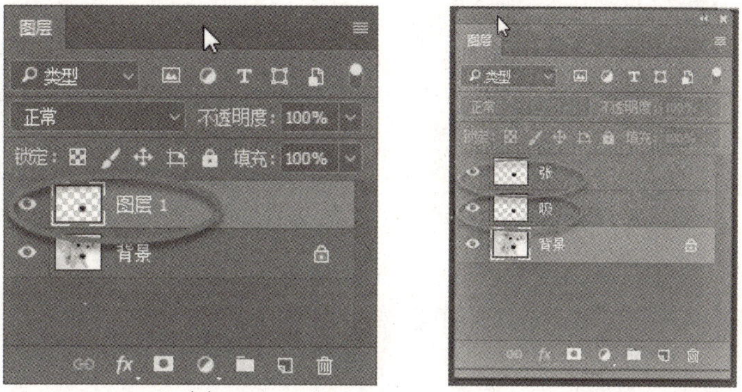

(a)　　(b)

图 2.119　复制图层

（4）液化“鼻子”。选择“吸”图层，选择“滤镜”→“液化”命令，用鼠标将鼻子往鼻尖方向稍加变形，制作出鼻子往内吸的效果，如图 2.120所示。接着对“张”图层也进行液化处理，制作出鼻子往外张开的效果。

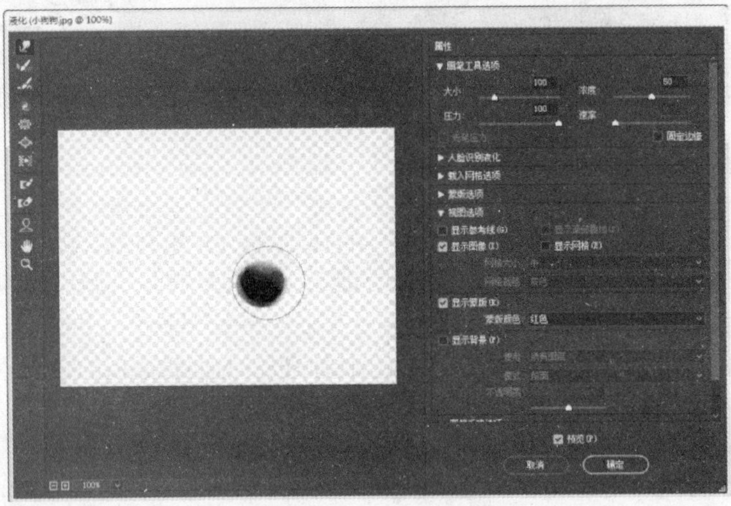

图 2.120　液化局部

（5）打开帧动画控制面板。选择“窗口”→“时间轴”命令，打开时间轴面板。从动画类型下拉列表中选择“创建帧动画”，如图 2.121所示。

（6）设置动画属性。单击图 2.122左下角画圈部分，将时间间隔设为0.1秒，这样设置后，隔0.1秒就会显示下一幅图，如图 2.123所示。单击面板底部“新建帧”按钮三次，新建三个帧，如图 2.124所示。

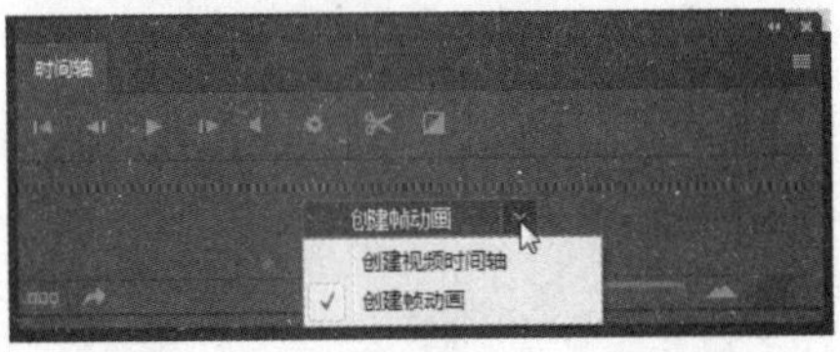

图 2.121　时间轴面板

图 2.122　打开时间间隔设置列表

图 2.123　设置时间间隔

图 2.124　新建帧

（7）设置帧内容。选中第1帧，单击按钮调整图层面板的“显示/隐藏”选项，隐藏“吸”和“张”图层，如图 2.125所示。用同样的方法设置第2～4帧的显示内容，如图 2.126所示。单击时间轴面板下面的播放按钮，观察效果。

图 2.125　设置第1帧

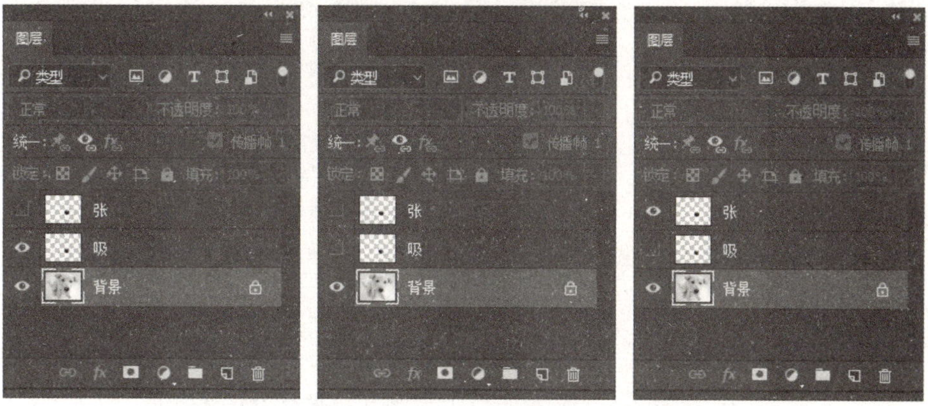

图 2.126　设置第2~4帧

（8）保存作品。选择“文件”→“存储为Web和所用格式”命令，将动画保存为.gif文件。

2.5　Photoshop图像处理应用综合实例

【例2-13】牵手字：用Photoshop制作出文字之间有相互穿插，一环扣一环的效果，如图2.127所示。

操作视频

【知识点】选区运算、文字工具、图像的编辑、图层合并。

【工具】Photoshop CS及以上版本，本例采用Photoshop CC 2017版本。

【操作步骤】

（1）新建文档。新建一个大小为10cm×6cm的RGB文件，并用红色填充背景，如图 2.128所示。

（2）输入文字。在工具箱中选择文字工具，在新图像中输入数字“2”。设置字体为幼圆，大小为200点，颜色为蓝色，斜体，如图 2.129所示。

图 2.127　牵手字

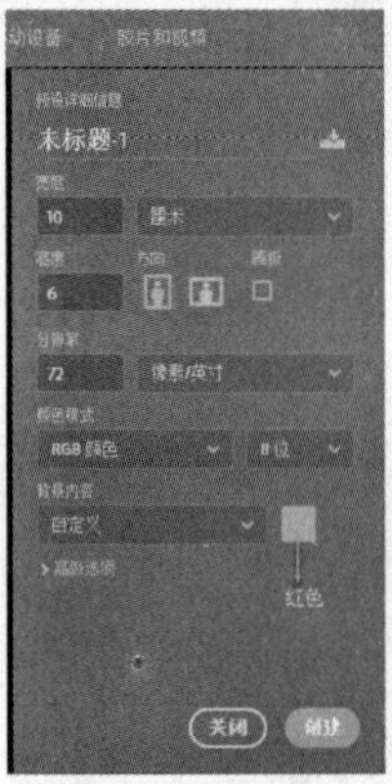

图 2.128　新建文档

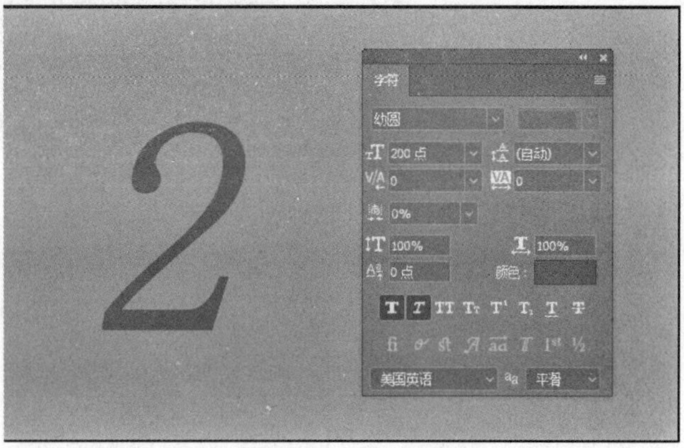

图 2.129　输入文字“2”

使用相同的方法输入三个“0”，分别设置为青色、绿色、黄色。每个数字占一个图层。调整各个图层之间的位置关系，使相邻各个数字相互重叠，并处于同一条水平线上，如图 2.130所示。

图 2.130　输入其他文字并排列

(3) 栅格化文字。右击各文字图层，从快捷菜单中选择“删格化文字”命令，将各文字图层转化为普通图层。

(4) 更改图层样式。双击数字“2”所在图层，弹出“图层样式”对话框，混合选项选择“斜面和浮雕”，给文字添加倒角和浮雕效果（其他项可采用默认设置，也可根据需要添加其他效果），如图 2.131所示。用同样方法对其他数字所在图层进行设置，最后效果如图 2.132所示。

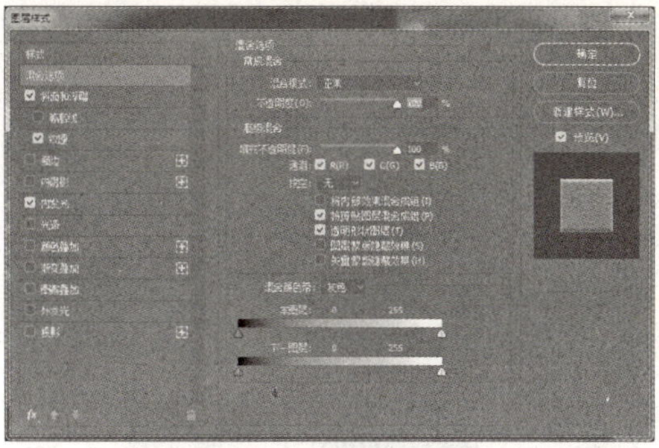

图 2.131　设置图层样式

图 2.132　设置图层样式后效果

(5) 选区设置。选择数字“2”和第1个数字“0”相交区域中的顶部和底部区域。具体操作方法如下：① 单击数字“2”所在的图层，用选择工具将数字“2”选中。实现方法有多种，可以在按住Ctrl键的同时在图层面板中单击数字“2”所在的图层，即可将数字“2”选中。② 在工具箱中选择椭圆选框工具，在工具选项栏中单击“从选区减去”选项，在数字“2”与数字“0”中部的交叠处拖动鼠标，即减去该处的选区。

(6) 删除选区。单击第一个数字“0”(即青色的数字“0”)所在的图层，切换到数字“0”所在的图层，按Delete键删除第一个数字“0”与数字“2”上下交叠的地方，如图 2.133所示。

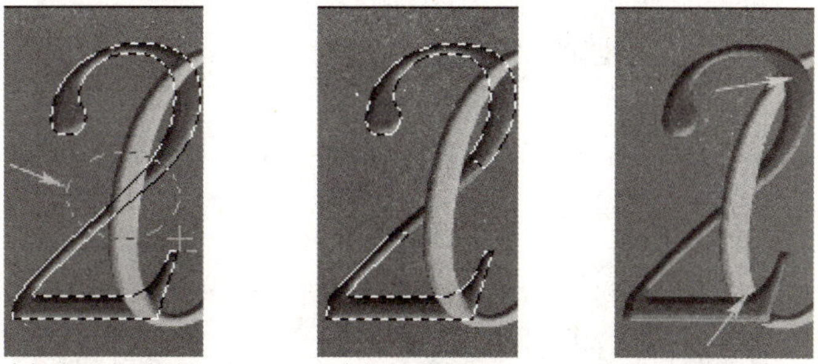

(a) 选区选项设置　　(b) 从选区减去　　(c) 删除选区

图 2.133　设置选区并删除选区

(7) 处理其他图层。重复上述步骤，处理其他的数字。所不同的是，两个数字“0”之间只在上下两处有交叠，应消除其中一处交叠处的选区再进行删除。最后即可得到“2000”牵手字，如图 2.134所示。

图 2.134　最终效果

（8）保存作品。右击任意图层，从快捷菜单中选择“合并可见图层”命令，然后将文件保存为所需格式。

【例2-14】换脸：通过替换人物图片中脸部部分，达到人物换脸的效果，如图2.135所示。

【知识点】使用多种选择工具进行图像的选择；结合菜单命令进行选区的选择和变换；图层的选择与切换。

操作视频

【工具】Photoshop CS及以上版本，本例采用Photoshop CC 2017版本。

(a) 素材1　(b) 素材2　(c) 效果图

图 2.135　换脸

【操作步骤】

（1）打开素材。将两张准备好的人物素材图片同时在Photoshop中打开，如图 2.136所示。

图 2.136　打开素材

（2）复制图像。在素材2文件中，使用矩形选框工具，选中素材2人物头部，按Ctrl+C组合键进行复制，如图 2.137所示。

（3）粘贴图像。切换到素材1文件，按Ctrl+V组合键，粘贴素材2头部图像，如图 2.138所示。

图 2.137　选中素材2头部

图 2.138　粘贴头部图像

（4）设置不透明度。选择图层1，设置不透明度为50%，如图 2.139所示。

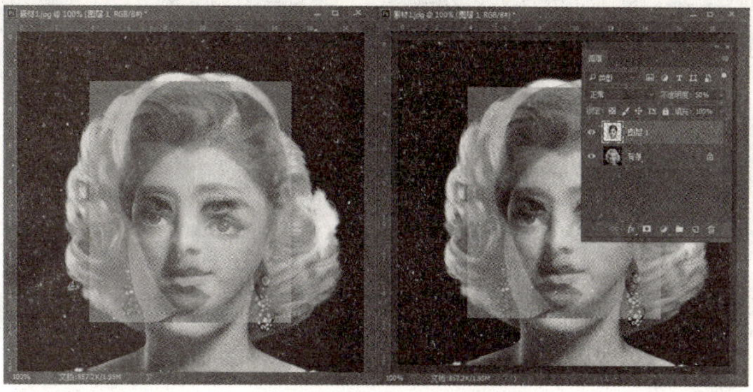

图 2.139 设置不透明度

（5）调整图像位置。选择“编辑”→“自由变换”命令，将素材2头部自由变换，反复调整，放到大概位置，如图 2.140所示。

（6）添加蒙版。单击图层面板下方的“添加图层蒙版”按钮，为图层1添加蒙版，如图2.140所示。使用黑色画笔工具，把硬度降低为0，慢慢擦掉脸上不需要的部分。

图 2.140 调整图像位置

图 2.141 添加蒙版

（7）调整图像。如果感觉脸部颜色差别很大，可选择“图像”→“调整”→“曲线”命令，对红、绿、蓝通道进行调整，如图 2.142所示。

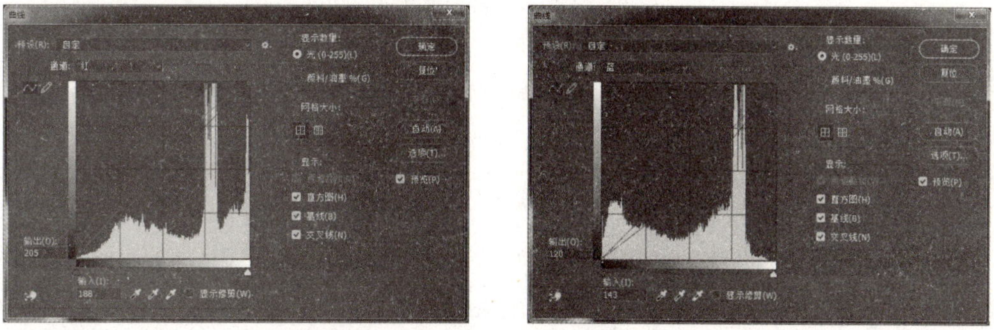

图 2.142 调整图像“曲线”

（8）反复调整。反复调整曲线，效果如图 2.143所示。也可使用“图像”→“调整”子菜单中的其他命令，达到最终的效果，如图 2.144所示。

图 2.143　反复调整中

图 2.144　最终效果

（9）保存作品。合并可见图层，并将文件保存为所需格式。也可继续用其他图像编辑工具和命令对图像进行修饰，达到满意的效果。

Tips　其他实例见http://www.16xx8.com/Photoshop/jiaocheng/2016/143194.html（滤镜、蒙版、绘画工具）。

【例2-15】漫画人头：利用Photoshop工具处理人物图像，制作出漫画人物的夸张效果，如图2.145所示。

【知识点】滤镜的使用；图层的综合运用；钢笔工具等抠图工具的使用。

【工具】Photoshop CS3及以上版本，本例采用Photoshop CC 2017版本。

操作视频

图 2.145　漫画人物

【操作步骤】

（1）打开并复制素材。打开需要制作效果的人物图像，按Ctrl+J组合键复制图层。通过钢笔工具或套索工具等抠图工具将人物图像抠出，如图 2.146所示。

（2）删除背景。选择“选择”→“反选”命令，然后按Delete键，将图层1的人物图像选区之外的背景部分删除，如图 2.147所示。

（3）调整头部。选择“滤镜”→“液化”命令，打开液化面板。通过液化工具，开始调整头部，将人物的特点尽可能夸张地展现出来，如图 2.148所示。调整到满意程度，单击“确定”按钮。

（4）冻结头部。选择冻结蒙版工具，将人物头部全部涂抹上，这样在调整身体的时候，头部就不会受到影响了，如图 2.149所示。

图 2.146 打开素材并设置选区

图 2.147 删除背景区域

图 2.148 液化人物图像头部

图 2.149 冻结人物图像头部

（5）处理“身体”。开始调整身体，让身体变小些。调整的时候要注意细节，可反复操作，直到满意后单击解冻蒙版工具，如图 2.150所示。单击“确定”按钮回到图层，如图 2.151所示。

图 2.150 液化人物图像身体部分

图 2.151 解冻蒙版工具后效果

（6）加入背景。找一张背景图片复制过来，如图 2.152所示。调整一下人物图像的边缘，然后合并图层，如图 2.153所示。

图 2.152　加入背景图片

图 2.153　调整边缘并合并图层

(7) 涂抹调整。使用涂抹工具调整细节，涂抹皮肤及明暗部分，让整体效果更像绘制出来的，如图 2.154所示。

(8) 绘画涂抹。按Ctrl+J组合键重新复制一个图层，选中该图层，选择“滤镜”→“滤镜库”→“艺术效果”→“绘画涂抹”命令，选择合适参数设置，如图 2.155所示。

图 2.154　使用涂抹工具调整

图 2.155　绘画涂抹

Tips　此处滤镜的参数设置可根据素材的不同自行调整。

(9) 增强质感。通过橡皮擦工具，将眼睛、嘴巴、嘴角等需要增加质感的部分处理一下，如图 2.156所示。

(10) 纹理化。将所有图层合并，选择“滤镜”→“滤镜库”→“纹理”→“纹理化”命令，参数设置如图 2.157所示。

图 2.156　增强质感

图 2.157　纹理化滤镜

(11) 保存作品。

本章小结

本章主要阐述了图像处理与制作的相关概念和应用技巧，要点如下。

1. 图形与图像

计算机能处理的图片主要有两种形式，即矢量图和位图。数字化后的图像称为位图图像或点阵图像，简称为图像，以像素为基本元素。矢量图又称为几何图形，简称为图形，其内容是用一组指令来描述的。

2. 图像数字化质量

影响图像数字化质量的主要参数有分辨率、颜色深度等。图像分辨率指图像中存储的信息量，图像分辨率的常用表达方式为“水平像素数×垂直像素数”。图像分辨率越高，像素数就越多，图像质量越高，所需的存储空间也就越大。

图像的颜色深度是指用来表示图像像素的颜色（或亮度）信息所使用的二进制数据位数。颜色深度值越大，图像色彩越丰富，所需的存储空间也越大。

3. 图像处理的基本手段

图像处理的基本手段，主要包括：图像文件的管理；图像范围的选取；图像的基本编辑，包括图像的复制、旋转、变形、大小调整、移动和复制图像的局部等；色彩的使用，包括图像色彩的调整和Photoshop色彩的使用，调整图像的色相、饱和度及明度，调整图像的亮度与对比度，图像色调的调整；绘图和编辑工具，包括在图像中绘制图形等；文字的处理，包括在图像中输入文字并进行相应的编辑处理等。

4. 图像处理的高级手段

图像处理的高级手段主要包括：图层的应用；通道与蒙版的应用；路径与矢量图的应用；滤镜的使用；3D制作；帧动画的制作等。

软件工具的学习要通过“例中学、练中学”，每种操作建议练习用多种方式实现。图像处理入门并不难，但如果要熟练应用，则需反复实践。

练习与思考

一、单项选择题

1. 计算机能处理的图片主要有两种形式，即（　　）。
   A）矢量图与位图　　B）位图与图像　C）图形与矢量图　　D）点阵图与位图
2. 位图是以（　　）为基本元素的。
   A）颜色等级　　B）像素　　C）灰度　　D）指令
3. 以下关于矢量图的说法不正确的是（　　）。
   A）矢量图又称为几何图形　　B）矢量图通常简称为图形

C）矢量图的内容是用一组指令来描述的　　D）矢量图又称为图像

4. 以下关于矢量图和位图的说法中，不正确的是（　　）。
   A）位图是由若干像素点构成的，矢量图则是用一组指令来描述的
   B）位图放大时会变得模糊不清，矢量图放大时则不会产生失真
   C）位图和矢量图都可以用软件绘制出来
   D）位图和矢量图之间不能相互转换
5. 以下关于图像数字化质量的说法不正确的是（　　）。
   A）分辨率是影响图像数字化质量的主要参数之一
   B）颜色深度是影响图像数字化质量的主要参数之一
   C）图像分辨率越高，图像数字化质量越低
   D）颜色深度值越大，图像色彩越丰富
6. 图像文件的大小用字节数表示，则计算公式是（　　）。
   A）图像文件的字节数=图像分辨率×颜色深度÷8
   B）图像文件的字节数=图像分辨率×颜色深度
   C）图像文件的字节数=图像分辨率×颜色深度×8
   D）图像文件的字节数=图像分辨率×灰度×256
7. 以下不属于图像处理过程的是（　　）。
   A）图像获取　　B）图像编辑　　C）图像检索　　D）图像输出
8. 以下关于图像编辑处理的说法正确的是（　　）。
   A）图像编辑处理软件通过集成各种运算来实现对图像的解读、处理、转换、压缩和保存
   B）图像调整包括对图像的亮度、对比度、色彩模式等调整
   C）图像处理软件只能对图像进行特殊效果处理，不能对文字进行特殊效果处理
   D）图像格式处理包括对图像模式、存储格式、压缩与解压缩等处理
9. 在Photoshop中，使用（　　）面板可以快速恢复到某个步骤。
   A）历史记录　　B）通道　　C）颜色　　D）快照
10. 改变图像大小时，图像中的像素数目也会随之改变。（　　）
   A）正确　　B）错误
11. 在Photoshop中，下列（　　）方法不能建立图像选区。
   A）利用选择工具　　B）利用“选择”菜单命令
   C）利用通道和路径工具　　D）利用截图命令
12. 在Photoshop中，下列关于色彩使用说法不正确的是（　　）。
   A）前景色和背景色可以由用户改变
   B）渐变工具可以用来填充一个选择区域
   C）选择“图像”→“调整”子菜单中的各命令，例如，“替换颜色”命令，可对图像色彩进行调整
   D）“工具”和“菜单”中的命令不能同时使用来对图像色彩进行调整
13. 在Photoshop中，图层面板中带有眼睛图标的图层表示（　　）。
   A）该图层可见　　B）该图层与当前图层链接在一起
   C）该图层不可见　　D）该图层包含图层蒙版

二、多选题

14. 在Photoshop中，下列（　　）工具可以绘制图案。
   A）画笔工具组　　B）橡皮擦工具
   C）图章工具组　　D）修复工具组
15. 对于Photoshop文字处理的说法，下列（　　）是正确的。
   A）使用Photoshop可添加图形文字
   B）使用Photoshop CC系列可创建3D文字
   C）文字图层在使用滤镜之前必须先进行“栅格化”处理
   D）选择“图层”→“图层样式”命令，可制作文字的斜面与浮雕等特殊效果
16. Photoshop的通道的主要作用有（　　）。
   A）存储彩色信息　　B）分离颜色
   C）保存选择区域　　D）处理灰度图
17. 在Photoshop中，关于蒙版的说法正确的是（　　）。
   A）蒙版用于隔离和保护图像被选取或指定的区域
   B）蒙版对于指定区域可以起到遮蔽的作用
   C）蒙版的黑色为完全透明，白色为不透明，灰色介于二者之间
   D）Photoshop中的蒙版通常有图层蒙版、剪贴蒙版、矢量蒙版（形状蒙版）等
18. 在Photoshop中，关于路径的说法正确的是（　　）。
   A）通过路径工具可编辑路径
   B）路径与选区不能相互转换
   C）路径可用来编辑选区的轮廓线
   D）路径是使用贝塞尔曲线所构成的一段曲线段
   E）通过调整路径的锚点，可以调整曲线的弯曲度
19. 在Photoshop中，关于滤镜的说法正确的是（　　）。
   A）Photoshop的滤镜是一些经过专门设计、用于产生图像特殊效果的工具
   B）内置滤镜是Photoshop自身提供的各种滤镜
   C）外挂滤镜需要安装在Photoshop目录中才能使用
   D）Photoshop的外挂滤镜其实是插件

三、简答题

20. 常用的数字图像文件格式有哪几种？
21. 简述位图与矢量图的定义。
22. 简述位图与矢量图的区别。

四、上机实践

23. 打开一幅图像，练习使用各种选择工具及菜单命令创建选区的方法，练习对选区的移动、变形、修改、羽化等操作。
24. 打开一幅图像，练习各种位图模式转换。
25. 练习图层的基本操作，并调整次序。

26. 打开一幅黑白图像，对其练习上色、调整图像色彩和色调等操作。

27. 练习使用3D功能制作立体文字。

28. 自选两幅以上图像素材，对图像进行合成，至少使用三种滤镜进行特效处理，观察并记录产生的效果，说明所处理的图像的色彩模式和范围。

29. 自选一幅图片，对图片进行部分区域的处理，制作一个帧动画。

第3章 音频制作与处理

3.1 声音的基本知识

3.1.1 基本概念

声音是人类感知自然的重要媒介。声音在物理学上称之为声波，是通过一定介质（如空气、水等）传播的、连续的、振动的波。最初发出振动（震动）的物体叫声源，声波引起某处媒质压强的变化量称为该处的声压。声波传播的空间就称为声场。声音的强弱体现在声波的振幅上，音调的高低体现在声波的周期和频率上。

正弦波是最简单的波动形式。优质的音叉振动发出声音的时候产生的是正弦声波。正弦声波属于纯音。正弦波的波形图如图3.1所示。

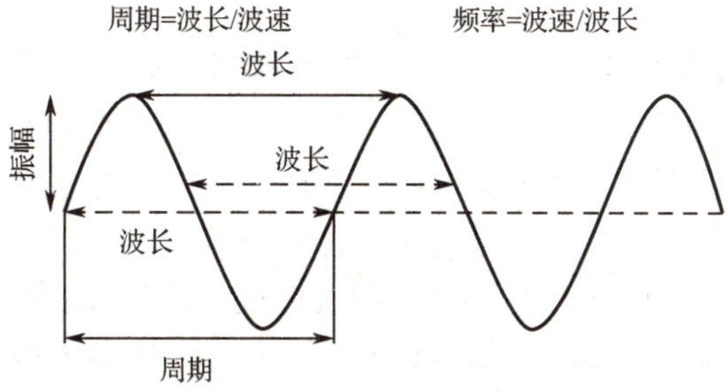

图3.1　正弦波波形图

正弦波的波形可以用以下变量描述。

1. 振幅

振幅是物体振动时离开平衡位置最大位移的绝对值。高振幅波形的声音较大，低振幅波形的声音较小。

2. 周期

物体完成一次全振动经过的时间为一个周期T。在一个周期中，介质压力变化，从零到最高，再回到零，再到最高，再回到零。

3. 频率

频率以赫兹（Hz）为单位测量，描述每秒周期数。例如，1000Hz波形每秒有1000个周期。频率越高，音调越高，反之越低沉。周期和频率互为倒数。

4. 相位

以度为单位测量，共360°，表示周期中的波形位置。零度为起点，随后90°为高压点，180°为中间点，270°为低压点，360°为终点。相位变化范围为0°～360°。相位也可以弧度为单位，相位变化范围为0～2π。

5. 波长

波长是指波在一个振动周期内传播的距离，也就是沿着波的传播方向，相邻两个振动相位相差2π的点之间的距离。波长 λ 等于波速 u 和周期 T 的乘积，即$\lambda=uT$。同一频率的波在不同介质中以不同速度传播，所以波长也不同。在相同介质中，声波传播的速度一定，因而波长与周期成正比，与频率成反比。

任何复杂的声波都是多种正弦波叠加而成的复合波，它们是有别于纯音的复合音。正弦波是各种复杂声波的基本单元。任何声波都可以描述成一系列正弦波的叠加：

$$f(t)=\sum_{n=0}^{\infty}A_n\sin(n\omega t+\varphi_n)$$

式中，t 为时间，A_n 是振幅，指声波扰动幅度的大小，反应声音的强弱。ω 为基频，它决定音调的高低。$n\omega$ 称为 ω 的 n 次谐波分量，或称为泛音。φ_n 是 n 次谐波的初相位。

客观世界中的乐器产生的声音都是复音，可以看成多种不同频率和振幅的单音的叠加。以这些单音的频率为横坐标，以它们的振幅为纵坐标，画出的图称为频谱图，从频谱图很容易看出复音的频率结构。

3.1.2 声音的分类

按频率及人类耳朵的识别能力分类：频率低于20Hz的声波称为次声波；频率在20Hz~20kHz之间的声波称为可闻声；频率在20kHz~1GHz之间的声波称为超声波；频率高于1GHz的声波称为特超声或微波超声。次声波看不见，听不着，可它却无处不在。地震、火山爆发、风暴、海浪冲击、枪炮发射、热核爆炸等都会产生次声波，科学家借助仪器可以“听到”它。人类的耳朵不能直接识别次声波、超声波和特超声。高保真声音的频率范围为10Hz~20kHz。频率范围简称频域。一个连续的频率范围的宽度称为带宽。不同类声音的频率范围如图3.2所示。

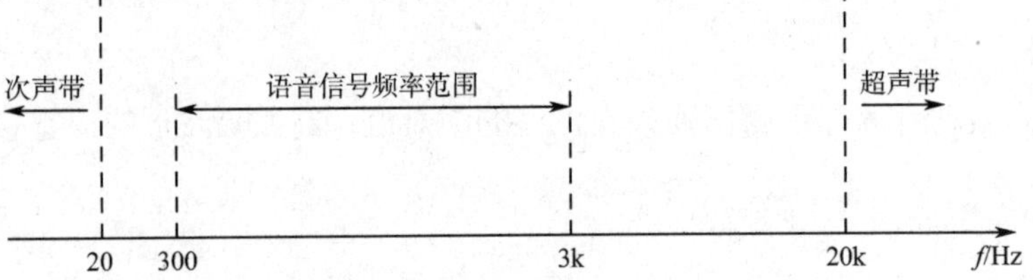

图3.2 不同类声音的频率范围

音频指可闻声范围内的声波频率。音频信号所携带的信息可分为语音、音乐和音响。其中语音指人类发出的声音，音乐指规范的符号化的声音，音响指其他自然界中存在的声音，例如锯树的声音、磨牙的声音等。

3.1.3　声音的三要素

声音效果取决于三个要素：音调、音强、音色。

1. 音调

音调指声音的高、低。音调的高、低，音乐中称为音高，主要取决于声波频率的高、低。频率越高，音调越高。音调与基频的对数成正比。基频增大一倍，音乐上称提高了一个八度。在客观世界中，男子发音的频率在90Hz ～ 140Hz之间，音调较低；女子发音的频率在270Hz ～ 550Hz之间，音调较高。

2. 音强

音强指声音的强度，又称声音的响度，由声波振动的振幅决定。它是人耳感受到的声音强弱，是人对声音大小的一种主观感觉。

3. 音色

音色即声音的品质，是指声音的频率组成成分，它由泛音的多少、泛音的频率和振幅决定。高次谐波越丰富，音色就越有明亮感和穿透力。音色是主观量，常用饱满、低沉浑厚、柔美醇厚、优美抒情、刺耳、明亮、活泼等词描述。不同的乐器在基本振动频率相同的情况下，仍然可以区分各自的特色，主要原因是不同乐器有不同的音色。

3.1.4　声音的质量

声音的质量通常用动态范围、信噪比、带宽三个指标来衡量。

1. 动态范围

动态范围是指音响系统重放时的最大不失真输出功率与静态时的系统噪声输出功率之比的对数值，单位为dB（分贝）。一般性能较好的音响系统的动态范围在100dB以上。CD-DA音频的动态范围约为100dB，调频广播的动态范围约为60dB，电话的动态范围约为50dB，调幅广播的动态范围约为40dB。

2. 信噪比

信噪比是指有用信号的平均功率与噪声的平均功率之比，单位也是dB（分贝）。一般来说，信噪比越大，说明混在信号里的噪声越小，声音回放的音质越好，否则相反。信噪比一般不应该低于70dB，话筒和音箱的信噪比应达到75dB以上，声卡的信噪比为85dB~95dB，高保真音箱的信噪比应达到110dB以上。

3. 带宽

声波所包含的谐波分量的频率范围即为带宽，带宽可以用来衡量声音的质量。常见不同质量的声波的带宽如图3.3所示。

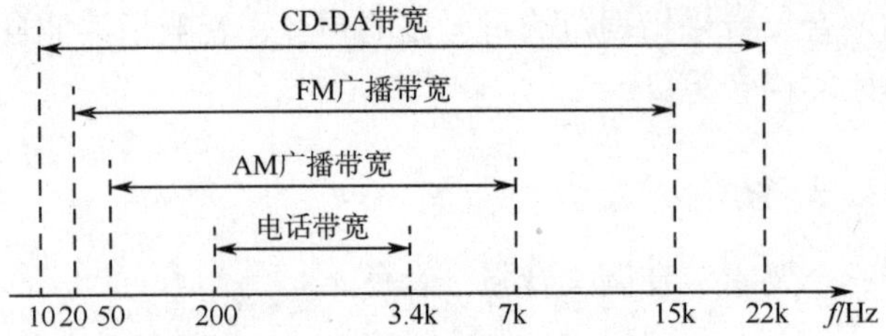

图3.3 常见不同质量的声波的带宽

3.2 音频数字化

自然界的音频是模拟量，但计算机中只能存储由0或1组成的数字，因此要想把音频存储在计算机中，需要进行模拟量到数字量的转换，简称模数转换（即A/D转换），这里称为数字化。音频的数字化至少要经过采样、量化和编码三个步骤，有时为了减少音频文件所占存储空间，需要采用一定的算法进行压缩。

3.2.1 音频的采样

采样，顾名思义，是指按照一定的时间间隔采集自然音频信号的幅度值，将连续的模拟量转换为离散的数字量。采样频率也称取样频率，是指在单位时间（1s）内采样的次数。时间间隔越小，采样频率越高，数字波形越接近原始波形。

理想的情况是在保证不失真的前提下，采样频率越低越好，那如何确定采样频率呢？采样定理（又称香农采样定理、奈奎斯特采样定理）给出了结论：为了不失真地恢复模拟信号，采样频率应该不小于模拟信号频谱中最高频率的2倍。常用的采样频率有：44.1kHz、22.05kHz、11.25kHz等。表3.1中列出了三种常用的采样频率对音质的影响。

表3.1 三种常用的采样频率对音质的影响

采样频率	声音质量	记录内容
44.1kHz	CD音质	高保真音乐和声音
22.05kHz	收音音质	短的高质量音乐片段
11.25kHz	可接受的音乐	长的音乐片段，高质量语音等

3.2.2 音频的量化

采样后得到离散的数字量后，要想办法将其表示成计算机能识别的符号，则需要分配一定位数对每个幅度值进行存储，存储一个离散的幅度值需要的二进制位数称为量化位数，也称样本精度。为了容易和计算机的字长进行换算，通常将量化位数定为8、16、32等。例如，量化位数为8，表示从0到2^8-1共2^8（256）个幅度值。量化位数越多，可以表示的幅度值的数量越多，表示的幅度值精度越高，数字化后的音频动态范围越广，但占用的计算机存储空间越多。

另外，通道数增多，和单通道相比，占用的存储空间也成倍增长。单声道指每次只产生一组音频信号；双声道指每次产生两组音频信号，即左声道和右声道；当声道不唯一后，音频呈现出空间感，音色和音质也更好。声音数字化后的数据量（B）的计算公式是：

声音文件的字节数=采样频率（Hz）×时间（s）×量化位数÷8×声道数

例如，用44.1kHz的采样频率进行采样，量化位数选用16位，则录制1秒的立体声节目，其波形文件所需的存储量为：$44.1\times10^3\times16/8\times2\times1=176400$（B）。显然，如果对声音文件进行压缩编码处理，则可以减少声音文件所占用的存储空间，从而方便声音文件的高效存储和传输。

3.2.3　音频的编码

声音的编码主要内容包括：① 将模拟的音频信号数字化；② 将数字化音频进行压缩以减少存储空间的占用及提高音频的传输速率。压缩效果可以用压缩前后的音频数据量的比值来衡量，也称压缩比。按照压缩后有无数据丢失，可以把压缩算法分为有损压缩和无损压缩。常用的音频编码如下。

1. PCM编码（原始数字音频信号流）

其音源信息完整，但冗余度过大。一个采样频率为44.1kHz，量化位数为16位，双声道的PCM编码的WAV文件，它的数据传输速率为 $44.1\times10^3\times16\times2$ =1411.2kbps。我们常见的Audio CD就采用了PCM编码，一张光盘的容量只能容纳72分钟的音乐信息。

2. WMA（Windows Media Audio）

它是微软公司推出的与MP3格式齐名的一种音频格式。当比特率小于128kbps时，WMA在同级别的所有有损编码格式中表现得最出色；但当比特率提高后，音质损失过大，趋于稳定。

3. ADPCM（自适应差分PCM）

ADPCM综合了APCM的自适应特性和DPCM系统的差分特性，是一种性能比较好的波形编码。这是一种针对16位（及以上）声音波形数据的一种有损压缩算法，它将声音流中每次采样的 16位数据以 4位存储，所以压缩比为1：4，而压缩/解压缩算法非常简单，是一种获得低空间消耗、高质量声音的好途径。

4. MPEG-1 audio layer 1

其编码简单，用于数字盒式录音磁带，双声道。VCD中使用的音频压缩方案就是MPEG-1层。压缩方式相对时域压缩技术而言要复杂得多，同时编码效率、声音质量也大幅提高，编码延时相应增加，可以达到"完全透明"的声音质量（EBU音质标准）。

5. MUSICAM（MPEG-1 audio layer 2, 即MP2）

其算法复杂度中等，用于数字音频广播（DAB）和VCD等，双声道。MUSICAM由于其适当的复杂程度和优秀的声音质量，在数字演播室、DAB、DVB等数字节目的制作、交换、存储、传送中得到广泛应用。

6. MP3（MPEG-1 audio layer 3）

其编码复杂，用于互联网上的高质量声音的传输，双声道。MP3是在综合MUSICAM和ASPEC的优点的基础上提出的混合压缩技术，在当时的技术条件下，MP3的复杂度显得相对较高，编码不利于实时，但由于MP3在低码率条件下高水准的声音质量，使得它流行于软解压及网络广播。

7. MPEG-2 audio layer

其声音压缩编码采用与MPEG-1声音相同的编译码器，层1、层2和层3的结构也相同，但它能支持5.1声道和7.1声道的环绕立体声。所需频宽：与MPEG-1的层1、层2、层3相同。

8. AAC（Advanced Audio Coding，先进音频编码）

AAC可以支持1～48路之间任意数目的音频声道组合，包括15路低频效果声道，配音/多语音声道，以及15路数据。它可同时传送16套节目，每套节目的音频及数据结构可任意规定。AAC主要可能的应用范围集中在因特网传播，数字音频广播，以及数字电视和影院系统等方面。AAC使用了一种非常灵活的熵编码核心去传输编码频谱数据。其具有48个主要音频通道，16个低频增强通道，16个集成数据流，16种配音，16种编排。

3.2.4 音频文件格式

音频数据是以文件的形式保存在计算机中的，几种主要的音频文件格式介绍如下。

1. CD-DA文件格式

此文件为标准激光盘文件，即CD音轨，扩展名为.cda。该格式的文件采用44.1kHz的采样频率，数据传输速率为88kbps，数据量大、音质好。一张CD可播放74分钟左右的音频，CD音轨近似无损，声音基本上忠于原声，因此音响热爱者将CD视为首选。CD光盘可以在CD唱机中播放，也能用计算机里的各种播放软件来播放，甚至有些光驱可以与计算机脱离，只需接通电源就可作为一个独立的CD播放机使用。

Tips 一个CD音频文件是一个.cda文件，其并不真正包含声音信息，所以不论CD音乐的长短，在计算机中看到的索引信息“*.cda文件”都是44B长的。这种文件不能直接复制到硬盘中播放，需要使用专门的抓音轨软件把CD格式的文件转换成WAV或其他格式文件。

2. 波形音频文件格式

这是一种最直接的表达声波的数字形式，文件扩展名是.wav。该文件主要用于自然声的保存与重放，是最早的数字音频格式。其特点是：声音层次丰富、还原性好、表现力强。如果使用足够高的采样频率，其音质极佳。该格式支持许多压缩算法，支持多种音频位数、采样频率和声道，采用44.1kHz的采样频率，16位量化位数，音质与CD相差无几，但对存储空间需求太大，不便于交流和传播。

3. MP3音频文件格式

MP3的全称为MEPG-1 audio layer 3，其压缩率为12：1。MP3的优势就是在高压缩比的情况下，还能拥有优美的音质。

MP3之所以能够达到如此高的压缩比例，同时又能保持相当不错的音质，是因为它利用了知觉音频编码技术，即利用了人耳的特性，削减音乐中人耳听不到的成分，同时尽可能地维持原来的声音质量。

4. WMA文件格式

WMA（Windows Media Audio）格式是Windows Media格式的一个子集，通过减少数据

流量但保持音质的方法来达到比MP3压缩率更高的目的。

WMA的一个优点是压缩率高，一般都可以达到18：1。其次，WMA的内容提供商可以加入防复制保护。这种内置了版权的保护技术可以限制播放时间和播放次数甚至播放的机器等。另外，WMA还支持音频流（Stream）技术，适合在网络上在线播放。

5. ASF文件格式

ASF是（Advanced Streaming Format）高级串流格式的缩写，是微软公司为Windows 98所开发的串流多媒体文件格式。ASF文件特别适合在IP网上传输。ASF是Windows Media的核心，这是一种包含音频、视频、图像及控制命令脚本的数据格式。这个词汇当前可和WMA及WMV互换使用。利用ASF文件格式可以实现点播、直播功能及远程教育，具有本地或网络回放、可扩充的媒体类型等优点。

6. RealAudio文件格式

RealAudio主要适用于网络上的在线音乐欣赏。其主要有：RA（RealAudio）、RM（RealMedia）、RAS（RealAudioSecured）等文件格式。RealAudio采用“音频流”技术，可以随网络带宽的不同而改变声音的质量，在保证大多数人听到流畅声音的前提下，令带宽较充裕的听众获得较好的音质。

7. APE文件格式

APE格式是现在网络上比较流行的音频文件格式。APE的本质，是一种无损压缩音频格式。庞大的WAV音频文件可以通过Monkey's Audio软件压缩为APE文件。被压缩后的APE文件容量要比WAV源文件小一半以上，可以节约传输所用的时间。一般来说，同样一张CD或者一首歌，APE文件的体积是WAV文件的一半，是MP3（128kbps）文件的5倍。

另外，通过Monkey's Audio解压缩还原以后得到的WAV文件可以做到与压缩前的源文件完全一致，所以APE被誉为“无损音频压缩格式”，Monkey' Audio被誉为“无损音频压缩软件”。

8. OGG文件格式

OGG是一种先进的有损音频压缩技术，其正式名称是OGG Vorbis，是一种免费的开源音频格式，它可以在相对较低的数据传输速率下实现比MP3更好的音质。此外，OGG Vorbis支持VBR（可变比特率）和ABR（平均比特率）两种编码方式，还具有比特率缩放功能，不用重新编码便可调节文件的比特率。

另外，OGG格式可以对所有声道进行编码，支持多声道模式，而不像MP3那样只能编码双声道。多声道音乐会带来更强的临场感，在欣赏电影和交响乐时更有优势。

9. MIDI音乐文件格式

该文件格式内容详见3.2.6节。

3.2.5 音频文件格式的转换

在使用音频文件时，有时需要对音频文件进行格式转换，可实现格式转换的软件比较多，这里介绍格式工厂，如图3.4所示。该产品特性如下。

① 支持几乎所有类型多媒体格式，支持各种类型视频、音频、图片等多种格式的相互转换。支持iPhone/iPod/PSP等多媒体指定格式。

② 可以对多媒体文件进行压缩，以节省硬盘空间，同时也方便保存和备份。

③ 转换图片，支持缩放、旋转、水印等常用功能，操作方便。

④ 修复损坏视频文件。

⑤ DVD视频抓取功能，轻松备份DVD到本地硬盘中，并支持62种国家语言。

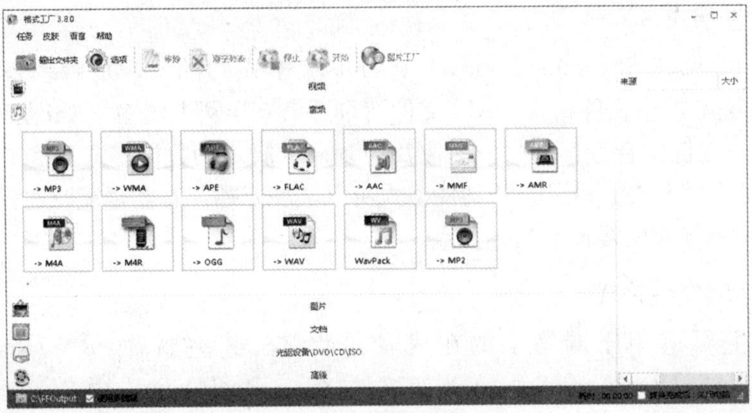

图3.4　格式工厂

格式工厂支持从各种视频和音频格式到MP3、WMA、APE、FLAC、AAC、MMF、AMR、M4A、M4R、OGG、WAV、WavPack、MP2格式的转换。转换过程如下。

(1) 在图3.4中单击需要的格式，这里选择MP3格式，如图3.5所示。

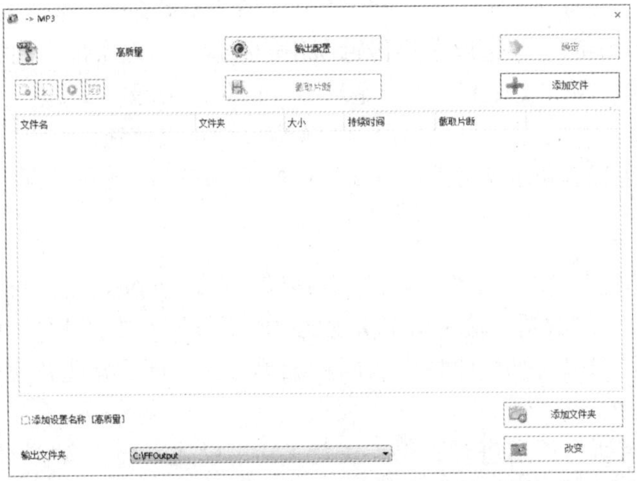

图3.5　转换成MP3格式

操作视频

(2) 单击“添加文件”按钮，找到并选中源文件，单击“确定”按钮。

(3) 单击“确定”按钮，可看到状态栏中的进度条，完成后有声音提示。

(4) 在输出文件夹中即可看到转换后的文件。

3.2.6　MIDI音乐

MIDI (Musical Instrument Digital Interface) 即乐器数字接口，是一种交流协议、一种通信标准，是由电子乐器制造商建立起来的编曲界使用最广泛的音乐标准格式，是“计算机能理解的乐谱”，是用以确定计算机音乐程序、合成器和其他电子音响设备互相交换信息与控制信号的方法，以.MID、.RMI为扩展名。几乎所有的现代音乐都是用MIDI音乐加上音色库来制作合成的。

1. 电子乐谱

从一个MIDI设备传送到另一个MIDI设备中的数据不是数字的音频波形，而是音乐代码或称电子乐谱。MIDI文件是一种描述性的“音乐语言”，它将所要演奏的乐曲信息用字节进行描述。例如在某一时刻，使用什么乐器，以什么音符开始，以什么音调结束，加以什么伴奏等。

2. 合成器

合成器是用来产生、修改正弦波形并进行叠加，然后通过声音产生器和扬声器发出特定的声音的装置。泛音的合成效果决定声音音质。

MIDI可为16个通道提供数据，每个通道访问一个独立的逻辑合成器。其中，通道1 ～ 10作为扩展合成器，通道13 ～ 16作为基本合成器。

3. 序列器

序列器是一个音乐词处理器（Word Processor），可以用来记录、播放和编辑各种不同MIDI乐器演奏出的乐曲。序列器可以是硬件，也可以是软件。硬件序列器，其音轨数相对较少，大概8~16轨；而作为计算机软件的序列器可以记录多达50000个音符，64 ～ 200轨以上。

4. 接口

MIDI乐器的接口有三种：MIDI OUT、MIDI IN和MIDI THRU。这些可以在MIDI乐器或带有MIDI的电子琴上找到。MIDI OUT将乐器中的数据（MIDI消息）向外发送。MIDI IN用于接收数据。MIDI THRU将收到的数据再传送给另一个MIDI乐器或设备，可以说是若干乐器连接的接口。

5. 输入/输出设备

MIDI输入设备是音乐创作者和序列器之间的接口，主要用于把人的音乐创作意图通过输入设备转换为MIDI数据传给序列器。总的来说，利用MIDI音乐制作系统制作MIDI音乐的过程就是，在音源上选择一个音色，在输入设备上演奏一段音乐，同时让序列器录制这段音乐，输入以后，演奏就被转化为音序内容存储在序列器里，然后播放这段音乐，音源就会根据音序文件控制音色库播放这段音乐。在专业系统中，一般采用专用的MIDI键盘或者带MIDI接口的电子琴作为输入设备。若没有电子琴，也可以采用Cakewalk或Digital Orchestrator PlusMIDI的虚拟键盘，这两个软件都是著名的MIDI音乐制作软件。小型的非专业MIDI创作软件Overture，是GenieSoft公司出品的专业打谱软件，它能提供各种五线谱上的记号，整理谱面及输出打印。

3.3　音频处理工具

3.3.1　常用工具简介

音频处理即音频编辑，是指将现有音频文件进行裁剪、复制/粘贴、连接、合成及各种特效处理，得到新的音频文件的过程。常用的音频处理软件有Adobe Audition、Cakewalk、GoldWave、NGWave Audio Editor、All Editor等。

1. Adobe Audition

Adobe Audition 的前身为 Cool Edit，它功能强大，控制灵活，使用它可以录制、混合、编辑和控制数字音频文件，也可轻松创建音乐、制作广播短片、修复录制缺陷。通过与 Adobe 视频应用程序的智能集成，还可将音频和视频内容结合在一起。使用 Adobe Audition 2.0 软件，可以获得专业级效果。 Adobe Audition 是一个非常出色的数字音乐编辑器和 MP3 制作软件。也有人把它形容为音频“绘画”程序，可以用声音来“绘”制：音调、歌曲的一部分、声音、弦乐、颤音、噪声或调整静音。而且还提供多种特效：放大 / 降低噪声、压缩、扩展、回声、失真、延迟等。可以同时处理多个文件，轻松地在几个文件中进行剪切、粘贴、合并、重叠声音操作。使用它可以生成的声音有：噪声、低音、静音、电话信号等。该软件还包含有 CD 播放器。其他功能包括：支持可选的插件、崩溃恢复、支持多文件、自动静音检测和删除、自动节拍查找、录制等。

2. Cakewalk

Cakewalk软件是由美国Cakewalk公司开发的一款用于制作音乐的软件。使用该软件，可以制作单声部或多声部音乐，可以在制作音乐中使用多种音色，以及制作MIDI格式的音乐。

3. Goldwave

GoldWave是一个集声音编辑、播放、录制和转换功能于一体的音频工具。可打开的音频文件格式相当多，包括WAV、OGG、VOC、IFF、AIF、AFC、AU、SND、MP3、MAT、DWD、SMP、VOX、SDS、AVI、MOV等，也可以从 CD、VCD、DV或其他视频文件中提取声音。其内含丰富的音频处理特效，从一般特效如多普勒、回声、混响、降噪到高级的公式计算（理论上可以产生任何想要的声音）。5.08 版在处理速度上有了很大提高，而且支持以动态压缩格式保存 MP3 文件。若CD-ROM是SCSI形式的，它可以不经由声卡直接获取其中的音乐来进行编辑。

4. NGWave Audio Editor

NGWave Audio Editor是一个功能强大的音频编辑工具，采用下一代的音频处理技术。使用它，可以在一个可视化的真实环境中精确快速进行声音的录制、编辑、处理、保存等操作，并可以在所有的操作结束后采用创新的音频数据保存格式，将其完整高品质的保存下来。

5. All Editor

All Editor 是High Criteria公司出品的一款优秀的录音软件，其功能强大，支持的音源极为丰富，不仅支持硬件音源，如：麦克风、电话、CD-ROM和Walkman等，还支持软件音源，如：Winamp、RealPlayer、Media Player等，它还支持网络音源，如：在线音乐、网络电台和Flash等。此外还可以巧妙地利用Total Recorder完成一些不可能完成的任务。Total Recorder 的工作原理是利用一个虚拟的“声卡”去截取其他程序输出的声音，然后再传输到物理声卡上，整个过程完全是数码录音，因此从理论上来说不会出现任何的失真。

3.3.2 Adobe Audition

本章后续将以Adobe Audition CC 2017（以下简称Audition 2017）为基础，介绍音频处理的方法。Audition 2017的工作界面如图3.6所示。

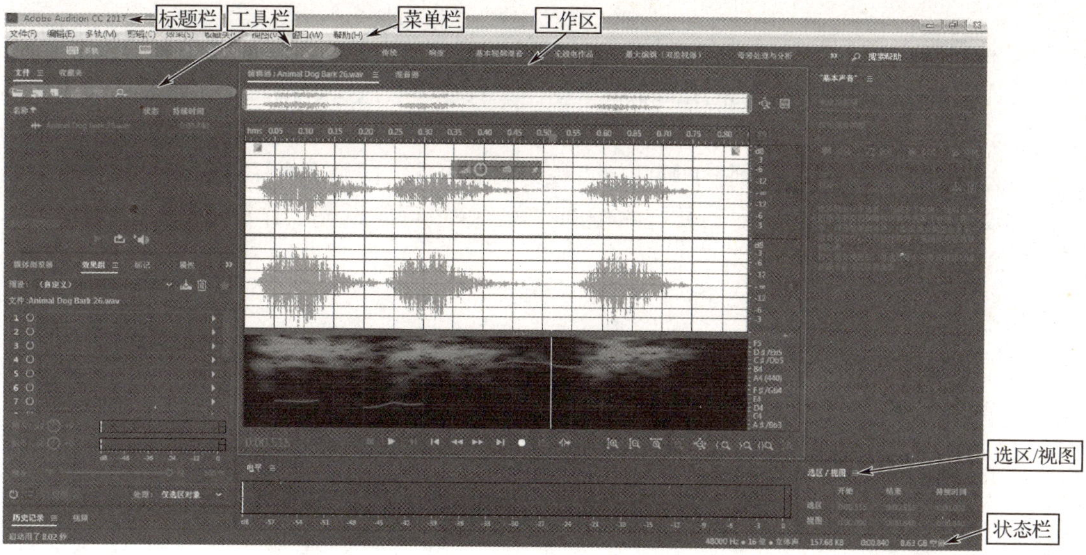

图3.6 Audition 2017的工作界面

1. 标题栏

标题栏用于显示应用程序名称及当前正在处理的音频文件名称。

2. 菜单栏

标题栏下面即是菜单栏。

“文件”菜单：包括新建、打开、打开并附加、打开最近使用的文件、从CD中提取音频、关闭、全部关闭、保存、另存为、导入、导出等命令。

“编辑”菜单：包含撤销、重做、重复上一个命令、剪切、复制、粘贴、混合粘贴、删除、波纹删除、裁剪、批处理、变换采样类型、解释采样率等命令。

“多轨”菜单：包含轨道、插入文件、将会话混音为新文件、回弹到新建音轨、导出到Adobe Premiere Pro、节拍器、启用剪辑关键帧编辑、播放剪辑的重叠部分。

“剪辑”菜单：包含编辑源文件、拆分、拆分播放指示器下的所有剪辑、合并剪辑、变换为唯一拷贝、自动语音对齐、重命名、锁定时间、循环、静音、淡入、淡出、向左微移、向右微移、将剪辑置于底层等命令。

“效果”菜单：包含显示效果组、反相、反向、静音、生成、振幅和压限、延迟和回声、诊断、滤波与均衡、混响、特殊效果、立体声声像、音频增效工具管理器等命令。

“收藏夹”菜单：包含标准化位-0.1dB、强制限幅-0.1dB、升调、降调、变换为5.1、旁白压缩器、消除齿音、移除人声、删除收藏夹、编辑收藏夹、开始记录收藏等命令。

“视图”菜单：包含多轨编辑器、波形编辑器、CD编辑器三种视图及显示频谱、显示频谱音高、放大（时间）、缩小（时间）、显示编辑器面板控制、时间显示、视频显示、波形通道、状态栏、测量等命令。

“窗口”菜单：包含工作区、振幅统计、诊断、编辑器、基本声音、频谱分析、历史记录、电平表、媒体浏览器、相位分析、相位表、播放列表、工具、视频等命令。

“帮助”菜单：包含Adobe Audition帮助、快捷键、下载声音效果、关于Audition等命令。

3. 工具栏

工具栏用于快速访问一些常用的菜单命令。工具栏中有波形、多轨、显示频谱频率显示器、显示频谱音调显示器、移动工具、切断所选剪辑工具、滑动工具、时间选择工具、框选工具、套索选择工具、画笔选择工具、污点修复画笔工具，以及各种工作区类型、各种文件工具、媒体浏览器工具。单击工具栏右侧的“»”按钮可以调整工作区。图3.7中当前工作区中为高级混音。

4. 工作区

工作区如图3.7所示，工作区从上到下分为5个部分：波形总览区、波形显示区、频谱显示区、声音播放工具区、水平和垂直缩放工具区。

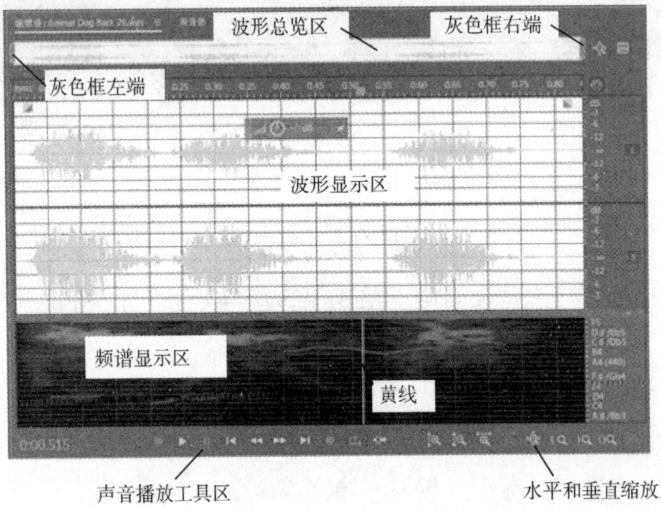

图3.7　Audition工作区

（1）波形总览区

图3.7中，上方窄长条两头的灰色框表示波形显示区中的当前波形在整个声音波形中所占的位置和长度，灰色框下面的黑色框表示声音波形的时间总长，从上到下贯穿波形显示区和频谱显示区的黄色竖线（底部）表示当前播放位置。

把鼠标指针移到灰色框左端，鼠标指针变成双箭头形状，按住鼠标左键左右拖动，可以改变灰色框起始位置，也就改变了波形显示的范围。把鼠标指针移到灰色框右端，鼠标指针变成双箭头形状，按住鼠标左键左右拖动，可以改变灰色框结束位置，当然同样改变了波形显示的范围。把鼠标指针移到灰色框区域上，鼠标指针就变成小手形状，按下鼠标左键左右拖动，显示在波形显示区的波形也跟着移动。

（2）波形显示区

波形显示区显示灰色框中的放大波形。单声道声音只有一个波形，双声道声音会在波形显示区中显示上下两个波形。波形的横坐标表示时间，纵坐标表示振幅。

（3）频谱显示区

频谱显示区显示频谱的频率或音调，频谱的横坐标是时间，纵坐标是频率或音调。

（4）声音播放工具区

声音播放工具区中有一个时间标签，其表示当前位置所在的时刻。10个声音播放工具介绍如下。

“停止”按钮：停止正在进行的播放和录音操作。

“播放”按钮：播放当前打开的文件。

“暂停”按钮：暂停录放操作，使录音和播放处于等待状态，再次单击此按钮将继续录放。

“上一个时刻”按钮：从当前时刻跳到上一个时刻。

“快退”按钮：快速回退。

“快进”按钮：快速前进。

“下一个时刻”按钮：从当前时刻跳到下一个时刻。

“录音”按钮：开始录音，再次单击此按钮，将停止录音。

“循环播放”按钮：循环播放窗口中的乐曲，或循环播放选择的波形。

“跳过所选”按钮：播放时跳过当前选择的波形区域。

（5）水平和垂直缩放工具区

使用缩放工具主要为了便于在编辑时观察波形变化。在播放时单击缩放工具不会影响声音效果。缩放工具分为垂直缩放工具、水平缩放工具和音轨缩放工具三类。

① 垂直缩放工具

“垂直放大”按钮：用于在垂直方向上放大波形显示信号。

“垂直缩小”按钮：用于在垂直方向上缩小波形显示信号。

② 水平缩放工具

“居中放大”按钮：将波形显示区中的波形居中放大显示。

“居中缩小”按钮：将波形显示区中的波形居中缩小显示。

“完整缩放”按钮：调整缩放到完整显示整个波形。

“放大选择区左边”按钮：将选择区的左边界放大显示。

“放大选择区右边”按钮：将选择区的右边界放大显示。

“缩放到选择区”按钮：调整缩放到完整显示选择区中的波形。

③音轨缩放工具

“缩放所选音轨”按钮：使所选音轨的波形在垂直方向上充满波形区时的状态和原始大小状态之间切换。

5. 选区/视图

选区中显示波形显示区中选中波形的起/止时间和时间长度，视图中显示波形总览区中灰色框内波形的起/止时间和时间长度，即波形显示区中整个波形的起/止时间和时间长度。

6. 状态栏

状态栏用来提示当前波形文件的采样频率、量化位数、声道数、大小、总时长等。

3.4 音频的处理手段

3.4.1 音频的基本操作

音频的基本操作包括音频的打开、音频的录制、选区操作、音频的复制、音频的粘贴、音频的删除、波纹删除、音频的重命名、音频的移动、音频的裁剪、音频的拆分、创建多轨会话、轨道的添加、轨道的复制及删除、音量的增减、声像的更改、静音、撤销等。

下面通过实例阐述各部分操作。

【例3-1】音频基本操作实践。

【知识点】利用犬吠波形文件进行各种音频基本操作；利用“多轨”视图录制声音。

操作视频

【工具】推荐Adobe Audition CC 2017版。

【操作步骤】

(1) 运行软件。选择“开始”→“所有程序”→“Adobe Audition CC 2017”命令，打开软件。

(2) 打开素材。选择“文件”→“打开”命令，在弹出的对话框中找到并打开目标音频文件Animal Dog Bark 26.wav，此时，工作区显示如图3.8所示。

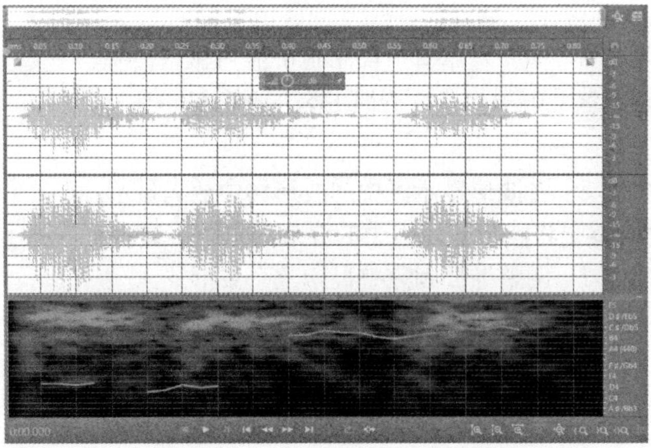

图3.8 Audition工作区

(3) 插入多轨。在波形区中右击，在弹出的快捷菜单中选择①“插入到多轨混音中”→“新建多轨会话”命令，在弹出的“新建多轨会话”对话框中输入会话名称、采样率、位深度、主控。这里会话名称输入“音频混音项目1”，其他默认，如图3.9所示，单击“确定”按钮。

(4) 切换轨道。在时间标尺上单击，改变当前时刻位置，然后在第二个轨道空白处单击，此时，工作区如图3.10所示，黄色竖线表示当前时刻位置。

(5) 复制波形。在轨道1的波形上右击，从快捷菜单中选择“复制”命令，在轨道2的空白位置右击，从快捷菜单中选择“粘贴”命令，轨道1中的音频会复制到轨道2上，并且使得波形前面有一小段空白，如图3.11所示。

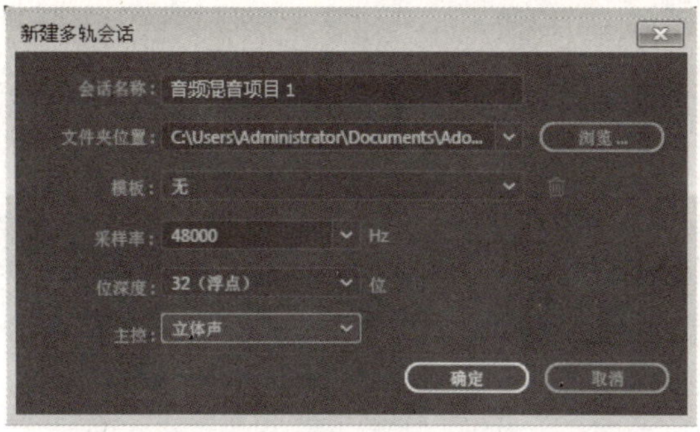

图3.9　新建多轨会话

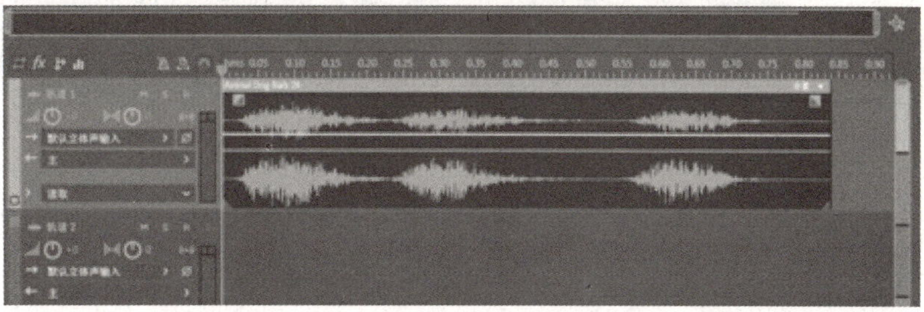

图3.10　切换轨道

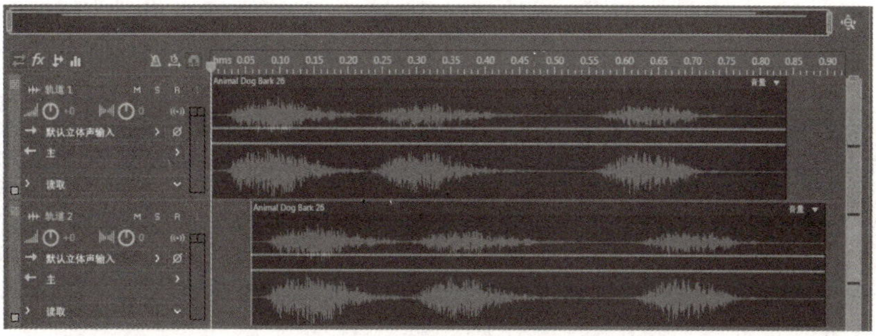

图3.11　复制轨道

（6）移动波形。选中轨道2中的波形，按住鼠标左键，拖动到最左边，如图3.12所示。

（7）重命名音频文件。在轨道1的波形上右击，从快捷菜单中选择“重命名”命令，左边媒体浏览器输入框将高亮显示，将其改名为“Animal Dog Bark 26_1”。然后，将轨道2的音频改名为“Animal Dog Bark 26_2”。

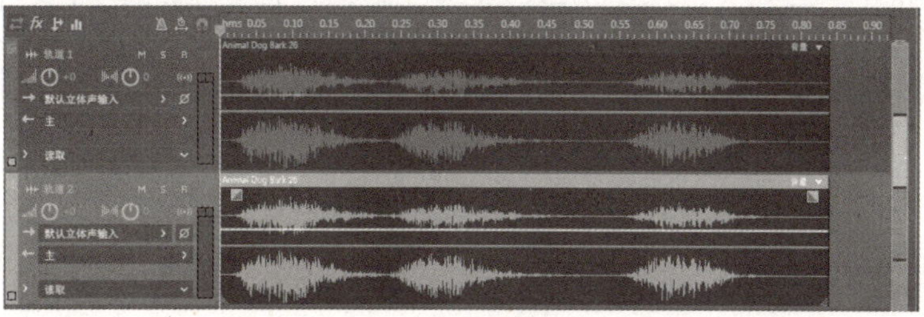

图3.12　移动波形

（8）裁剪音频文件。单击工具栏中的“波形”按钮，进入波形视图，编辑源音频文件，选中波形区中间的一段，如图3.13所示，右击，从快捷菜单中选择“裁剪”命令，在弹出的对话框中单击“确定”按钮，然后在波形上单击鼠标取消全选，源音频文件将被裁剪成只剩下选中的那一段，如图3.14所示。

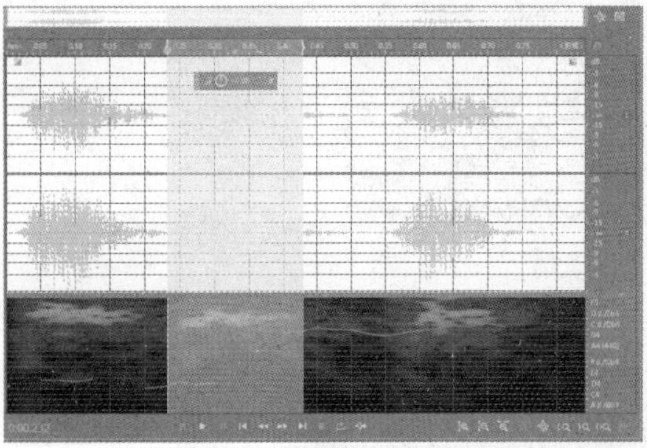

图3.13　选中音频

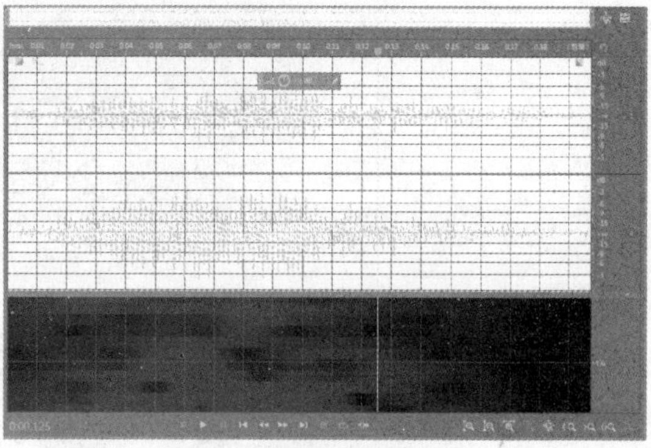

图3.14　裁剪音频结果

（9）多轨/波形视图的切换和撤销操作。单击工具栏中的“多轨”按钮，切换至多轨视图，发现两个轨道的波形都被裁剪了，所以，切换回波形视图，单击“编辑”→“撤销裁剪音频”命令，再次切换至多轨视图。

（10）切断波形和删除波形。单击工具栏中的“切断所选剪辑工具”，并且在波形上单击以添加切点，然后单击工具栏中的“移动工具”，选中其中一段，如图3.15所示。在波形上右击，从快捷菜单中选择“删除”命令，可以看到，这一段变成空白了，如图3.16所示。

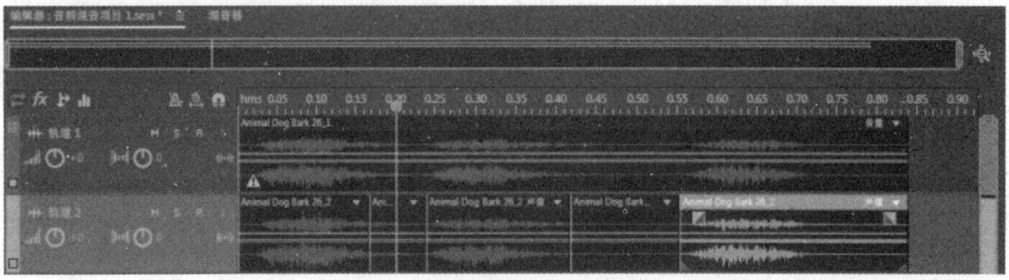

图3.15　删除片段前

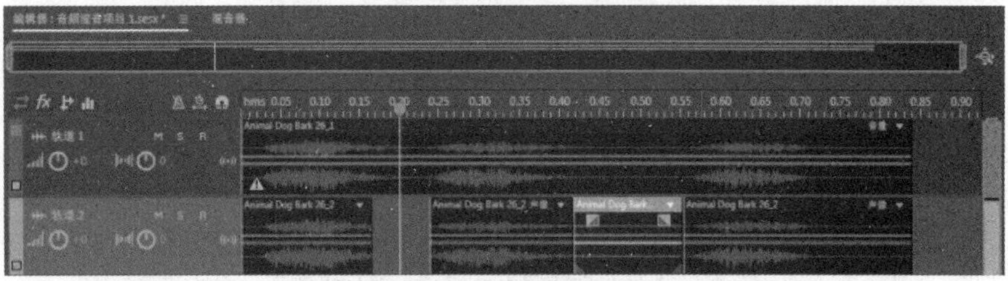

图3.16　删除片段后

（11）波纹删除。右击波形，从快捷菜单中选择“波纹删除”→“所选剪辑”命令，和刚才不同，后面的波形往左移动，覆盖掉刚才选中的波形了，如图3.17所示。

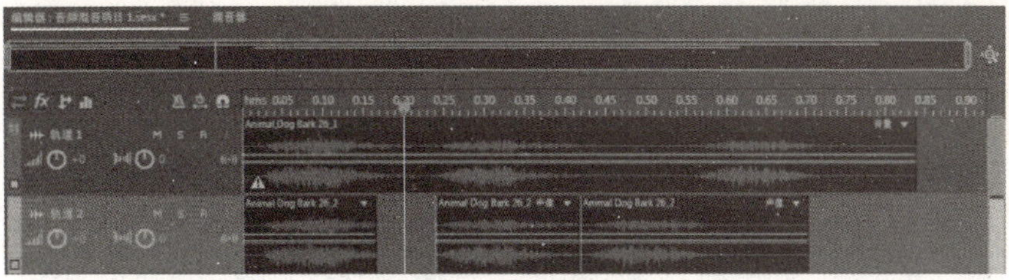

图3.17　波纹删除片段后

（12）剪切和粘贴波形。将第二、三段波形分别剪切并粘贴至轨道3、轨道4中，移动对齐波形，如图3.18所示。

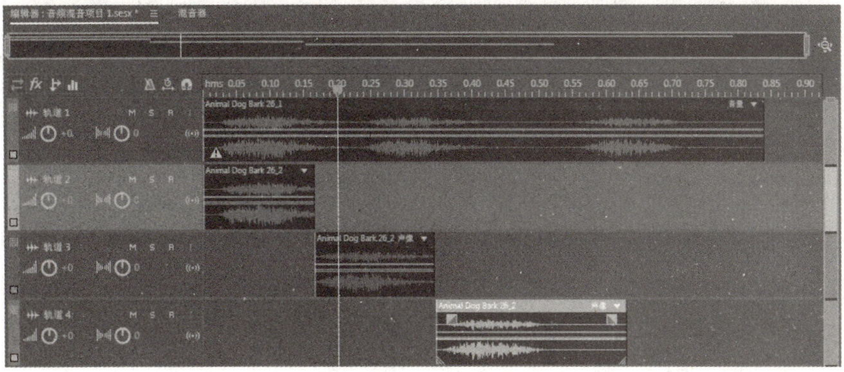

图3.18　剪切、粘贴波形片段

（13）复制轨道和轨道静音。在轨道3上右击，从快捷菜单中选择“轨道”→“复制已选择的轨道”命令，可以看到多了一个轨道31，单击轨道3上的“M”按钮，使轨道3静音，如图3.19所示。

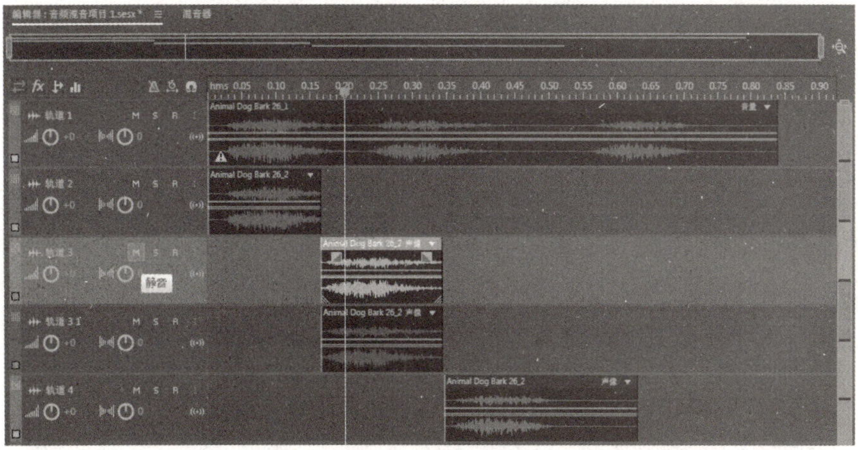

图3.19　轨道静音

（14）轨道的删除和添加。选中轨道31，右击，从快捷菜单中选择“轨道”→“删除已选择的轨道”命令，右击，从快捷菜单中选择“轨道”→“添加5.1音轨”命令，可以看到多了轨道7，其内容是轨道3的音频段的副本，如图3.20所示。

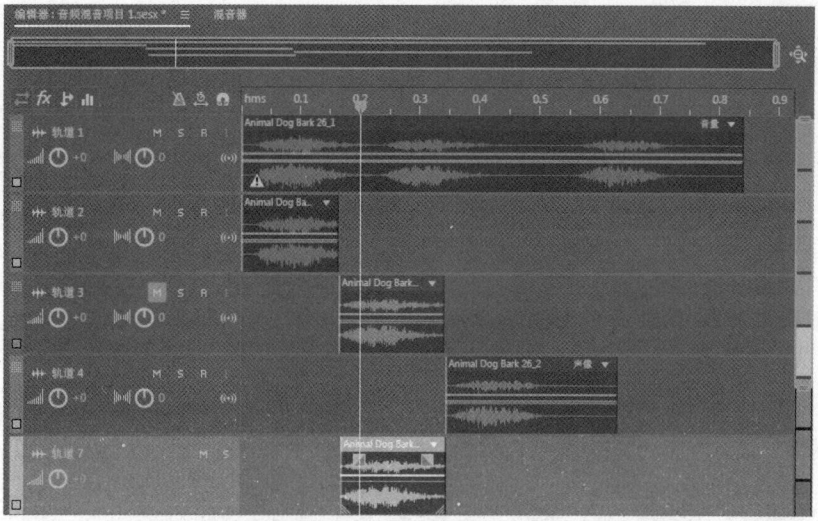

图3.20　删除及添加音轨

（15）调节音量和声像。选中轨道2中的波形片段，将鼠标指针移动到黄色横线附近，鼠标指针变成箭头加笔形状时单击，鼠标指针变成箭头加加号形状，此时按住鼠标左键上下拖动可以改变音量。单击轨道2上的“S”按钮，播放轨道2上的音频，试听一下修改后音量的大小。蓝色的横线表示声像，上下拖动，即可调整左右声道的音量大小比例，而将鼠标指针移到蓝色的横线上时，鼠标指针变成箭头加加号形状，单击将增加一个关键帧（很小的正方形）。这里增加两个关键帧，将左边的关键帧拖到最上面，即左声道音量100%，把右边的关键帧拖到最下面，即右声道音量100%，中间一段从左声道音量最大渐变到右声道音量最大。类似地，把轨道4变成右声道100%→渐变→左声道100%三段，如图3.21所示。

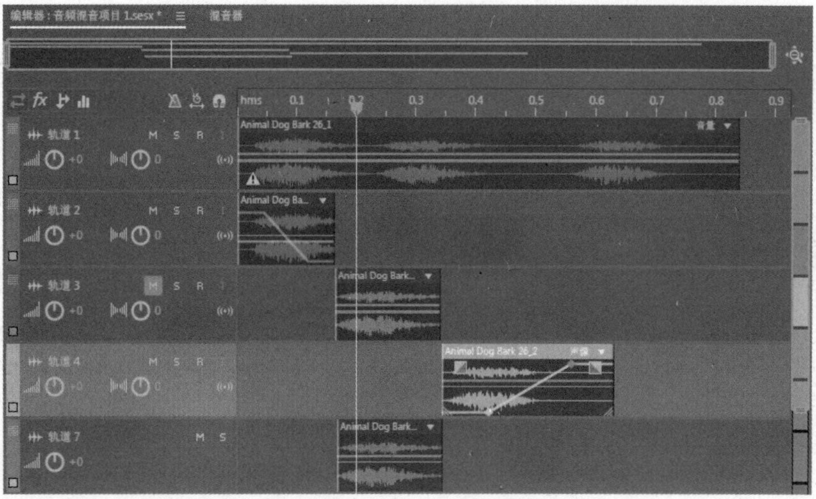

图3.21　调节音量及声像

（16）录音准备和录制音轨。在轨道5上录音。接好麦克风做好硬件准备，单击“R”按钮做录音准备，看到下面两根指示条在跳动表示已准备好，可以录音，如图3.22所示。接着将时间标尺上的滑块拖动到最左边，然后单击声音播放工具区中的“录音”按钮（开始录音后该按钮显示为录音状态），对着麦克风说话，说完后停顿几秒，单击“停止录音”按钮（就是刚才的“录音”按钮），然后单击“全部缩小（所有坐标）”按钮，结果如图3.23所示。

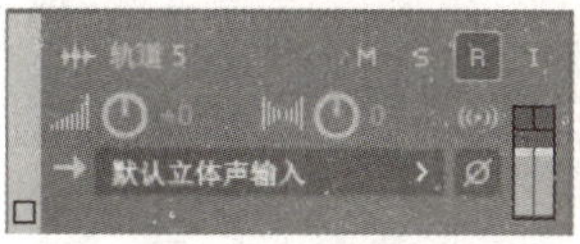

图3.22　录音准备

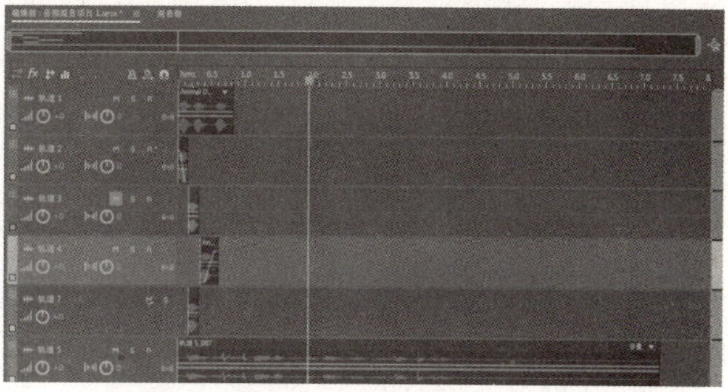
图3.23　录音结果

3.4.2　音频特效处理

音频的特效处理包括音频的淡入淡出效果、回声效果、降噪效果、混响效果等。

【例3-2】音频特效处理实践。

【知识点】利用例3-1中的犬吠波形文件进行淡入淡出/回声效果操作，利用例3-1中录制的声音进行降噪/混响效果处理。

操作视频

【工具】推荐Adobe Audition CC 2017版。

【操作步骤】（接上实例操作）

（1）淡入淡出效果

有时，一段音频突然切入或突然结束，会给人太突然的感觉，淡入淡出效果可以缓解这种感觉。在波形区的一段波形的首、尾各有一个小正方形，被对角线分成了灰色和黑色两部分，左边的图标是淡入工具，右边的图标是淡出工具，如图3.24（例3-1轨道1）所示。单击淡入工具，按住左键拖动鼠标，出现一条线，它反映了开始时音频音量的变化情况。单击淡出工具，按住左键拖动鼠标，出现一条线，它反映了结束时音频音量的变化情况。如图3.25所示，左边的线表示声音从弱到强先快后慢变化，右边的线表示声音从强到弱先慢后快变化。

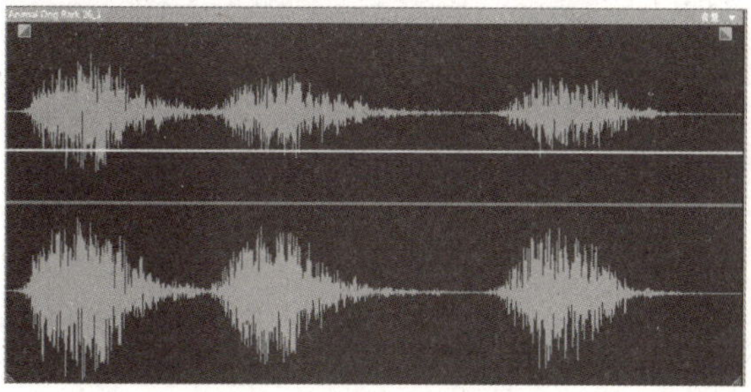
图3.24　设置淡入淡出前

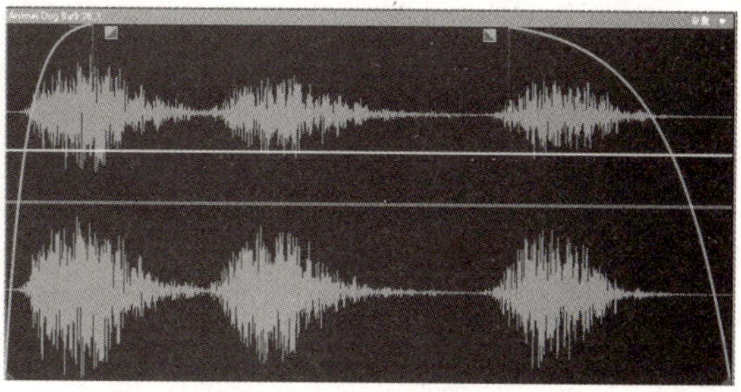
图3.25　设置淡入淡出后

（2）回声效果

适当的回声，给人一种声音回荡在山谷中的感觉。接例3-1，选中波形，选择“效果”→“延迟与回声”→“回声”命令，打开“组合效果—回声”对话框，这里用默认设置，如图3.26所示。此时在“音轨效果”选项卡中，可以看到轨道1的第一项是“回声”，如图3.27所示。也可以在此单击其右侧的三角标志，选择“效果”→“延迟与回声”→“回声”。单击“S”按钮，单击“播放”按钮，可以听到山谷中回荡着几声犬吠的效果。如果对效果不满意，可以自行调整图3.26中的回声参数进行尝试。

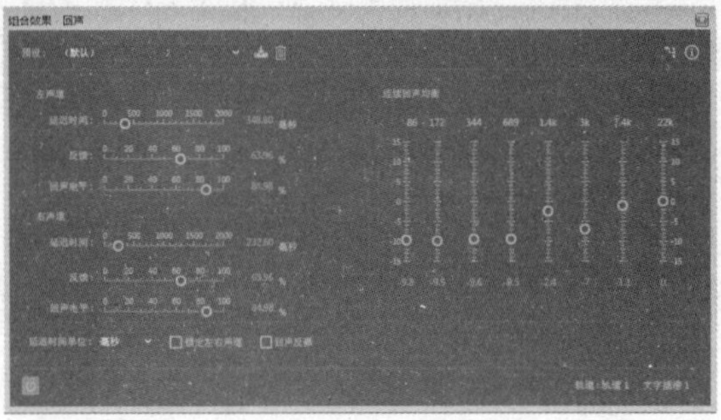

图3.26　回声参数

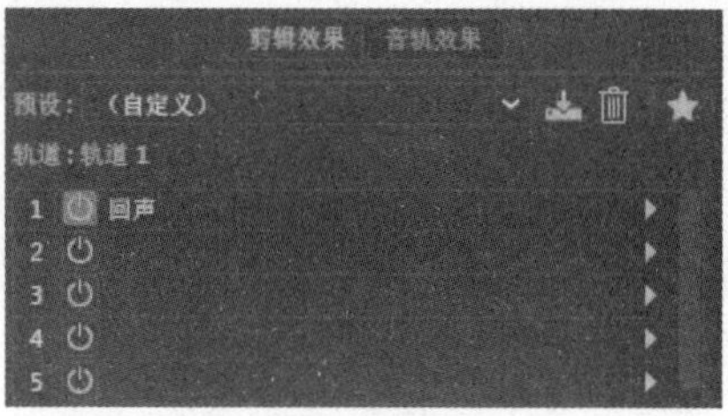

图3.27　回声效果

（3）降噪

在录音过程中，有时会将环境中的噪声也录到音频中，这时我们需要用技术手段将噪声部分去除，这就是降噪。双击轨道5中的一段音频，选择后面空白的一段，如图3.28（a）所示。观察这段波形，可以发现音量很弱，但不是完全没有声音。将鼠标指针放在该空白区域上，右击，从快捷菜单中选择“捕捉噪声样本”命令，并在弹出的对话框中单击“确定”按钮，获取噪声的特征。接着分别拖动时间标尺上的两个滑块以选中全部波形，选择“效果”→“降噪/恢复”→“降噪（处理）”命令，打开对话框，如图3.28（b）所示，单击“应用”按钮即可去除噪声。一般来说，样本噪声的时间不能太短，降噪后音频的波形不能被破坏。若被破坏，可以适当调低图3.28（b）中的降噪值和降噪幅度值；反之，若感觉没有达到降噪效果，可以适当调高这两个参数值。

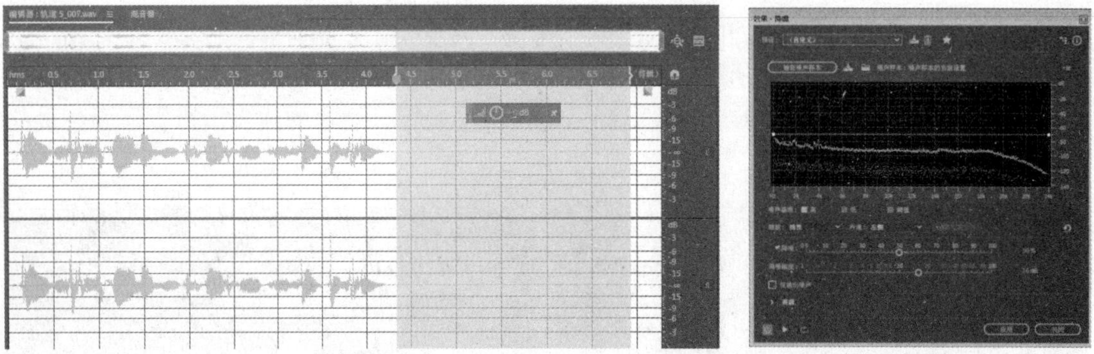

(a) 样本噪声　　(b) 降噪参数

图3.28　降噪

（4）混响效果

有时录制一段音频，尤其是唱歌的音频，可能会觉得声音比较干涩，这时可以添加混响效果进行润色。首先选中整个波形，选择“效果”→“混响”→“混响”命令，打开对话框，如图3.29所示，设置后单击“应用”按钮可实现混响效果的添加。若对效果不满意，可反复调节参数进行尝试，直至满意为止。

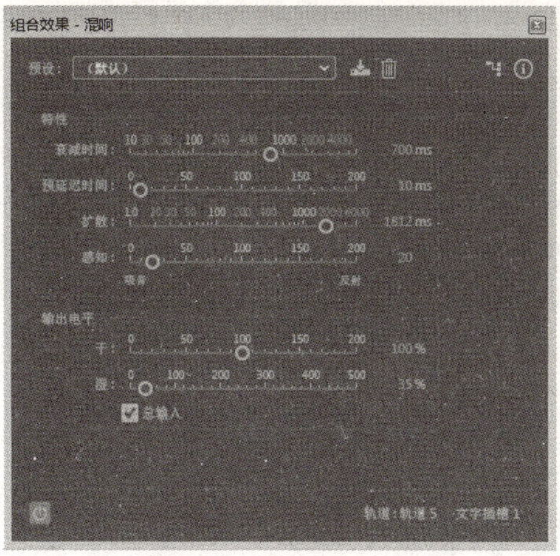

图3.29　混响效果参数

【例3-3】使用Adobe Audition配合已有的原唱音乐录制个人专辑片段。

【知识点】利用已有原唱音乐去除人声；利用“多轨”视图录制声音；对录音进行降噪处理；对录音进行适当裁剪并增加混响效果美化声音；合成声音并保存。

【工具】推荐Adobe Audition CC 2017版。

【操作步骤】

（1）打开素材。进入Audition，打开“谁的梦向天阙.mp3”文件，如图3.30所示。

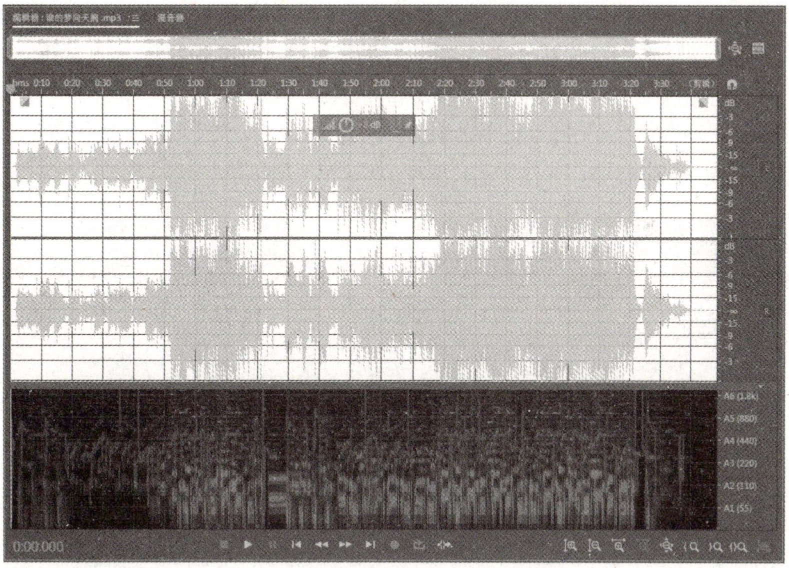

图3.30　原唱音乐的波形视图

（2）原唱音乐的多轨视图。在波形视图上右击，从快捷菜单中选择“插入到多轨混音中”→“新建多轨会话”命令，在“新建多轨会话”对话框中会话名称后面输入“录制个人专辑片段”，单击“确定”按钮，如图3.31所示。

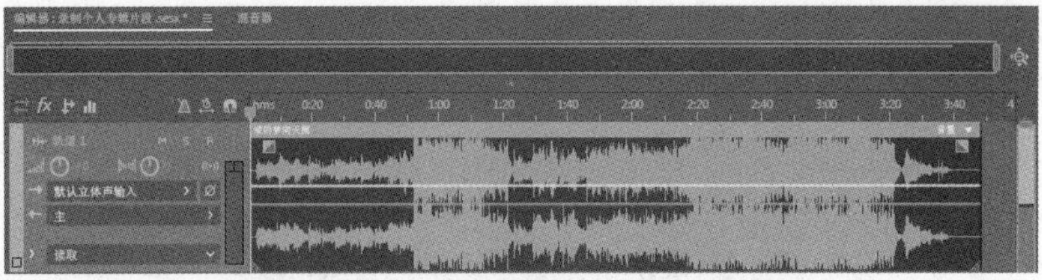

图3.31　原唱音乐的多轨视图

（3）复制轨道1。在轨道1上右击，从快捷菜单中选择“轨道”→“复制已选择的轨道”命令，复制得到轨道11，如图3.32所示。

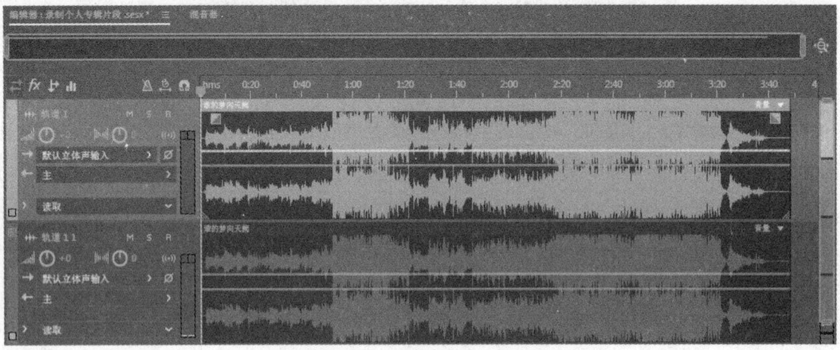

图3.32　复制轨道1

（4）消除人声。选中轨道11，选择“效果”→“立体声声像”→“中置声道提取器”命令，打开对话框，如图3.33所示，在“预设”下拉列表中选择“人声移除”，在“频率范围”下拉列表中选择“女声”，然后关闭此对话框。如果声音加过混响，或者相位左右不同，就不能消除人声或者不能消除干净，甚至变成无声。另外，无论如何处理，都不能完全消除人声，要么人声还有部分没有消除，要么消除过头造成伴奏失真。

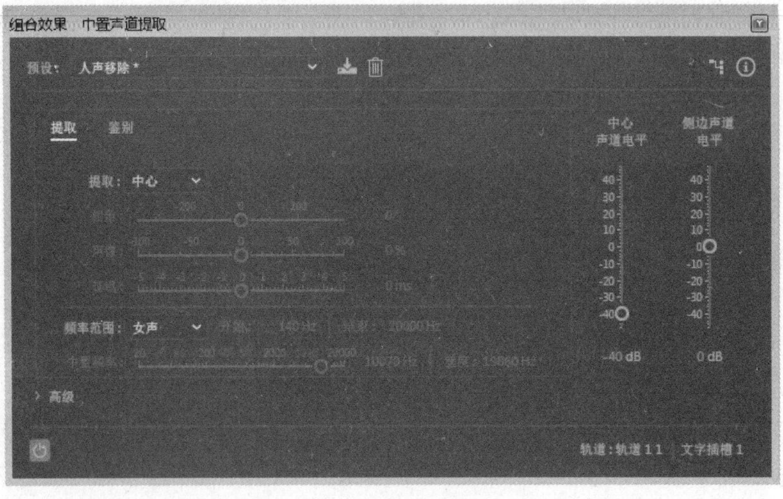

图3.33　中置声道提取

（5）在轨道2上录音。接好麦克风做好硬件准备，在轨道2上单击“R”按钮做录音准备，如图3.34所示。接着将时间标尺上的滑块拖动到最左边，然后单击声音播放工具区中的“录音”按钮，对着麦克风唱一小段，唱完后单击“停止录音”按钮，再单击“R”按钮取消录音准备。播放轨道1和轨道2，并移动轨道2中的录音使之和轨道1中的人声对齐，在轨道1上单击“M”按钮使其静音，如图3.35所示。

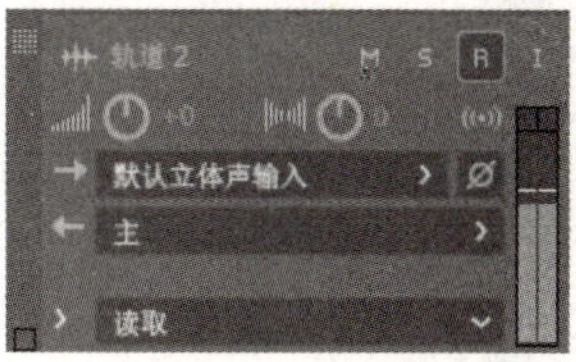

图3.34　录音准备

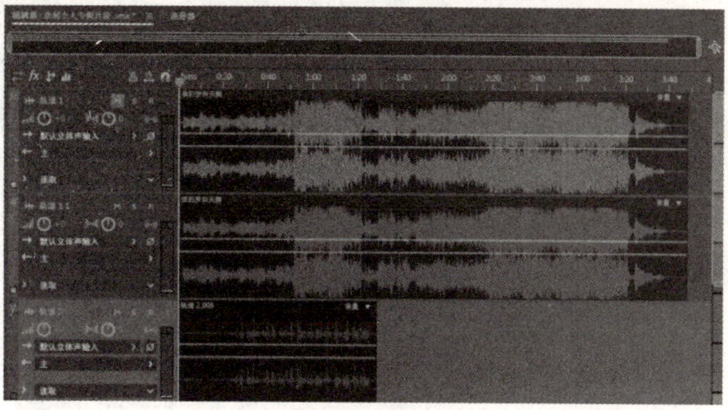

图3.35　录制音轨

（6）降噪。双击轨道2中的波形区，切换到波形视图，选中前面波形振幅比较小的一段，如图3.36所示。鼠标指针放在该区域中，右击，从快捷菜单中选择“捕捉噪声样本”命令，在打开的对话框中单击“确定”按钮，软件将获取噪声的特征。接着，分别拖动时间标尺上的两个滑块以选中全部波形，选择“效果”→“降噪/恢复”→“降噪（处理）”命令，在打开的对话框中单击“应用”按钮，如图3.37所示，可以看到前面一段波形的基本振幅为零，如图3.38所示。

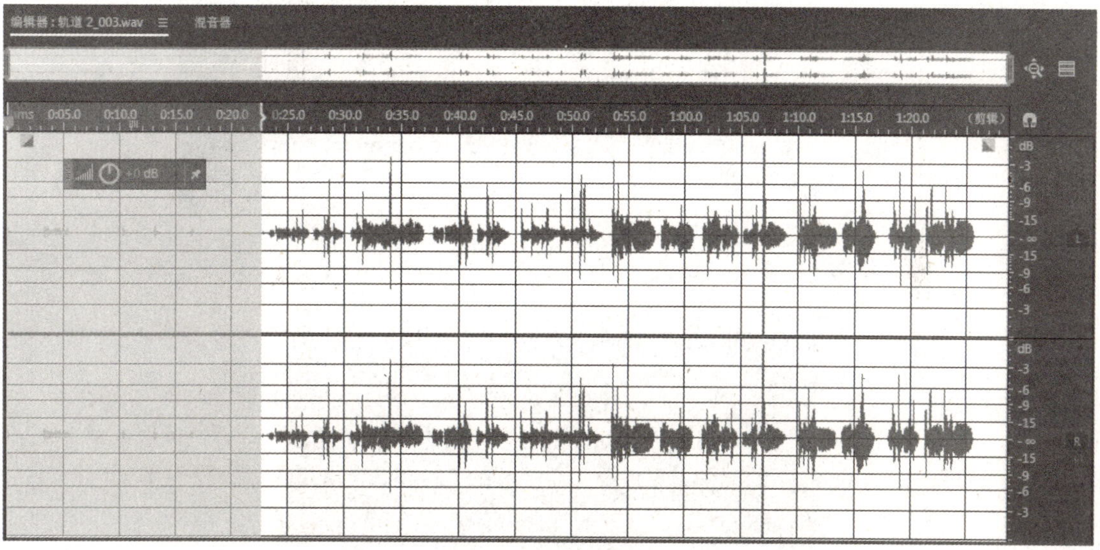

图3.36　选中噪声样本

（7）混响效果。单击工具栏中的“多轨”按钮进入多轨视图，选中轨道2，选择“效果”→“混响”→“混响”命令，设置混响参数如图3.39所示。混响效果如图3.40所示。

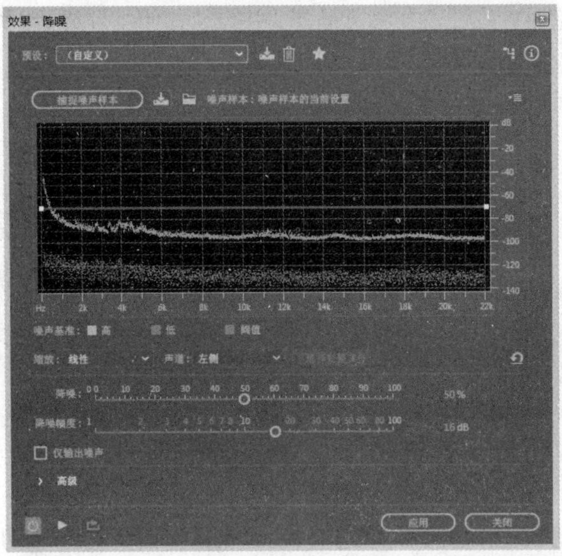

图3.37　降噪参数

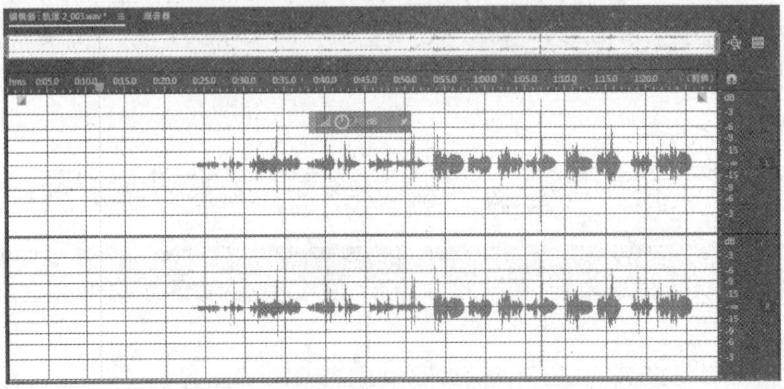

图3.38　噪声已消除

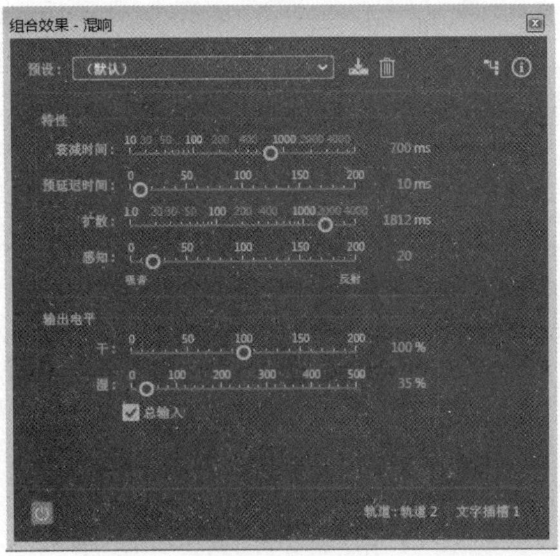

图3.39　混响参数

图3.40　混响效果

（8）删除原唱轨道。在轨道1上右击，选择“轨道”→“删除已选择的轨道”命令。

（9）导出混缩。在轨道3上右击，选择“导出混缩”→“整个会话”命令，在对话框中选择目标文件存放目录。可以生成一个PKF文件和一个WAV文件，PKF文件中包含与特定WAV文件相关的波形数据。

Tips　Adution功能强大，包括很多效果处理，由于篇幅关系，本书不做详细介绍，请读者自行练习。

本章小结

本章首先从物理学中的波引入声波的概念，给出了和音频相关的一些基本概念，并按频率将声音进行分类，引出音频的概念，进而提出声音的三个要素及衡量声音质量的三个指标。

然后从采样、量化、编码三个步骤讲述了音频的数字化处理。音频被数字化后变成计算机中存储的音频文件，有许多种格式，这些格式之间也可以实现转换。上述数字化讲的是从自然的、连续的声音波形到非自然的、离散的数字波形的转换。而MIDI则是在计算机等设备中直接虚拟出合成出的数字波形。

之后介绍了一些常用的音频处理工具，并详细介绍了Adobe Audition CC 2017的工作界面。

最后，以两个实例贯穿了音频处理的基本操作和特效处理，并用一个较复杂的实例对音频的各种处理进行了综合的介绍。

练习与思考

一、单项选择题

1.（　　）是最简单的波动形式。

A）横波　　B）正弦波　　C）纵波　　D）横波和纵波

2.（　　）是物体振动时离开平衡位置最大位移的绝对值。

A）周期　　B）振幅　　C）频率　　D）相位

3.（　　）指波在一个振动周期内传播的距离，也就是沿着波的传播方向，相邻两个振动相位相差2π的点之间的距离。

A）周期　　B）振幅　　C）波长　　D）相位

4. 以下关于音色的说法中，正确的是（　　）。

A）由振幅决定　　B）由n次谐波分量决定

C）由相位决定　　D）由谐波分量决定

5. 以下关于音频数字化的说法正确的是（　　）。

A）采样频率越高越好　　B）量化位数越大越好

C）声道数越多越好　　D）以上都不对

6. 音频的频率范围为（　　）。

A）20Hz~20kHz　　B）10Hz~20kHz

C）10Hz~10kHz　　D）20Hz~10kHz

7. 为了不失真地恢复模拟信号，采样频率应该不小于模拟信号频谱中最高频率的2倍描述的是（　　）定律。

A）香农采样定律、奈奎斯特采样定律

B）农香采样定律、奈奎斯特采样定律

C）农香采样定律、奎奈斯特采样定律

D）香农采样定律、奎奈斯特采样定律

8. 以下关于音频处理软件的说法错误的是（　　）。

A）GoldWave是一个集声音编辑、播放、录制和转换功能于一体的音频工具。

B）All Editor是High Criteria公司出品的一款优秀的打谱软件，其功能强大，支持的音源极为丰富。

C）Cakewalk可以制作单声部或多声部音乐，可以在制作音乐中使用多种音色，以及制作MIDI格式的音乐。

D）Adobe Audition提供有多种特效：放大/降低噪声、压缩、扩展、回声、失真、延迟等。

9.（　　）用来衡量音频编码的压缩效果。

A）压缩比　　B）采样频率　　C）频率　　D）信噪比

10.（　　）的复杂度相对较高，编码不利于实时播放，但由于它在低码率条件下高水准的声音质量，使得它流行于软解压及网络广播。

A）WMA　　B）MP3　　C）AAC　　D）MP2

11.（　　）的音质与CD相差无几。

A）WAV　　B）MP3　　C）AAC　　D）MP2

12. 利用（　　）文件格式可以实现点播、直播功能及远程教育，具有本地或网络回放、可扩充的媒体类型等优点。

A）WAV　　B）MP3　　C）ASF　　D）MP2

13.（　　）是目前流行的打谱软件之一。

A）Cakewalk　　B）Format Factory　　C）Audition　　D）Overture

二、多选题

14.（　　）介质能够传递声波。

A）水　　B）金属　　C）木头　　D）空气

15.下列（　　）可以用来描述正弦波。

A）振幅　　B）周期或频率　　C）相位　　D）波长

16. 音频信号所携带的信息包括（　　）。

A）语音　　B）音乐　　C）次声波　　D）音响

17. 声音的质量通常用（　　）指标来衡量。

A）动态范围　　B）带宽　　C）信噪比　　D）分贝

18. 下列说法正确的是（　　）。

A）一般性能较好的音响系统的动态范围在100dB以上

B）CD-DA音频的动态范围约为100dB

C）高保真音箱的信噪比应达到110dB以上

D）调频广播的动态范围约为60dB

E）声卡的信噪比为85dB ~ 95dB

19. 音频的数字化至少要经过以下（　　）步骤。

A）采样　　B）量化　　C）编码　　D）压缩

三、简答题

20. 声音效果取决于哪三个要素？请简要说明。

21. 简述声音数字化后的数据量（单位：B）的计算公式。

22. 简述MIDI乐器的接口有哪些？

四、上机实践

23. 录制一段不少于30秒的音频，并进行降噪处理。

24. 打开一段音频，添加淡入淡出效果。

25. 打开一段音频，提高音量并调整声像使左声道为100%。

26. 打开一段音频，将其插入多轨混音中，并添加回声。

27. 选择一段带原唱和伴奏乐的音频，将原唱去除。

28. 将一个WAV格式的音频转换为MP3格式的音频。

29. 打开一段AVI格式的视频，提取其音频。

第4章 动画制作与处理

动画是一种集合了绘画、漫画、电影、数字媒体、摄影、音乐、文学等众多艺术门类于一身的艺术表现形式，是一种常见的多媒体信息的形态。本章主要介绍动画的基础知识，并以Adobe Animate CC 2017为平台，介绍动画制作和处理的基本技能和方法。

4.1 动画制作基础

4.1.1 动画简史

动画是一种源于生活并加以抽象来表达运动的艺术表现手法，有着悠久的历史。我国民间的皮影戏和走马灯，可以说是动画的两种古老的形式。皮影戏最早出现在西汉，艺人们在白色的幕布后面操纵用兽皮做成的人物剪影，同时配以音乐与演唱来表演戏剧，如图4.1所示。公元1000年左右，中国人在过元宵、中秋等重大节日时，会制作灯笼，灯笼中放置可转动的轮轴，轮轴上有剪纸。当灯笼中的蜡烛被点燃后，烛光将剪纸的影像投射在灯笼表面上，同时，蜡烛燃烧产生的热气会令轮轴转动，于是，灯笼表面的影像便会不断地变化。因为多在灯笼各个面上绘制古代武将骑马的图画，故名“走马灯”，如图4.2所示。

图4.1　皮影戏

真正推动动画发展的是1824年英国伦敦大学Peter Mark Roget教授提出的“视觉暂留现象”：物体在快速运动时，当人眼所看到的物体消失后，视神经对物体的印象不会立即消失，而是延续0.1~0.4秒的时间。利用人眼这种“视觉暂留”的特性，让一系列逐渐变化的图像按照一定的速度播放，就会形成动态的影像。自此之后，动画技术取得了突破性的发展。以下是动画史上几件值得纪念的大事。

图4.2　走马灯

- 1832年，法国人Joseph Antoine Plateau把画好的图片按照顺序放在一个可以转动的圆盘上。当圆盘在机器的带动下低速旋转时，圆盘上的图片也随着圆盘旋转，从而可以观察到动起来的画面，这就是原始动画的雏形。
- 1906年，美国人James Steward Blackton制作出一部接近现代动画概念的影片，片名叫“Humorous Phase of a Funny Face”，该片被誉为是世界上第一部动画片，因此他也被称为“美国动画之父”。
- 1908年，法国人Émile Cohl首创用负片制作动画影片，从概念上解决了影片载体的问题，为之后动画片的发展奠定了基础，因此Cohl也被称为“现代动画之父”。
- 1909年，美国人Zenas Winsor McCay用1万张图片表现了一段动画故事“Gertie the Dinosaur”，这部时长12分钟的动画片是迄今为止世界上公认的第一部像样的动画短片。McCay被称为“主流动画的奠基者”。
- 1913年，美国人Earl Hurd创造了新的动画制作工艺“赛璐璐片”。赛璐璐片是一种透明的胶片。他先在塑料胶片上绘制一幅幅图片，然后再把这些图片拍摄成动画电影。这种动画制作工艺的诞生使得动画片进入了一个快速生产的时期，为动画的工业化奠定了基础。
- 1928年，Walter Elias Disney创作出了第一部有声动画“Steamboat Willie”；1937年，又创作出第一部彩色动画长片“Snow White and the Seven Dwarfs”。他逐渐把动画影片推向了颠峰，在完善了动画体系和制作工艺的同时，还把动画片的制作与商业价值联系了起来，被人们誉为“商业动画之父”。
- 1995年，Walter Disney影片公司和Pixar动画工作室联合推出第一部三维动画长片“Toy Story”。

4.1.2　动画的相关概念

1. 动画

动画是一种通过将一组连续画面以一定的速度播放而展现出连续动态效果的技术。动画不仅可以表现运动过程，也可以表现如变形、色彩及光的强弱变化等非运动过程。

摄像机的出现快速地推动了动画的发展。传统的动画通过在连续多格的胶片上拍摄一系列单个画面从而产生动态视觉效果。计算机技术的快速发展，为动画的制作与处理注入了新的活力和能量。计算机动画（Computer Animation）是指以人眼的视觉暂留特性为依据，利用计算机图形与图像处理技术，并借助编程或动画制作软件生成的一系列连续画面。无论是传统的动画，还是计算机动画，其本质都是画面的变化。这种变化，既可以是物体动作的改变，也可以是形状、颜色、纹理、光照、位置等的变化。

总而言之，要实现动态视觉效果的呈现，必须要满足以下几个条件：

(1) 有多个画面，而且画面内容是连续的。

(2) 这些画面之间内容存在差异与变化。

(3) 画面表现的动作必须是连续的，即后一幅画面是前一幅画面的继续。

(4) 这些画面按照一定的速度播放。

2. 帧

动画是由若干内容上连续的画面所组成的。其中，每一幅静止的画面就称为"帧"。帧是动画的基本单位，相当于电影胶片上的一格镜头。

3. 帧频

在1秒时间内播放的帧数称为"帧频"，通常用fps(frames per second) 表示。帧频太小，动画看起来一顿一顿的，不够流畅；帧频太大，动画的细节容易变模糊。一般，当动画的帧频设置为24fps时，在Web上显示的效果最佳。

4. 关键帧与过渡帧

任何动画要表现运动或变化，至少要给出前后两个不同的关键状态，而中间状态的变化和衔接可以由计算机计算填充。这些表示关键状态的帧称为"关键帧"。在两个关键帧之间，由计算机自动完成的过渡画面，这些画面称为"过渡帧"。关键帧的内容可以人为修改，而过渡帧的内容则无法人为修改。

4.1.3 动画的特点

动画的概念不同于一般意义的动画片，动画是一种集合绘画、漫画、电影、数字媒体、摄影、音乐、文学等众多艺术门类于一身的艺术表现形式。动画的特点可以从功能、艺术、技术和语言特征这4个方面进行概述。

(1) 功能方面。在功能上，动画具有娱乐性、商业性和教育性。动画作为电影的产物，一开始就是以娱乐为目的的。观众在欣赏动画的过程中，在视觉、听觉和精神上获得感官享受。动画的娱乐性在很大程度上来自于商业的驱动，动画的制作绝大部分是以市场为导向的，以消费者的口味和需求为创作目标，在技术上和传播上都是以商业机制运作的。由于动画具有很强的视听交流性、通俗性和广泛的传播性，使得动画能够担负起教育、引导大众的大任。

(2) 艺术方面。在艺术上，动画具有多元性、假定性和时代性。动画的艺术具有一种综合美学的美学特征，它不像其他单一美学的艺术形式，而是多样的、多变的。它不仅有美术的美学特征，同时具备电影、戏剧、歌剧等形态的美学特征。动画影像是被艺术家创造出来的视觉符号的集合，体现的是艺术家丰富的想象力。而且，动画作为一门综合艺术，它与不同时代的流行文化及科学技术的进步密切相关。

(3) 技术方面。在技术上，动画具有科技性和工艺性。动画的发展是随着科技的革新而发展的。计算机技术的发展开创了动画的新纪元；计算机图形、三维技术的出现，使传统动画逐渐向计算机动画转变；网络技术的出现为动画的创作和广泛传播提供了新的平台和手段。不论是传统的动画还是计算机动画，其制作工艺都是由多个环节构成的，单独一个环节不能构成完整的动画作品。

(4) 语言特征方面。在语言特征方面，动画在众多艺术形式中是最具有符号特征的艺术形式之一。动画通过强化外形特征或动作特征来区别不同角色及性格，而且，造型的符号化延伸至声音等构成要素并纳入视听统一的符号系统中。此外，动画以戏剧化的方式将人们潜意识表现得更彻底，这是动画语言的突出优势。

4.1.4　动画的类型

从制作技术和手段看，动画可分为以手工绘制为主的传统动画和以计算机绘制为主的计算机动画。传统动画通过摄像机对一张张逐渐变化的并能清楚反映一个连续动态过程的静止画面进行逐张拍摄，编辑后通过电视播放，使之在屏幕上活动起来。计算机动画是依据传统动画的基本原理，用计算机生成一系列可供实时播放的动态连续图像的计算机技术。

按动作的表现形式来区分，动画大致分为接近自然动作的“完善动画”（动画电视）和采用简化、夸张动作的“局限动画”（幻灯片动画）。

从空间的视觉效果看，可分为二维动画和三维动画。二维动画是在二维空间中制作的平面活动图画。而三维动画中的景物有正面、侧面和反面，调整三维空间的视点，能够看到不同的内容，可以模拟极为真实的光影、材质、动感和空间效果。

从播放效果看，可以分为时序播放型动画和交互式动画。时序播放型动画可以从头到尾实现既定方案中连续动作的顺序播放，用户只能控制动画的播放、暂停、停止、快进、快退等，而不能改变动画播放的其他设定。而交互式动画并没有预先设定的显示或播放的时序，在播放的过程中用户可以随心所欲地输入指令来决定动画播放的动作，交互式动画能对用户指令进行智能的反馈。

从每秒播放的帧数来讲，可以分为全动画和半动画。全动画每秒播放24帧，如迪士尼动画。半动画每秒播放少于24帧，一些动画公司为了节省资金可能会用半动画制作电视片。

4.1.5　动画的制作过程

动画制作是一项非常烦琐的工作，分工极为细致。动画制作过程通常分为前期制作、中期制作、后期制作。前期制作通常包括剧本创作和音响设计等；中期制作包括画面绘制、上色、拍摄、配音、录音等；后期制作包括剪接、特效、字幕、合成、试映等。

1. 传统动画的制作

（1）剧本创作

动画剧本与真人表演的故事片剧本有很大不同。在故事片剧本中，“对话”是很重要的，而动画影片中则尽量避免复杂的“对话”，更注重于用画面表现视觉动作，激发人们的想象。

（2）制作声音对白和背景音乐

由于动作必须与音乐匹配，因此音响录音必须在动画画面绘制之前进行。

（3）绘制动画画面

首先绘制关键动作的画稿（称为“原画”），再按照物体的形象、规定的动作范围、运动的规律和速度等要求，逐张画出连接整个动作过程的“过渡画面”。

（4）把绘制的画面复制到胶片上

（5）着色

在制作彩色动画时，需要对胶片上的描线进行着色。

(6) 检查动画画稿

检查是拍摄阶段的第一步。在每个镜头的每幅画面全部着色完成之后，拍摄之前，动画设计师需要对每一场景中的各个动作进行详细的检查。

(7) 拍摄电影胶片

拍摄动画片需要使用中间有几层玻璃层、顶部有一部摄像机的专用摄制台。拍摄时将背景放在最下面一层，中间各层放置不同的角色或前景。拍摄中可以移动各层以产生动画效果，还可以利用摄像机的移动、变焦、旋转等功能，生成多种动画特技效果。

(8) 后期制作

完成动画各片段的连接、排序、剪辑及音响效果的同步等。

2. 计算机动画的制作

(1) 剧本创作

这一步骤与传统动画的制作类似。

(2) 制作声音对白和背景音乐

略。

(3) 关键帧的生成

关键帧及背景画面可以用摄像机、扫描仪等实现数字化输入，也可以用软件直接绘制。计算机技术支持随时存储、检索、修改和删除任意画面，一步即可完成传统动画制作中的角色设计及原画创作等几个步骤，大大改进了传统动画绘制画面的制作过程。

(4) 过渡帧的生成

利用计算机对两幅关键帧进行插值计算，自动生成过渡帧，这是计算机辅助动画的主要优点之一。这不仅使得画面精确、流畅，而且将动画制作人员从烦琐的重复劳动中解放出来。

(5) 着色

计算机动画辅助着色取代了乏味、昂贵的手工着色。用计算机描线、着色，界线准确，不需晾干，不会窜色，改变方便，而且不因层数多少而影响颜色，速度快，更不需要为前后色彩的变化而头疼。动画软件一般都会提供许多绘画颜料效果，如喷笔、调色板等，这很接近传统的绘画技术。

(6) 预演

在生成和制作特技效果之前，可以直接在计算机屏幕上演示草图或原画，检查播放过程中的动画和时限以便及时发现并修改问题。

(7) 后期制作

这一步骤与传统动画的制作类似。

4.1.6 动画的制作工具

市面上常见的动画制作工具介绍如下。

1. Adobe Photoshop

Photoshop简称PS，是一款由Adobe公司开发和发行的图像处理软件。Photoshop具有强大的功能，涉及图像、图形、文字、视频、动画等制作领域。

2. Flash

Flash是Macromedia公司（后被Adobe公司收购）于1999年6月推出的一款网页动画设计软件。Flash是一种交互式动画设计工具，可以将音乐、声效、动画及富有新意的界面融合在一起，从而制作出高品质的网页动态效果。它支持多种脚本语言，可满足网页设计的多样化。后来，Adobe公司将动画制作软件Flash Professional CC改名为Animate CC。

3. Autodesk Maya

Autodesk Maya简称Maya，是Autodesk公司出品的一款三维动画软件，应用对象是专业的影视广告、角色动画、电影特技等。Maya功能完善，工作灵活，易学易用，制作效率极高，渲染真实感极强，是电影级别的高端制作软件。

4. 3D Studio Max

3D Studio Max简称为3ds Max或Max，是Discreet公司（后被Autodesk公司合并）开发的基于PC系统的三维动画渲染和制作软件，广泛应用于广告、影视、工业设计、建筑设计、三维动画、多媒体制作、游戏、辅助教学及工程可视化等领域。

5. Adobe After Effects

Adobe After Effects简称AE，是Adobe公司推出的一款图形视频处理软件，适用于从事设计和视频特技的机构，包括电视台、动画制作公司、个人后期制作工作室及多媒体工作室，属于层类型后期软件。

6. Adobe Premiere

Adobe Premiere是由Adobe公司推出的一款常用的动画视频编辑软件，其编辑画面质量比较好，有较好的兼容性，且可以与Adobe公司推出的其他软件相互协作。目前这款软件广泛应用于广告制作和电视节目制作中。

7. Retas

Retas是日本CELSYS株式会社开发的一套应用于普通PC机和苹果机的专业二维动画制作系统，广泛应用于电影、电视、游戏、光盘等多个领域。它实现了传统动画制作所有的强大功能和灵活性，具有简单易用的用户界面和高性价比的特点。

8. Anime Studio

Anime Studio是一款适用于Mac操作系统的高质量专业动画创作软件，它使用直观的界面和大量预设的角色和内容。其最突出的革新成果是实现了用骨骼系统操作各种复杂动作，使中间动画自动生成和自动着色。

9. Toon Boom Studio

Toon Boom Studio是一款优秀的矢量动画制作软件，适合所有Windows系统和Mac系统。

10. Synfig Studio

Synfig Studio是一款开源的、工业级的、强大的二维矢量动画制作软件，能够用最少的人力和资源制作出电影品质的动画，可用于Windows、Linux和Mac等操作系统。

4.2 Animate CC 2017简介

Adobe公司在2015年年底宣布将 Flash Professional CC 更名为Animate CC，并于2016年年底推出了Animate CC 2017版本。在维持原有Flash开发工具支持之外，还新增了HTML5创作工具，为网页开发者提供更适应现有网页应用的音频、图片、视频、动画等创作支持。

Animate CC 2017拥有大量的新特性，其在继续支持Flash SWF、AIR格式的同时，还支持HTML5 Canvas、WebGL，并能通过可扩展架构去支持包括SVG在内的几乎任何动画格式。

Tips 下面将Animate CC 2017简称为Animate。

4.2.1 新增特性

1. 虚拟摄像头支持

Animate不需要依赖第三方扩展或者更改自己的动画来模仿摄像头的移动，在制作动画电影时可以实现以下功能：

- 随帧主题平移。
- 放大感兴趣的对象以获得逼真效果。
- 缩小帧，使查看者可以看到更大范围的画面。
- 修改焦点，将查看者的注意力从一个主题移到另一个主题。
- 旋转摄像头。
- 使用色调或滤镜应用色彩效果。

虚拟摄像头如图4.3所示。

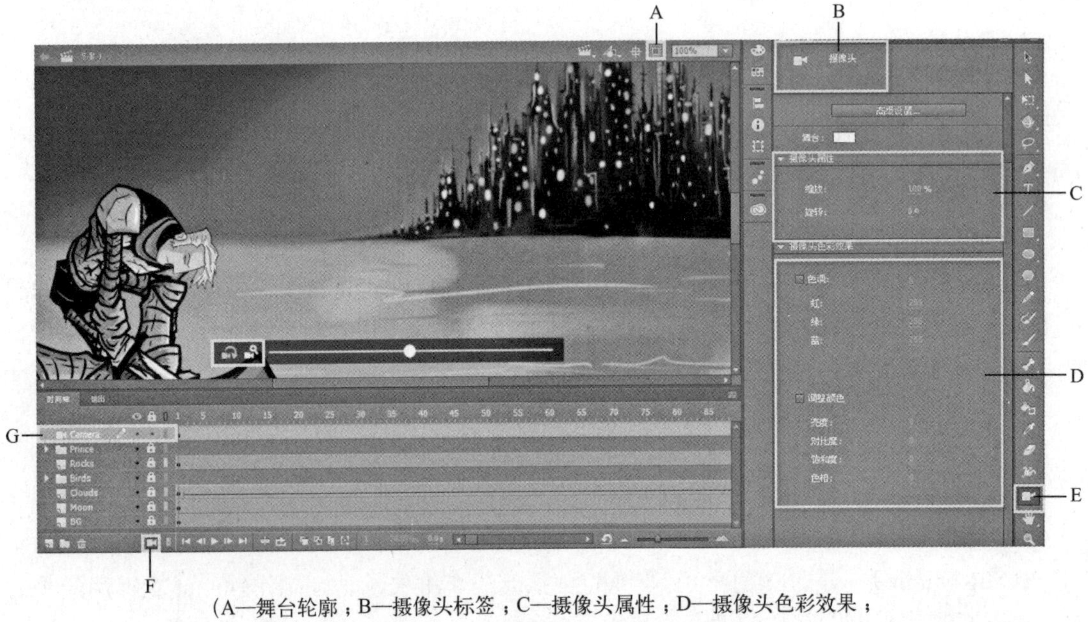

（A—舞台轮廓；B—摄像头标签；C—摄像头属性；D—摄像头色彩效果；E—摄像头工具；F—摄像头图标；G—摄像头图层）

图4.3　虚拟摄像头

2. HTML5 Canvas中的可重用组件

组件提供一种功能或一组相关的可以提高效率的可重用元素。Animate支持基于HTML5 Canvas的组件，如图4.4所示。

3. 使用CC库实现协作

Animate支持通过CC库共享元件或整个动画，如图4.5所示。

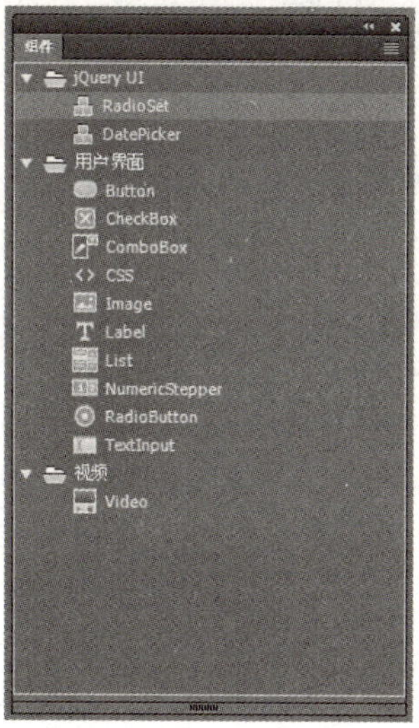

图4.4　HTML5 Canvas组件

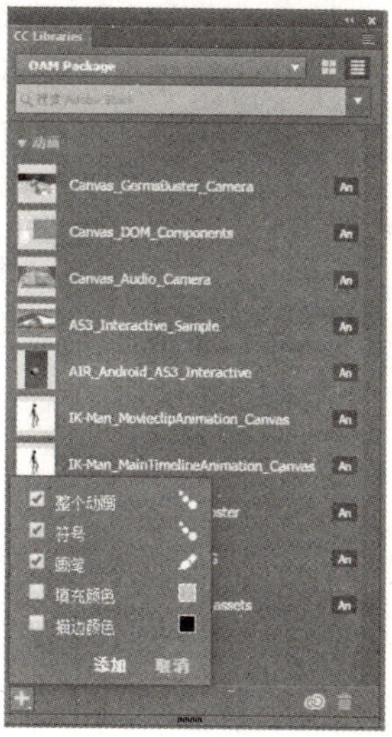

图4.5　通过CC库共享动画资源

这样多名动画制作人员便可以实现无缝协作，从而简化游戏或应用程序开发期间设计人员和开发人员的工作流程。制作人员不仅可以使用链接的资源来确保与原始资源同步，还可以通过CC库在多个支持的应用程序之间（如Adobe Muse和Adobe Indesign）实现动画资源的无缝导入。

4. 创建和管理矢量画笔

Animate引入了使用在其中绘制的形状来创建和共享矢量画笔（艺术画笔和图案画笔）的功能。此功能支持在该平台中通过矢量资源来创建自定义画笔，如图4.6所示。

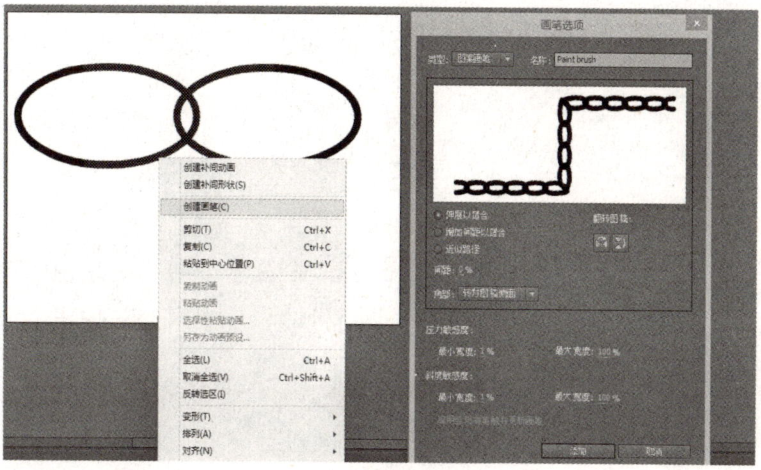

图4.6　创建画笔

5. 对矢量画笔的压力和斜度支持

Animate对使用画笔工具绘制的笔触提供压力和斜度支持。如图4.7所示，定义不同的画笔的压力或斜度，制作人员可以绘制出不同宽度的艺术图案笔触，还可以使用“宽度”工具进行调整。

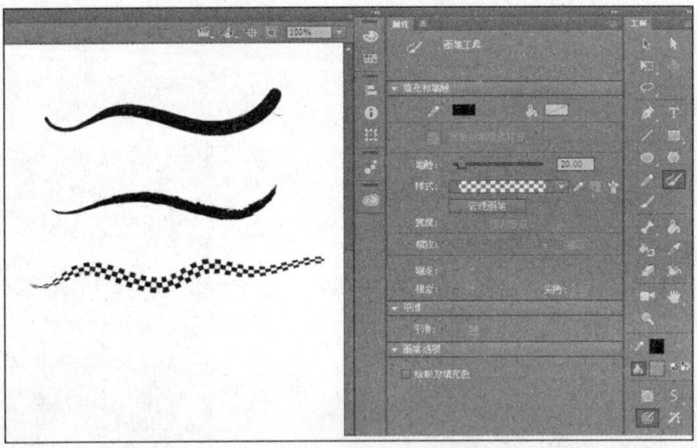

图4.7 画笔的压力和斜度

6. 导出图像和GIF动画

Animate引入了新的图像和GIF动画导出工作流。在“导出图像”对话框中，可以实现以下功能，如图4.8所示。

- 同时查看图像的多个版本并修改优化设置。
- 预览图像以选择最佳设置组合。
- 指定透明度和杂边。
- 选择用于控制仿色的选项。
- 将图像大小调整为指定的像素尺寸或原始大小的指定百分比。

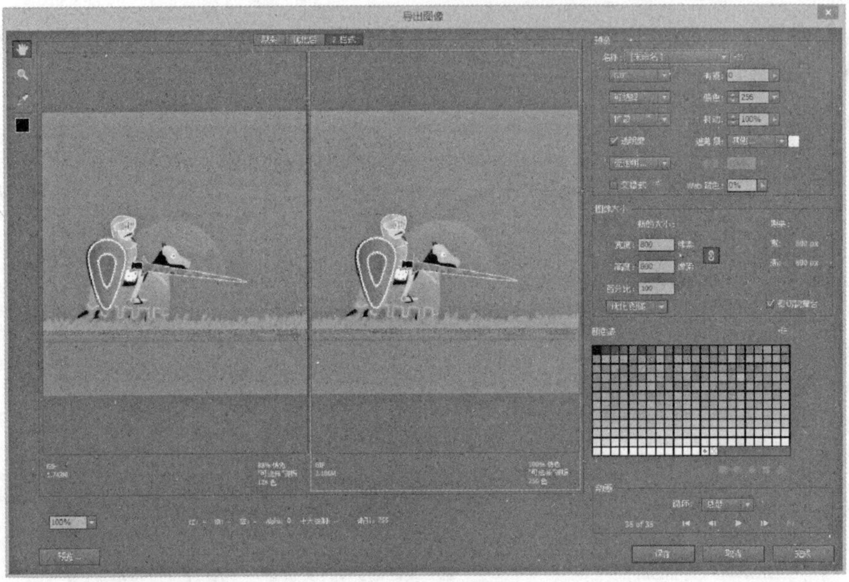

图4.8 导出图像

7. 将图层作为 SWF 归档文件发布

对于ActionScript和FLA文档，Animate引入了一种新的发布格式——SWF归档文件，它可将不同的图层作为独立的SWF进行打包，如图4.9所示。

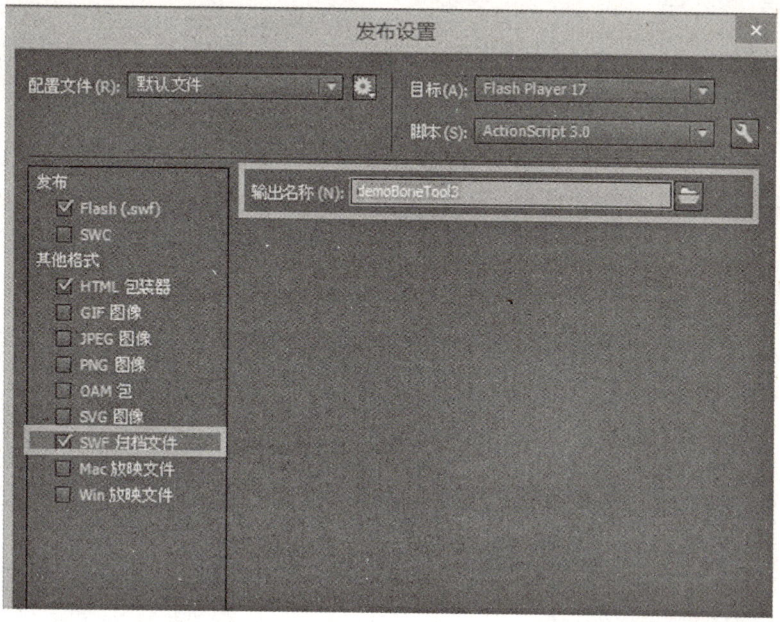

图4.9　发布设置

8. 舞台增强功能

Animate可以裁切掉舞台范围以外的内容，还支持创建一个舞台轮廓以指明舞台边界，如图4.10所示。

图4.10　舞台增强功能

9. 支持新版软件

Animate支持最新版的Flash Player（版本 23）并集成了AIR SDK 23.0。

4.2.2 基本概念

在学习使用Animate进行动画制作之前，我们必须要了解并掌握该软件中使用一些基本且很重要的概念及术语。

1. 舞台

舞台即演员或角色表演的场所，是在创建Animate文档时用于放置图形内容的矩形区域，默认显示为白色，如图4.11所示。创作环境中的舞台相当于Flash Player或Web浏览器窗口中在播放期间显示文档的矩形空间。

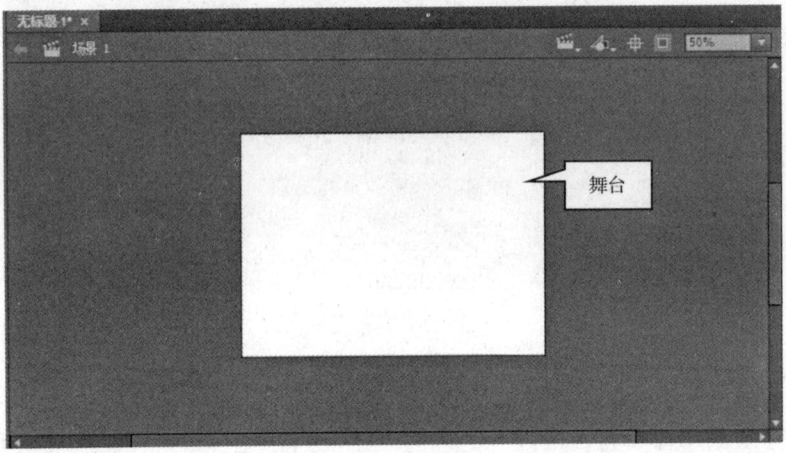

图4.11　舞台

2. 图层与时间轴

与Photoshop中的图层类似，Animate中的图层就像一张透明的纸，动画制作人员可在上面绘制和编辑对象。各个图层之间是相对独立的，因此，编辑某图层上的对象并不会对其他图层造成影响。Animate中可以创建的图层数仅受计算机内存大小的限制，而且图层不会增加所发布的SWF文件的大小。只有放入图层中的对象才会增加项目文件的大小。

如图4.12所示，时间轴用于告诉 Animate 应何时将特定媒体对象显示在舞台上。与电影胶片一样，Animate文档也将时长划分为多个帧。图层就像堆叠在一起的多张幻灯片一样，每个图层都可以包含一个不同的图像显示在舞台中。当图层上的对象随着时间的变化而发生改变时，就会产生动画效果。

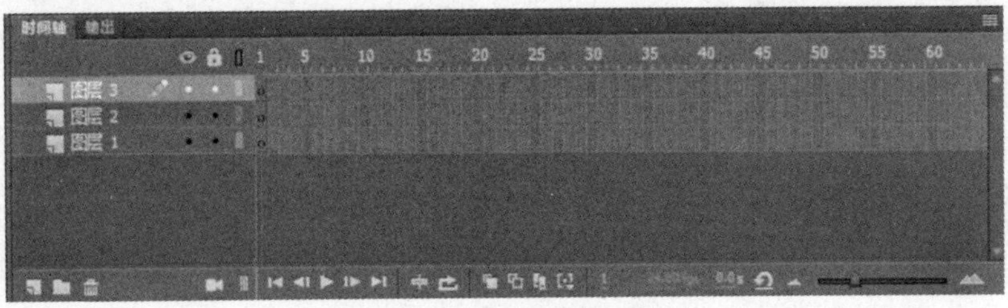

图4.12　图层与时间轴

3. 元件

元件是指在整个文档或其他文档中可重复使用的某些部件，是构成Animate动画所有因素中最基本的因素。在制作动画的过程中，可以将需要多次用到的图形、按钮或影片片段保存为元件，在需要使用的时候直接调用。如图4.13所示，元件包含以下三种类型。

（1）图形元件

图形元件是可以重复使用的静态图像，它可以作为一个基本图形来使用，一般是静止的一幅图画，每个图形元件占一帧。

（2）按钮元件

按钮元件是一种特殊的4帧交互式影片剪辑，前三帧显示按钮的三种可能状态：弹起、指针经过和按下，第4帧定义按钮的活动区域（如图4.14所示）。按钮元件的时间轴不能像普通时间轴那样线性播放，只能根据鼠标指针的动作做出简单的响应，并转到相应的帧。通过给舞台上的按钮添加动作语句可以实现影片的交互。

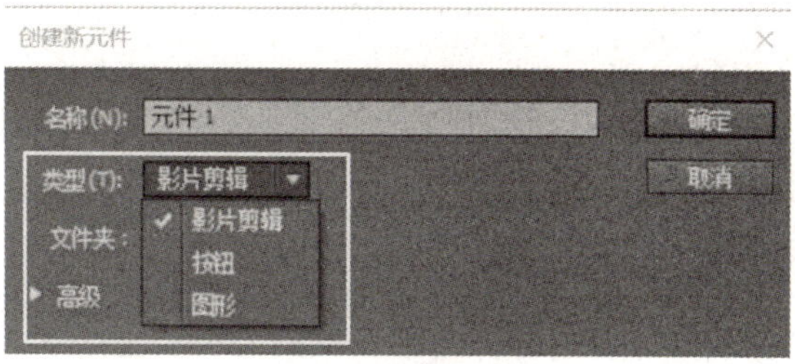

图4.13　元件的三种类型

图4.14　按钮元件的图层与时间轴

（3）影片剪辑元件

影片剪辑元件是可重用的动画片段，是“动画中的动画”。影片剪辑具有各自的多帧时间轴，它们独立于Animate动画的主时间轴，在主场景的时间轴上只占一帧，必须进入影片测试才能观看。

4. 实例

实例是指位于舞台上或嵌套在另一个元件内的元件副本。实例可以与其父元件在颜色、大小和功能方面有差别。编辑元件会更新它的所有实例，但对元件的一个实例应用某种效果将只更新该实例。

5. 库

在Animate中创建的任何元件都会自动成为当前文档的库的一部分。除了元件之外，库还用于存储和管理导入的文件，包括图像、音频、视频等。在库面板的预览窗口中可以预览选定的元件或导入的文件，如图4.15所示。

图4.15　库

6. 补间动画

补间动画是整个Animate动画设计的核心，也是Animate动画的最大优点。在使用Animate制作动画时，在两个关键帧中间插入补间动画后，两个关键帧之间的插补帧是由计算机自动计算而生成的。

补间动画有两种形式：形状补间和动作补间。形状补间是指由一个对象变换成另一个对象。而实现该过程只需要用户提供两个分别包含变形前对象和变形后对象的关键帧，中间过程将由Animate自动完成。而动作补间则是在一个关键帧上放置一个元件，然后在另一个关键帧上改变该元件的大小、颜色、位置、透明度等，Animate根据两者之间的值自动创建动画。

Tips 为了兼容Flash CS3以及更早的版本，Animate中保留了这些旧版本中的补间动画并称之为“传统补间”以示区分。

4.2.3 工作界面

如图4.16所示，Animate的工作主界面主要包括菜单、场景、时间轴面板、常用面板栏、属性/库面板、工具栏等几部分组成。

1. 菜单

位于工作区顶部的菜单是Windows应用程序常见的命令组织形式，里面包含了Animate常用的一些命令，如文件的新建和导出、媒体资源的导入、元件的创建、动画的测试与发布等。

2. 场景

位于菜单下方左边部分是场景，场景中包含了舞台，是各种角色表演的场所，也是动画制作人员最常用的工作区域。场景中的图标详细说明见表4.1。

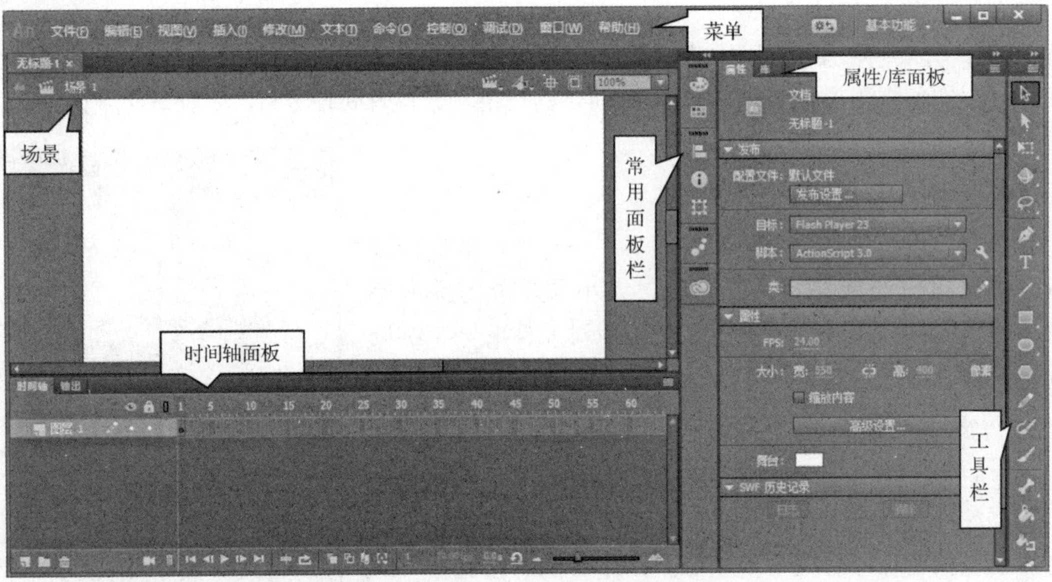

图4.16 Animate CC 2017的主界面

3. 时间轴面板

位于场景下方是时间轴面板。时间轴面板用于组织和控制在一定时间内图层和帧中的文档内容。如图4.17所示，时间轴面板左侧是图层区，右侧是时间线控制区。

其主要组件包括图层、帧和播放头。图层列在时间轴左侧，每个图层中包含的帧显示在该图层名称右侧的一行中。时间轴顶部的时间轴标题指示帧的编号。帧编号上红色的播放头指示当前在舞台中显示的帧。播放时，播放头在时间轴上从左向右移动。时间轴底部显示所选的帧编号、当前帧频及当前帧播放时间。时间轴面板中的图标详细说明见表4.2。

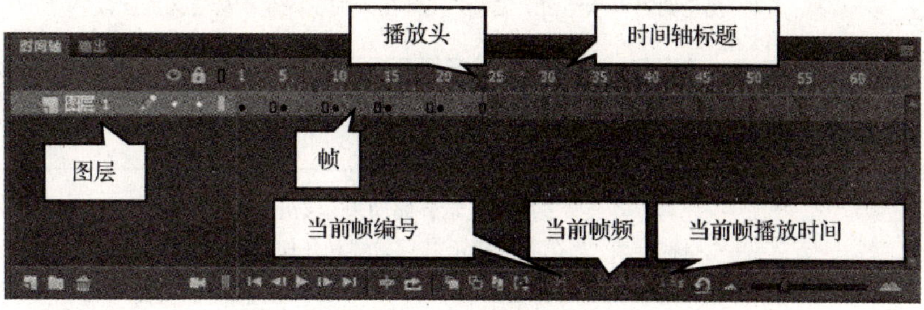

图4.17　时间轴面板

表4.1　场景中的图标

图标	说　明
	编辑场景
	编辑元件
	舞台居中
	剪切掉舞台范围以外的内容

表4.2　时间轴面板中的图标

图标	区域	说　明
	图层区	显示或隐藏所有图层
		锁定或解除锁定所有图层
		将所有图层显示为轮廓
		新建图层
		新建文件夹
		删除图层
		添加或删除摄像头
	时间线控制区	帧居中。当动画帧数较多时，用于使时间轴以当前帧为中心
		循环按钮。按下该按钮时，播放头周围会出现方括号，方括号内所包含的帧在测试时会被循环播放
		绘图纸外观按钮，又称为洋葱皮。用于显示播放头所在帧内容的同时显示其前后数帧的内容，所显示帧用方括号做标记
		绘图纸外观轮廓按钮。用于将具有绘图纸外观帧显示为轮廓
		编辑多个帧。用于多个帧的同时编辑
		修改标记。用于改变绘图纸外观的状态和设置

此外，时间轴上每帧中显示的各种指示符都有特定的含义，具体说明见表4.3。

表4.3　帧内容指示符含义

图　标	说　明
	黑色圆圈表示空白关键帧。该帧在添加了内容后会变为关键帧
	一个黑色圆点表示一个关键帧。单个关键帧后面的浅灰色帧包含无变化的相同内容。这些帧带有垂直的黑色线条，而在整个范围的最后一帧上还有一个空心矩形
	一段具有蓝色背景的帧表示补间动画。该范围的第一帧中的黑色圆点表示补间范围分配有目标对象。黑色菱形表示最后一帧和任何其他属性关键帧。属性关键帧是指包含已显式定义的属性更改的帧
	蓝色背景，起始关键帧处的黑色圆点后带有黑色箭头表示传统补间
	虚线表示传统补间是断开或不完整的，例如，最后的关键帧已丢失
	淡绿色背景，起始关键帧处的黑色圆点后带有黑色箭头表示形状补间
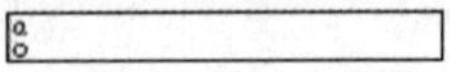	小写字母a表示已使用动作面板为该帧分配了一个帧动作
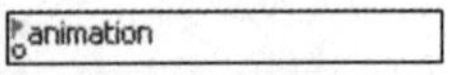	小红旗表示该帧包含一个标签
	绿色的双斜杠表示该帧包含注释
	金色的锚记表明该帧是一个命名锚记

4. 常用面板栏

位于场景右侧的常用面板栏中放置了颜色、样本、对齐、信息、变形、动画预设等常用面板的快捷按钮，单击这些按钮就可以快速打开对应的面板，而不需要访问菜单。

5. 属性面板

常用面板栏右侧是属性面板。使用属性面板不仅可以轻松访问舞台或时间轴上当前选中内容的最常用属性，还可以更改对象或文档的属性。属性面板显示的信息取决于当前选择的内容。

6. 工具栏

位于属性面板右侧的是工具栏。使用工具栏中的工具可以绘图、上色、选择和修改插图，也可以更改舞台的视图。工具栏分为6个区域，由上至下依次是：选择区、绘图区、上色区、查看区、颜色区和工具选项区。其中前三个区的工具用于绘制和编辑对象，查看区包含在应用程序窗口内进行缩放和平移的工具。颜色区包含用于笔触颜色和填充颜色的功能键。工具选项区包含用于当前所选工具的功能键。所选工具不同，工具选项区的内容也会有所不同。工具栏中各工具的用途详见表4.4。

表4.4　工具栏中各工具的用途

图　　标	工 具 名 称	说　　明
		选　择　区
	选择工具	用于选择整个对象。单击或拖动对象时，其周围会显示一个矩形选框
	部分选取工具	用于改变动画的运动路径，使用时可以看到路径上对应于每个位置属性关键帧的控制点和贝塞尔手柄
	任意变形工具	用于对所选对象进行缩放、变形及旋转等操作
	3D旋转工具	在全局3D空间中旋转影片剪辑对象
	套索工具	用于为对象创建一个不规则的选区轮廓
		绘　图　区
	钢笔工具	用于绘制精确的直线或曲线
	文本工具	用于添加文本对象
	线条工具	用于绘制直线
	矩形工具	用于绘制矩形和正方形
	椭圆工具	用于绘制椭圆和圆
	多角星形工具	用于绘制多角星形
	铅笔工具	用于绘制和编辑自由线段
	画笔工具	通过设置笔刷的形状和角度等参数来自定义画笔
	刷子工具	用于绘制类似于刷子的笔触
		上　色　区
	骨骼工具	用于制作反向运动（如人走路时的肢体摆动）
	颜料桶工具	用于填充颜色
	墨水瓶工具	用于改变线条颜色、风格和粗细
	滴管工具	用于对颜色进行取样
	橡皮擦工具	用于擦除矢量线条和色块
	宽度工具	用于调整笔触线条的宽度
		查　看　区
	摄像头	用于模仿虚拟的摄像头移动
	手形工具	用于移动图形
	缩放工具	直接使用可以放大视图，按住Alt键使用可以缩小视图
		颜　色　区
	笔触颜色	用于设置笔触的颜色
	填充颜色	用于设置图形填充的颜色
	黑白	恢复笔触颜色和填充颜色的默认设置（笔触颜色为黑，填充颜色为白）
	交换颜色	把笔触颜色和填充颜色进行交换

4.2.4　常用的文件类型

1. FLA文件

FLA文件是在Animate中使用的主要文件，是可编辑的Animate文档，其中包含Animate文档的基本媒体、时间轴和脚本信息。

2. XFL文件

XFL是所创建的FLA文件的内部格式。未压缩的XFL文件与FLA文件类似。XFL文件和同一文件夹中的其他关联文件只是FLA文件的等效格式。使用这种格式，多组用户可以更方便地同时处理同一个Animate项目的不同元件。

3. SWF文件

在发布FLA文件时，Animate将创建一个SWF文件。SWF文件是FLA文件的编译版本，是在网页上显示的文件。SWF文件格式是其他应用程序所支持的一种开放标准。

4. AS文件

AS文件是ActionScript文件，可使用此文件将ActionScript代码放置在FLA文件之外。

4.2.5　文件的基本操作

利用Animate进行动画制作或处理都需要经过以下这些步骤：①创建新的文档或打开一个已有的动画文档；②进行动画的制作或处理；③保存文档；④测试，并导出或发布文档。

1. 创建新文档

要创建新文档，可以使用以下两种方式：

- 选择“文件”→“新建”命令，在弹出的对话框中，单击“常规”选项卡，选择要创建的Animate 文档类型，并为文档设置参数，然后单击“确定”按钮。
- 选择“文件”→“新建”命令，在弹出的对话框中，单击“模板”选项卡，从“类别”列表框中选择一个类别，并从“模板”列表框中选择一个文档，然后单击“确定”按钮，如图4.18所示。

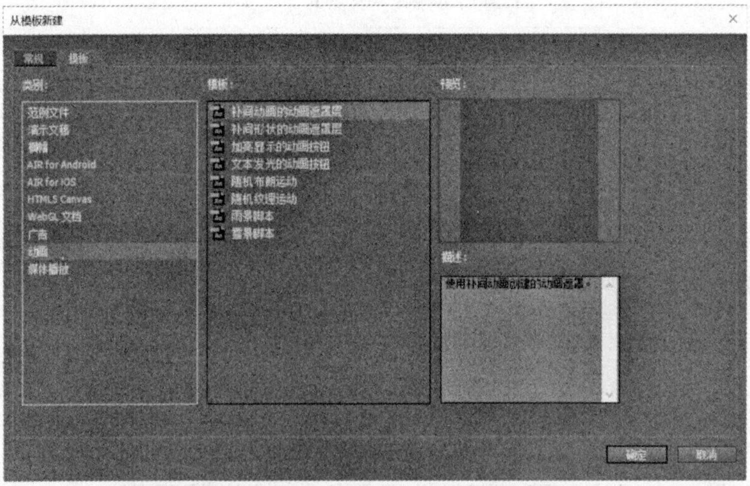

图4.18　通过“模板”选项卡新建文档

2．打开已有文档

若要打开已有的文档，可以选择“文件”→“打开”命令，在“打开”对话框中，定位到文件或在“转到”框中输入文件的路径，再单击“打开”按钮。

3．保存文档

可以用当前的名称和位置（或其他名称和位置）保存FLA文档。如果文档包含未保存的更改，则文档标题栏、应用程序标题栏和文档选项卡中的文档名称后会出现一个星号（*）。保存文档后这个星号就会消失。如果要以默认的FLA格式保存Animate文档，可以选择“文件”→“保存”命令来覆盖磁盘中的当前版本。如果要将文档保存到不同的位置或者用不同的名称保存文档，又或者是要压缩文档，可以选择“文件”→“另存为”命令，并输入新的文件路径或新的文件名，再单击“保存”按钮。

若要将文档保存为未压缩的XFL格式，可以选择“文件”→“另存为”命令，从“另存为类型”列表中，选择“Animate CC未压缩文档（*xfl）”类型，并为文件选择名称和位置，然后单击“保存”按钮。

Animate还支持将文档还原到上次保存的版本，只要选择“文件”→“还原”命令便可实现这个功能。

4．文档的导出

若要将Animate文档导出，首先要打开需要导出的Animate文档，或在当前文档中选择要导出的帧或图像，接着执行“文件”→“导出”→“导出影片”命令或“文件”→“导出”→“导出图像”命令，在对话框中输入导出后的文件名称并选择文件格式，再单击“保存”按钮。

在进行文档导出时，将Animate图像保存为位图、GIF、JPEG等文件格式时，图像会丢失其矢量信息，仅保存像素信息。导出为位图的图像不能再在基于矢量的绘图程序中进行编辑。“导出影片”命令可以将Animate文档导出为静止图像格式，这时文档中的每帧都会被创建成一个带编号的图像文件，而文档中的声音会被导出为WAV文件（仅限 Windows）。在Animate支持的导出文件格式中，PNG是唯一支持透明度（作为 Alpha 通道）的跨平台位图格式。

5．文档的测试与发布

如果要测试制作的Animate动画的播放效果，检查文档是否能按预期工作及是否存在错误，可以执行“控制”→“测试影片”→“测试”命令或者“控制”→“测试场景”命令。

如果要脱离Animate环境观看Animate动画的内容，需要将文档进行发布。发布后的Animate文档可以在安装了Flash Player的浏览器中播放，也可以用独立应用程序播放。要发布文档，可以执行“文件”→“发布”命令。在默认情况下，“发布”命令会创建一个SWF文件和一个HTML文档，后者会将动画内容插入到浏览器窗口中。如果要改变发布设置，可以执行“文件”→“发布设置”命令，或者在文档的属性面板中单击“发布设置”按钮，打开“发布设置”对话框进行发布参数的修改。此外，我们在文档的属性面板中“SWF历史记录”一栏中可以查看当前FLA文件创建的所有SWF文件的大小以及创建时间，如图4.19所示。

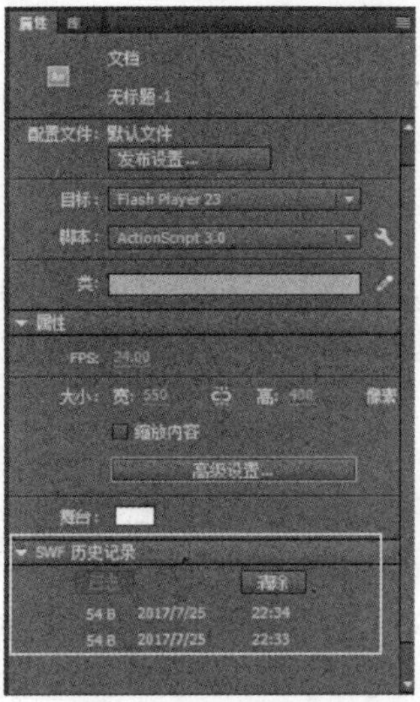

图4.19　文档的属性面板

对于那些尚未安装Flash Player的用户。在进行FLA文件发布时可以选择GIF、JPEG和PNG等替代格式，这时发布生成的文件需要使用HTML格式才能在浏览器窗口中显示。用替代文件格式发布FLA文件时，每种文件格式的设置都会与该FLA文件一并存储。

4.3　Animate CC 2017动画制作

本节将通过实例来详细介绍在Animate CC 2017中制作和处理动画的基本技巧。

4.3.1　绘图和编辑图形

绘图和编辑图形是制作动画的基本功，也是Animate的基本功能之一。Animate包括多种绘图工具，并提供三种绘制模式，它们决定了舞台上的对象彼此之间如何交互，以及我们能够怎样编辑它们。在默认情况下，Animate使用合并绘制模式，我们也可以启用对象绘制模式，或者使用矩形或椭圆工具来启用基本绘制模式。在绘图的过程中要学习如何使用元件来组织图形元素。Animate中的每幅图形都开始于一种形状。形状由两个部分组成：填充（fill）和笔触（stroke），前者是形状里面的部分，后者是形状的轮廓线。记住了这一点，就可以比较顺利地创建美观、复杂的画面。

类似于传统的绘画，鼠绘（鼠标绘图）大致可以按照以下步骤进行：第一步，构图。我们需要把物体的外形轮廓画出来。在Animate中可以使用工具栏绘图区中的工具来完成构图。第二步，填充色彩。在Animate中可以使用工具栏上色区中的颜料桶工具、墨水瓶工具来实现色彩的填充。第三步，对笔触和填充进行调整，在Animate中可以使用工具栏选择区中的工具及上色区中的橡皮擦工具来完成。下面将通过一个简单的作品来介绍在Animate中绘制图形的基本方法。

操作视频

【例4-1】简单鼠绘：热带鱼。作品效果如图4.20所示。

【知识点】图层的基本概念；图形元件的基本概念；绘图工具的应用；选择工具的应用；变形工具的应用；舞台的裁剪。

图4.20　作品效果

【操作步骤】

（1）新建文档。

新建一个文档，文档大小为400×250像素，舞台颜色为白色，如图4.21所示。

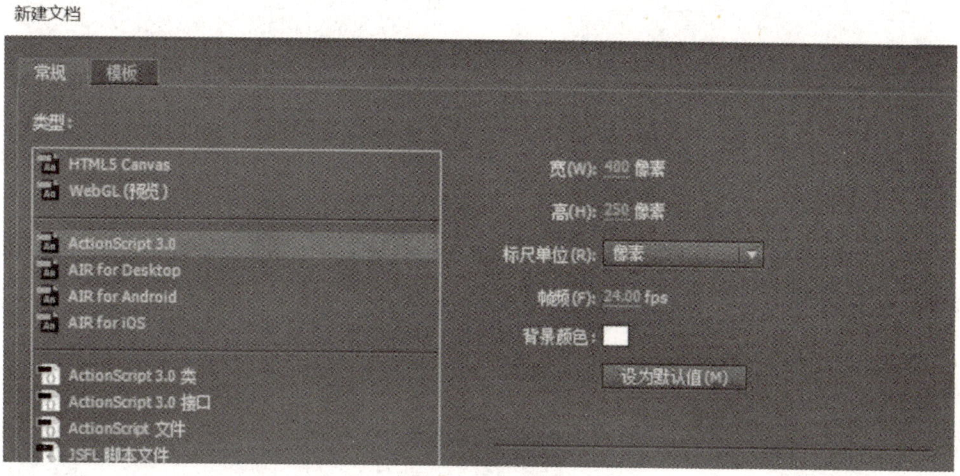

图4.21　新建文档

（2）创建“海水”图层。

① 在工具栏中单击矩形工具，并打开颜色面板，在颜色面板中设置笔触颜色为；再单击填充颜色，在下拉列表中选择“线性渐变”，渐变颜色设置如图4.22所示。

② 用矩形工具在舞台上拖出一个矩形把舞台完全覆盖住。

③ 在工具栏中选择渐变变形工具，再单击舞台上的矩形，就可以看到出现三个控制点。选中左边的控制点并按住鼠标左键移动至如图4.23所示的位置，接着再选中中间带箭头的控制点并按住鼠标左键移动至如图4.24所示的位置。这时，一个由上往下颜色逐渐变深的矩形完全覆盖住舞台区域。

④ 单击时间轴面板的图层区，把图层1重命名为“海水”，如图4.25所示。

（3）创建“水草”图形元件。

① 执行“插入”→“新建元件”命令，在弹出的“创建新元件”对话框中，建立一个名为“水草”的图形元件，如图4.26所示。

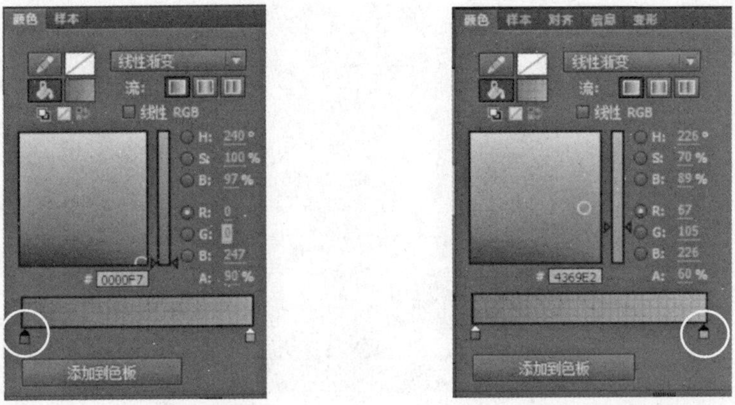

（a）左色标　　（b）右色标

图4.22　矩形颜色设置

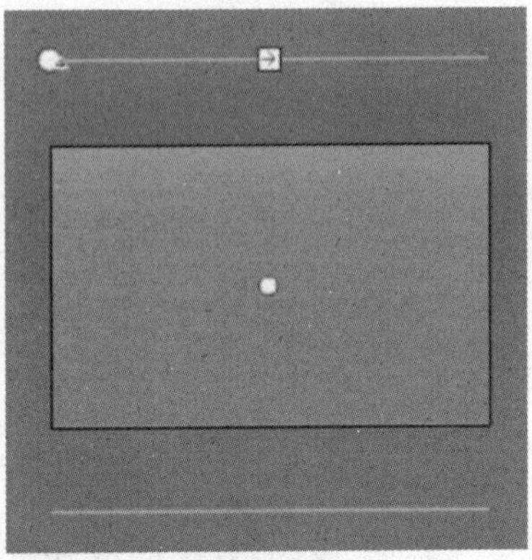

图4.23　改变颜色渐变的方向

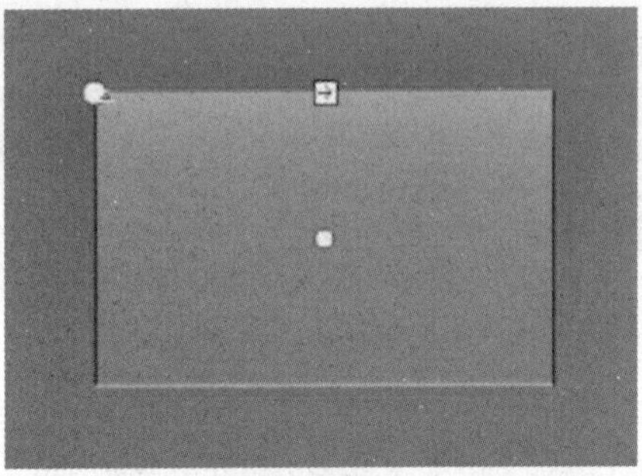

图4.24　改变颜色渐变的范围

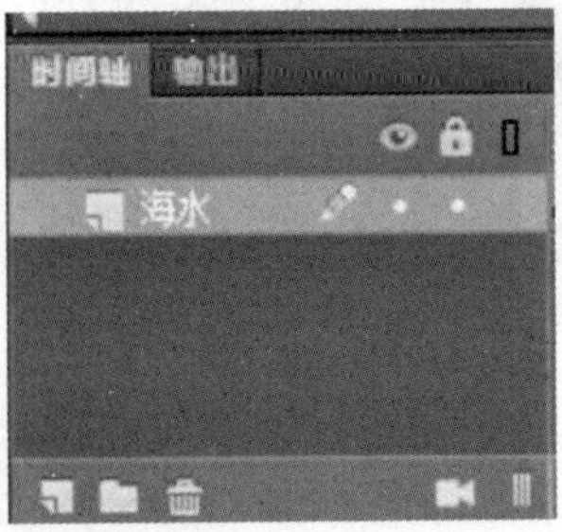

图4.25　建立“海水”图层

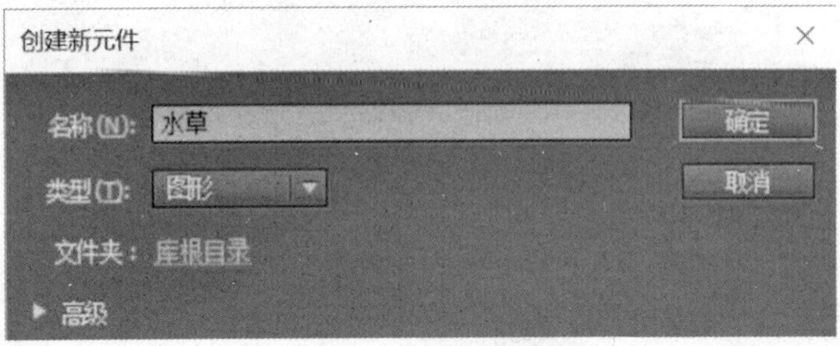

图4.26　创建“水草”图形元件

② 选择工具栏中的画笔工具，在其属性面板中选定墨绿色的笔触，笔触宽度设为3，在元件编辑区里用画笔工具画出水草的轮廓。之后，可以使用选择工具单击轮廓线，在光标右下角出现一条弧线的时候拖动鼠标，对轮廓线进行调整，最终效果如图4.27所示。

③ 选择工具栏中的颜料桶工具，在其属性面板中选择比轮廓线颜色稍浅的绿色，然后在水草轮廓里单击，完成颜色的填充，如图4.28所示。

④ 退出元件编辑区，回到场景1。

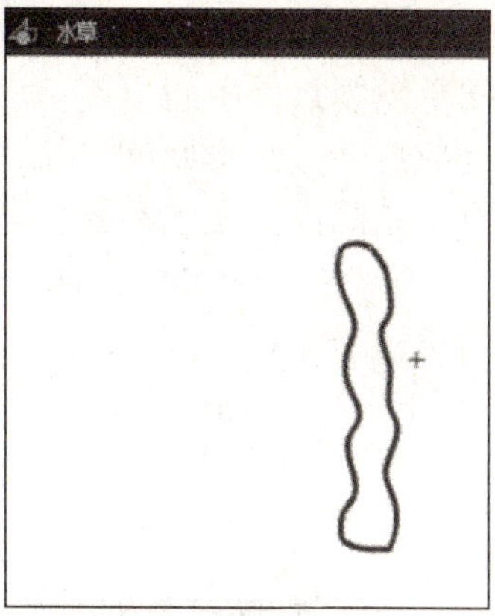

图4.27　绘制水草的轮廓

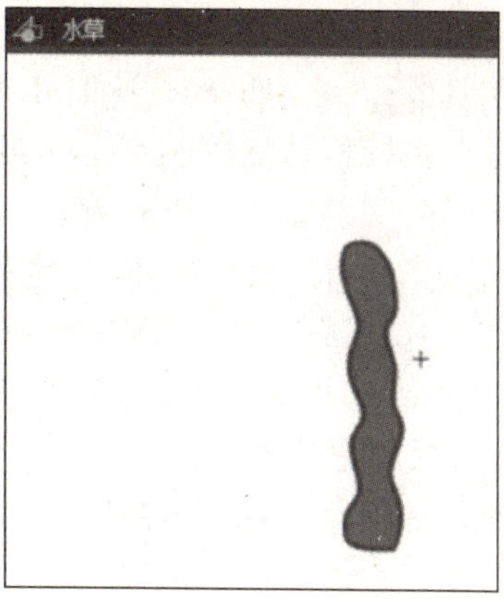

图4.28　填充颜色

（4）创建“鱼”图形元件。

① 新建图形元件，并命名为“鱼”。

② 在元件编辑区里，使用直线工具、椭圆工具、画笔工具等画出鱼的轮廓线，再用选择工具将直线调整成弯曲的状态，效果如图4.29所示。

③ 使用颜料桶工具为鱼添加色彩，效果如图4.30所示。

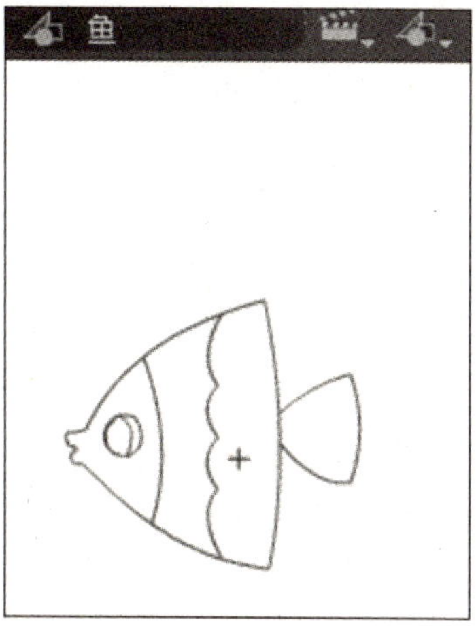

图4.29　绘制鱼的轮廓

图4.30　给鱼上色

④ 退出元件编辑区，回到场景1。

（5）创建“泡泡”图形元件。

① 新建图形元件，并命名为“泡泡”。

② 在元件编辑区里，用椭圆工具，按住Shift键拖出一个正圆。接着，打开颜色面板，将圆的笔触颜色设为，再设置填充颜色为径向渐变，并定义三个色标，如图4.31所示，色标从左至右的RGB值分别设为（255,255,255）、（255,255,255）和（224,236,247），A值（即透明度）分别设为0%、20%和99%。

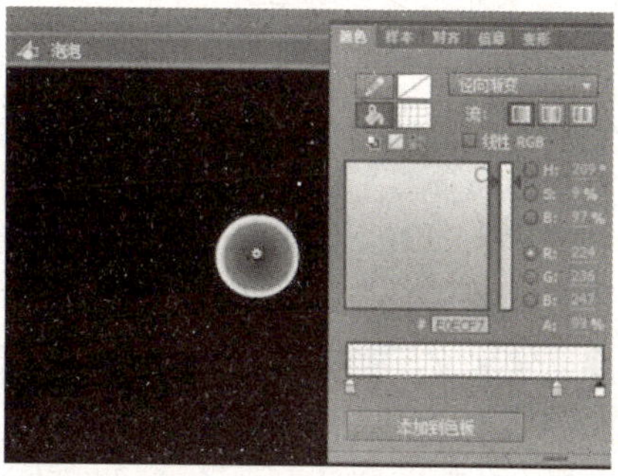

图4.31　设置渐变色

③ 用矩形工具拖出一个填充颜色为白色的矩形，并设置其笔触颜色为；选中任意变形工具，单击矩形，这时矩形四周出现8个控制点，中间出现一个圆圈即为变形中心，将鼠标指针移动到控制点上，当鼠标指针变成旋转圆弧形状的时候，按住鼠标左键并拖动，矩形会围绕着变形中心旋转，使得矩形有一定的倾斜角度后松开鼠标左键，如图4.32（a）所示。接着，使用选择工具把矩形调整成月牙形，如图4.32（b）所示。

④ 用椭圆工具拖出两个填充颜色为白色且没有笔触的圆形。

⑤ 把第③步制作出来的月牙形和第④步制作出来的两个圆形放进第②步制作出来的圆圈里面，最终效果如图4.33所示。

⑥ 退出元件编辑区，回到场景1。

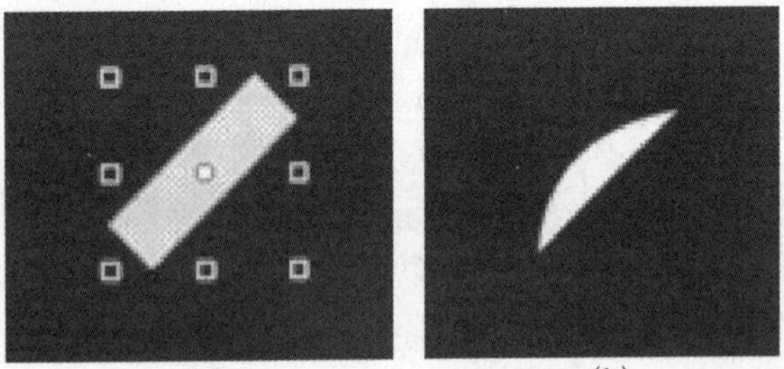

(a)　　(b)

图4.32　调整矩形

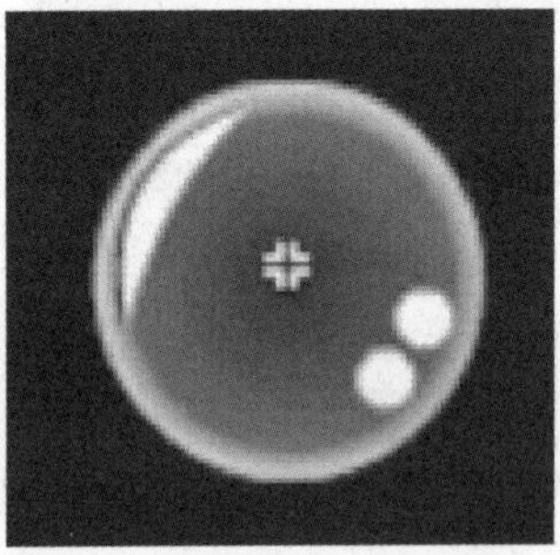

图4.33　泡泡元件效果

（6）合成作品。

① 打开库面板。

② 在时间轴面板图层区新建“水草”图层，在库面板中把“水草”元件拉进舞台中并放置在恰当的位置上。然后，使用任意变形工具调整水草的形状和大小。重复这样的步骤，使得舞台上有多根大小形状各异的水草。

③ 类似地，建立“鱼”图层，把“鱼”元件应用到场景1中。

④ 同理，建立“泡泡”图层，把“泡泡”元件应用到场景1中。

⑤ 单击舞台上方的，剪切掉舞台范围以外的内容。

（7）测试，保存或发布文件。

4.3.2　逐帧动画的制作

在时间轴上逐帧绘制帧内容来实现的动画称为逐帧动画。逐帧动画是一种常见的动画形式，它的原理是在“连续的关键帧”中分解动画动作，也就是每帧中的内容不同，连续播放可形成动画。因为是一帧一帧地画，所以逐帧动画具有非常大的灵活性，几乎可以表现任何想表现的内容。

将JPG、PNG等格式的静态图片连续导入到Animate中，就会建立一段逐帧动画。也可以用鼠标或压感笔在场景中一帧帧地画出帧内容，还可以用文字作为帧中的元件，实现文字跳跃、旋转等特效。下面将通过一个作品来介绍在Animate中制作逐帧动画的基本方法。

操作视频

【例4-2】逐帧动画：逐字出现动画。

【知识点】文本工具的应用；对象的分离；逐帧动画。

【操作步骤】

（1）新建文档。

新建一个文档，设置舞台大小为550×200像素，颜色为黑色。

（2）输入文本对象。

① 选择工具栏中的文本工具，然后在其属性面板里设置好参数（如图4.34所示），移动鼠标指针到舞台恰当的位置，单击并输入“START”，用选择工具调整好文本的位置，如图4.35所示。

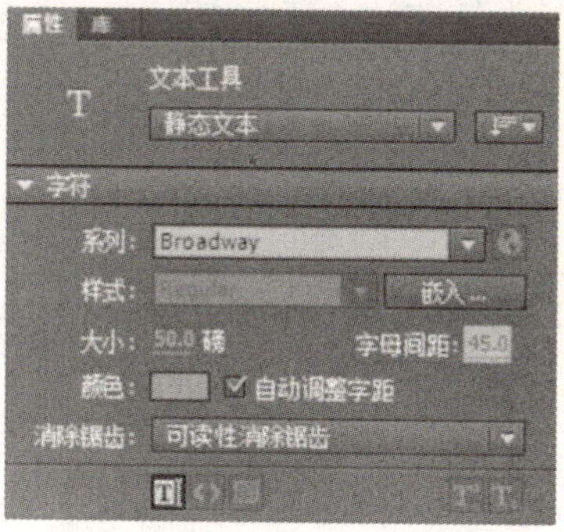

图4.34　设定文本属性

② 单击选中文本，选择“修改”→“分离”命令，或者按Ctrl+B组合键，将文本整体分离成为5个对象，如图4.36所示。

图4.35　输入文本

图4.36　分离文本

（3）制作多个关键帧。

将鼠标指针移动到文本内，右击，从快捷菜单中选择“分布到关键帧”命令，这时留意时间轴面板中帧标记的变化。

（4）测试影片，并保存文件。

Tips 如果认为影片播放速度太快，可以选择“修改”→“文档”命令，打开“文档设置”对话框，把帧频的值改小，再测试影片观察播放效果的变化。

4.3.3　形状补间动画的制作

在一个关键帧中绘制一个形状，然后在另一个关键帧中更改该形状或绘制另一个形状，Animate将根据两者之间帧的值或形状来创建动画，这称为“形状补间动画”。形状补间动画可以实现两个图形之间颜色、形状、大小、位置的相互变化，使用的元素多为用鼠标或压感笔绘制出的图形。下面将通过一个作品来介绍用Animate制作形状补间动画的基本方法。

【例4-3】形状补间动画：生日贺卡。作品效果如图4.37所示。

图4.37　形状补间动画：生日贺卡

【知识点】素材的导入；文本工具的应用；对象的分离；形状补间动画。

【操作步骤】

操作视频

（1）新建文档。

新建文档时，保留文档默认的设置。

（2）制作背景图层。

① 选择“文件”→“导入”→“导入到舞台”命令，在弹出的“导入”对话框中选择“生日快乐.jpg”，并单击“打开”按钮，回到场景1。

② 重命名“图层1”为“背景”，并在第40帧处右击，从快捷菜单中选择“插入帧”。

（3）制作变形图层。

① 在时间轴面板图层区单击，在“背景”图层之上新建图层，并重命名为“生”。

② 单击“生”图层的第1帧，选择“文件”→“导入”→“导入到舞台”命令，在弹出的“导入”对话框中选择“cake1.png”文件，并单击“打开”按钮。由于本例中，素材以cake1.png，cake2.png，cake3.png，cake4.png进行命名并保存在同一个目录里面，Animate会自动识别出这个图像序列，因此这时会弹出如图4.38所示的对话框。如果选“是”，则这个图像序列会一起被导入当前图层的几个连续帧中。这里单击“否”按钮，回到场景1。

图4.38　导入序列图像

③选中“生”图层中导入的蛋糕图形，使用工具栏中的任意变形工具，将蛋糕图形缩小，如图4.39所示。右击图形，从快捷菜单中选择“分离”命令，将图形打散。

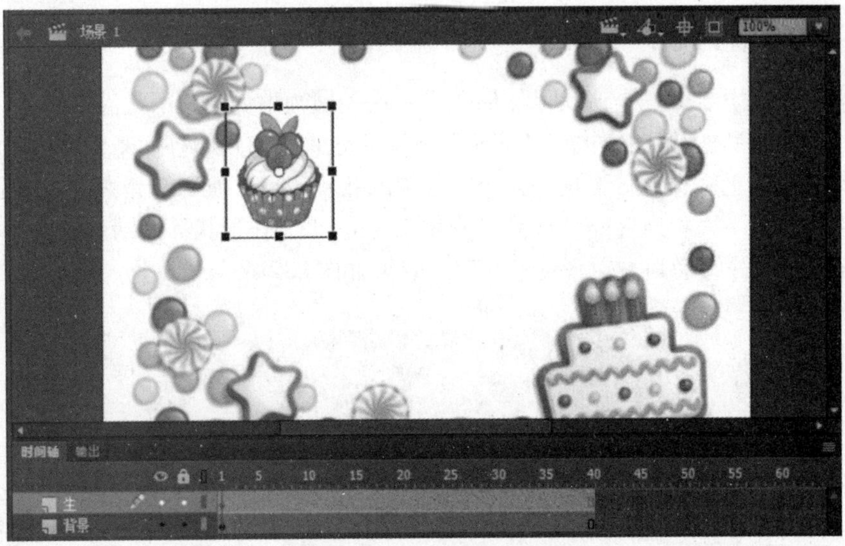

图4.39　导入蛋糕图形

④ 选中“生”图层的第30帧，右击，从快捷菜单中选择“插入空白关键帧”命令，然

后选择工具栏中的文本工具T在蛋糕图形所在的位置输入“生”，并且设置其属性如图4.40所示。接着右击文字，从快捷菜单中选择“分离”命令，将文字打散。完成后时间轴面板如图4.41所示。

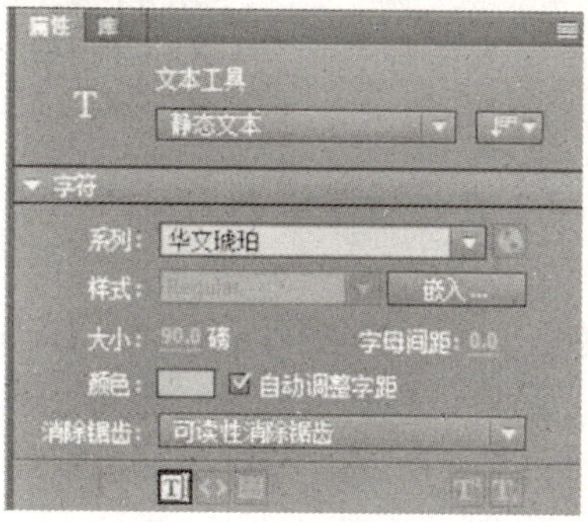

图4.40　文本属性设置

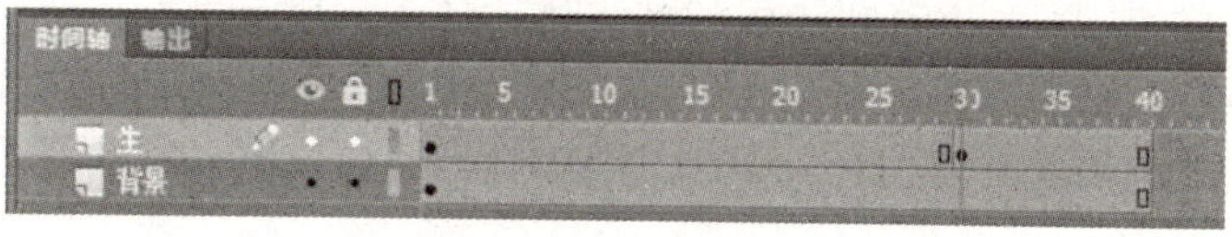

图4.41　时间轴面板

⑤ 单击“生”图层的第1帧，选择“插入”→“补间形状”命令，创建蛋糕图形与文字之间的形状补间动画。

⑥ 用同样的方法制作另外三个“日”、“快”、“乐”图层。完成后时间轴面板如图4.42所示。

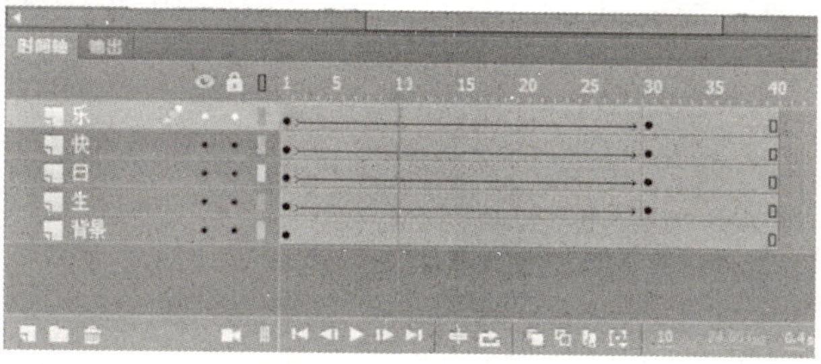

图4.42　时间轴面板的设置

（4）测试影片，并保存文件。

Tips　在创作形状补间动画的过程中，如果使用的元素是图形元件、按钮、文字，则必须先将其“分离”（Ctrl+B组合键），然后才能创建形状补间动画。

4.3.4　动作补间动画的制作

动作补间动画建立后，时间轴面板的背景色变为淡紫色，在起始帧和结束帧之间有一个长长的箭头。构成动作补间动画的元素是元件，包括影片剪辑、图形元件、按钮、文字、位图、组合等，但不能是形状。只有把形状组合（Ctrl+G组合键）或者转换成元件后才可以创建动作补间动画。动作补间动画除了一些最简单的效果诸如物体位移改变以外，还有几种常用的特殊效果，如引导路径动画、遮罩动画和骨骼动画等。

1．传统补间动画和补间动画

动作补间动画又分为传统补间动画和补间动画。在Flash CS3版本之前，补间动画可以实现移动对象位置、旋转、缩放及改变透明度等变化。但由于在此版本之后加入了旧版本中无法实现的一些3D功能，因此把旧版本的补间动画改名为传统补间动画，而现在版本的补间动画不仅可以完成传统补间动画的功能，还能实现3D补间动画效果。为了说明这两种动画的区别，以下将介绍两个简单的例子。

【例4-4】传统补间动画。

【知识点】传统补间动画；对象透明度；洋葱皮效果。

【操作步骤】

操作视频

（1）新建文档，并保留默认设置。

（2）在时间轴第1帧中绘制一个正方形，选中它，然后右击，从快捷菜单中选择“转换为元件”命令，将其转化为图形元件，如图4.43所示。

（3）右击时间轴第15帧，从快捷菜单中选择“插入关键帧”命令，然后将正方形向右移动一定的位置，并应用任意变形工具缩小正方形，在“属性”面板色彩效果部分“样式”下拉列表选择Alpha，其值设为30%，令正方形变得更透明，如图4.44所示。完成后第15帧如图4.45所示。

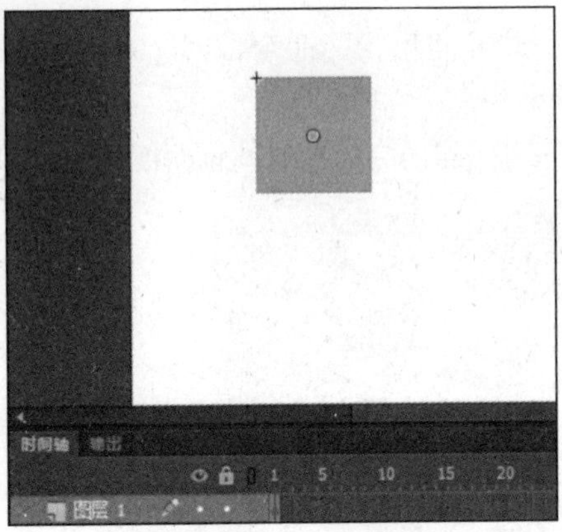

图4.43　第1个关键帧

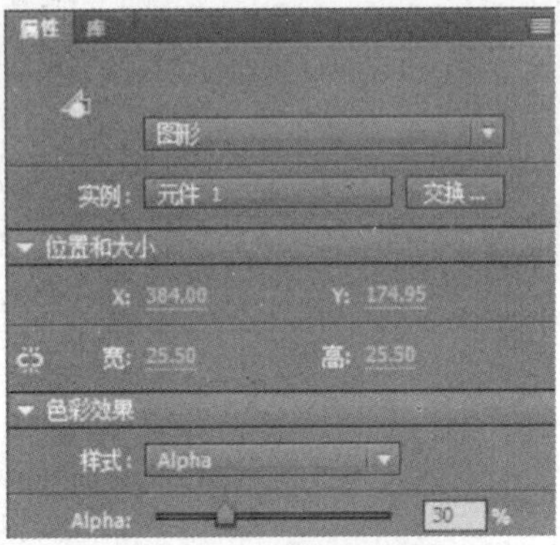

图4.44　设置正方形的透明度

图4.45　第15帧

（4）右击第1帧，从快捷菜单中选择“创建传统补间”命令，完成传统补间动画的制作。该例实现了一个大的正方形变小并向右移动最后变成小的有点透明的正方形的动画。单击时间轴面板中的绘图纸外观按钮，打开洋葱皮效果，将帧序号上的方括号拖动到第15帧上，可以看到从第1帧到第15帧的过渡过程，如图4.46所示。

【例4-5】补间动画。

【知识点】补间动画；3D旋转。

【操作步骤】

操作视频

（1）新建文档，设置舞台大小为200×400像素。

（2）在时间轴第1帧中绘制一个正方形，选中它，然后右击，从快捷菜单中选择“转换为元件”命令，将其转化为影片剪辑元件。

Tips 3D旋转只对影片剪辑有效。

（3）在第15帧处按F5键插入帧。

Tips 一定要是插入帧而不是插入关键帧。

（4）右击第1帧，从快捷菜单中选择“创建补间动画”命令。再右击第15帧，从快捷菜单中选择“插入关键帧”→“旋转”命令。时间轴面板如图4.47所示。

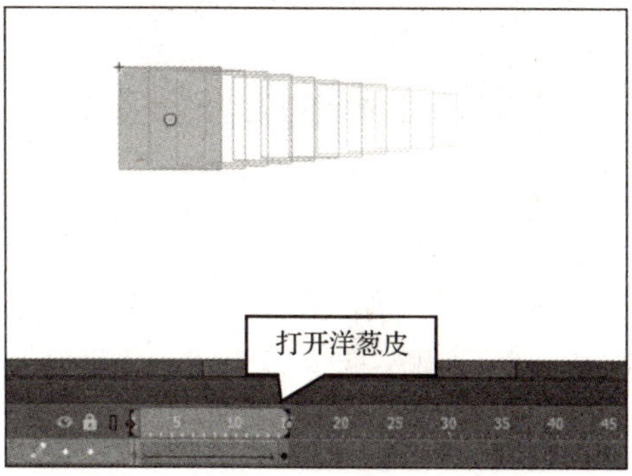

图4.46 洋葱皮效果下的传统补间

图4.47 补间动画的时间轴面板

（5）在第15帧中，选择工具栏中的3D旋转工具，这时正方形上面会出现如图4.48（a）所示的图案，单击最外层橙色圆圈，当指针变成黑色箭头时按住鼠标左键移动，就可以使正方形在3D空间上做一个角度旋转，如图4.48(b)所示。此时动画完成，可以按Ctrl+Enter组合键测试效果。

(a) (b)

图4.48 应用3D旋转工具

2. 引导路径动画

在Animate中，将一个或多个层链接到一个运动引导层，使一个或多个对象沿同一条路径运动的动画形式称为“引导路径动画”。这种动画可以使一个或多个元件完成曲线或不规则运动。任何图层都可以作为引导层。引导层名称的左侧会显示一个引导图标。引导层不能导出，因此不会显示在发布的SWF文件中。

由于引导层是用来指示元件运行路径的，因此引导层中的内容可以是用钢笔、铅笔、线条、椭圆、矩形或画笔等工具绘制的线段；而被引导层中的对象是跟着引导线走的，可以使用影片剪辑、图形元件、按钮、文字等，但不能应用形状。下面将通过一个作品来介绍在

Animate中制作引导路径动画的基本方法。

【例4-6】引导路径动画：绕着地球转。

操作视频

【知识点】引导路径动画；影片剪辑元件。

【操作步骤】

(1) 新建一个文档，舞台大小为默认设置，颜色为黑色。

(2) Earth.jpg文件，回到场景1中，把图片放置在舞台中央。

(3) 选择“插入”→“新建元件”命令，在打开的“创建新元件”对话框中新建影片剪辑元件，并命名为“小球运动”，如图4.49所示，从而进入影片剪辑元件编辑环境。

(4) 在“小球运动”影片剪辑元件编辑环境中，在图层1的第1帧中，使用椭圆工具画一个正圆，并在属性面板中设置填充和笔触，如图4.50所示。然后重命名图层1为“小球”。

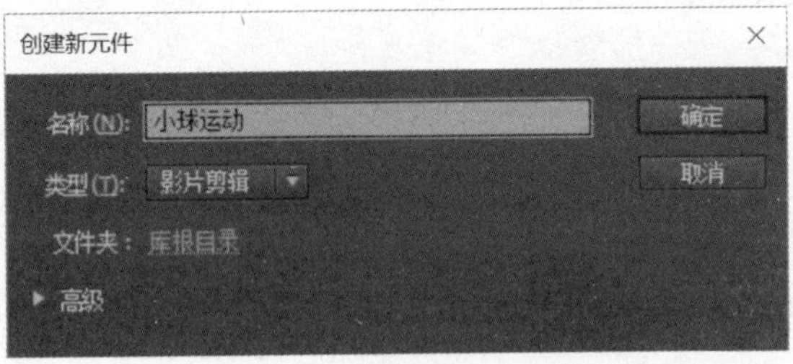

图4.49 新建影片剪辑元件

图4.50 填充和笔触设置

(5) 在时间轴面板上右击“小球”图层，从快捷菜单中选择“添加传统运动引导层”命令，这时在“小球添加传统运动引导层”图层上方会出现一个引导层。接着，在该图层的第1帧中使用椭圆工具画一个只有笔触没有填充颜色的椭圆，并运用任意变形工具，使得椭圆旋转一定的角度。然后在第30帧处插入帧，如图4.51所示。

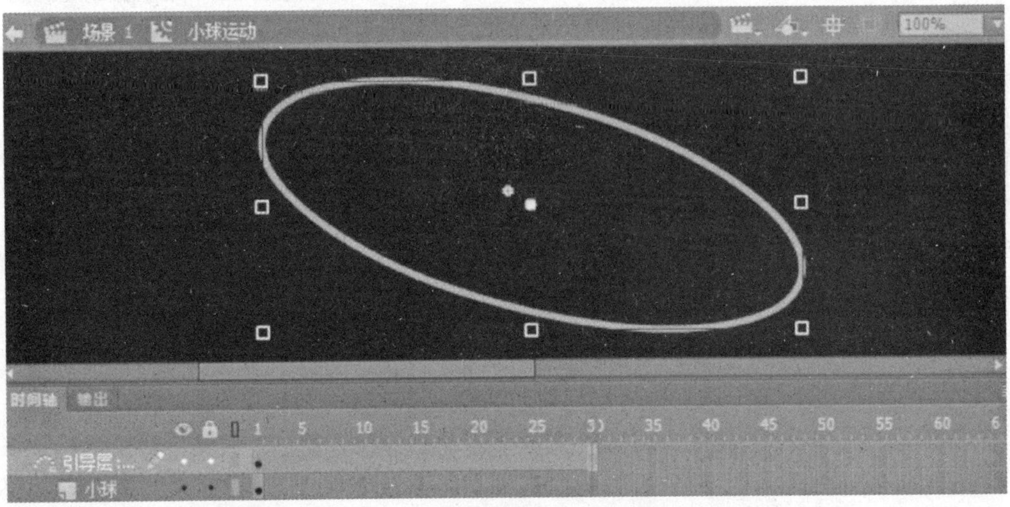

图4.51 添加传统运动引导层

(6) 首先，在时间轴面板上选中“小球”图层，在第1帧中将小球的中心点放在椭圆上；接着，在第10帧、第20帧和第30帧处分别插入关键帧；再对第10帧和第20帧的小球位置做一定的改动，注意，操作时一定要把小球的中心点放在椭圆上；最后，分别在第1帧、第10帧和第20帧上创建传统补间动画。“小球”图层各关键帧的内容如图4.52所示。

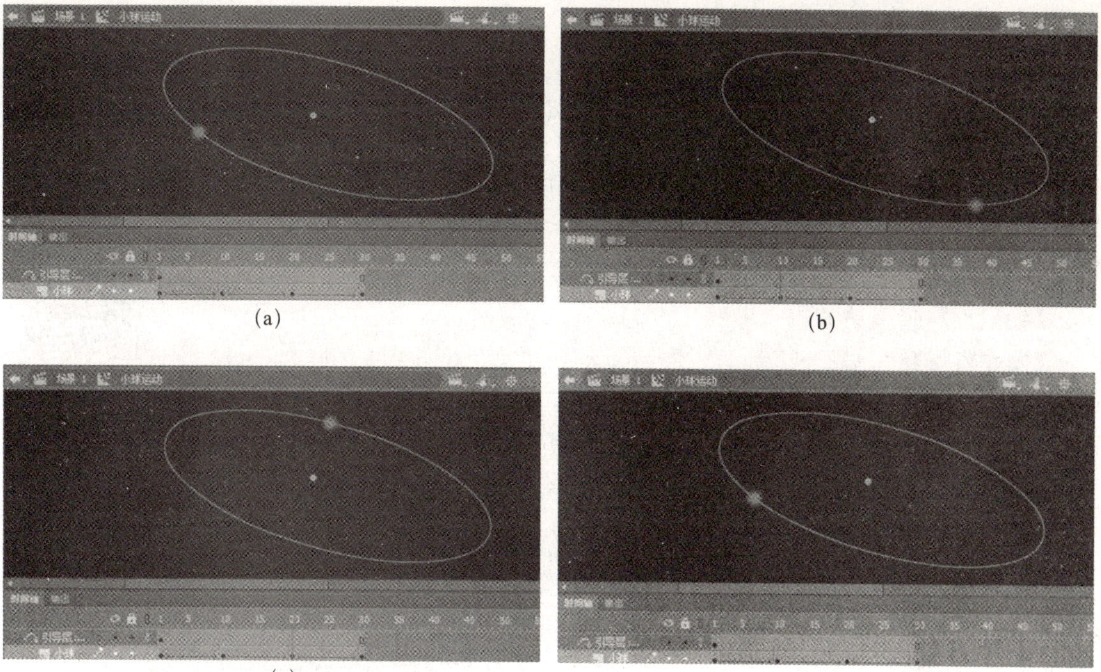

(a)　(b)

(c)　(d)

图4.52　“小球”图层各关键帧的内容

（7）回到场景1，在库面板里把“小球运动”影片剪辑元件拖到地球图片附近，如图4.53所示。此时动画完成，可以按Ctrl+Enter组合键测试效果。

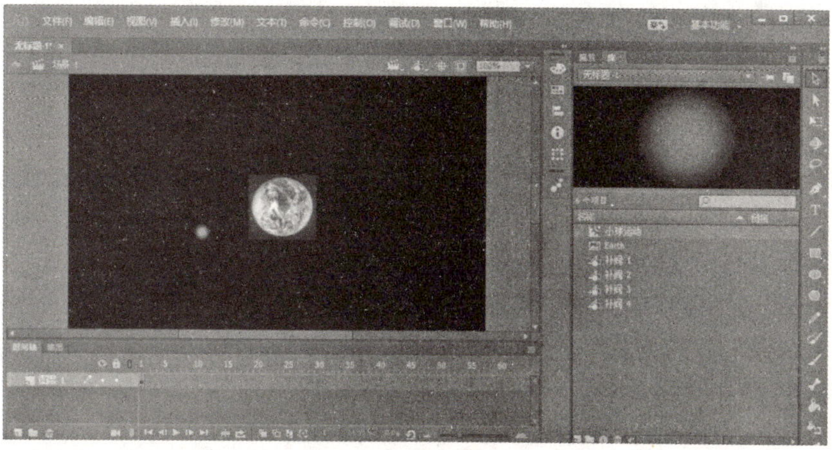

图4.53　最终效果

Tips 引导路径动画最基本的操作就是使一个运动动画附着在引导线上，操作时应特别注意，被引导对象的起始点和终止点的两个中心点一定要对准引导线的两端。

3. 遮罩动画

在Animate中，遮罩就是通过遮罩图层中的图形或者文字等对象，透出下面图层中的内容。在Animate动画中，遮罩主要有两种用途：一种是用在整个场景或一个特定区域中，使场景外的对象或特定区域外的对象不可见；另一种是用来遮罩住某个元件的一部分，从而实现一些特殊的效果。

遮罩层包含用作遮罩的对象，这些对象用于隐藏其下方的选定图层部分。被遮罩层中的对象只能透过遮罩层中的对象显现出来，被遮罩层可使用按扭、影片剪辑、图形、位图、文字、线条等。在Animate作品中，常看到很多眩目神奇的效果，如水波、万花筒、百叶窗、放大镜、望远镜等。就是利用遮罩动画的原理来制作的。下面将以放大镜为例来介绍在Animate中制作遮罩动画的基本方法。

【例4-7】遮罩动画：放大镜。

【知识点】遮罩动画。

【操作步骤】

操作视频

(1) 新建一个文档，舞台大小为默认设置，颜色为白色。

(2) 在图层1的第1帧中，使用文本工具在舞台上输入一个单词“hello”，并在其属性面板上将属性设置为如图4.54所示。然后，在第30帧处插入帧，并重命名图层1为“小字”。

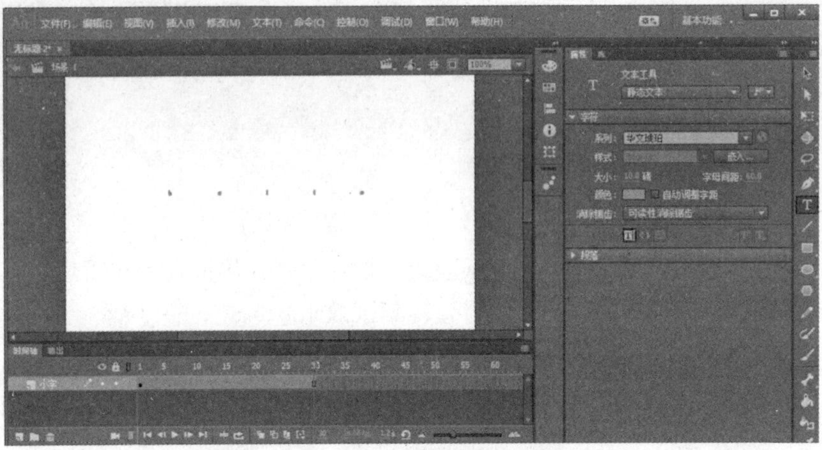

图4.54　小字文本属性的设置

(3) 新建图层2，重命名为“放大镜”，并把“放大镜.png”导入舞台中。接着，将放大镜图形放在左边第一个字母上方；然后在第30帧处插入关键帧，并将放大镜移动到最右边的一个字母上方；最后单击第1帧，创建传统补间动画。效果如图4.55所示。

(4) 在“放大镜”图层上方新建图层3并重命名为“大字”，使用文本工具在该图层第1帧中输入“hello”，接着修改文本的属性，如图4.56所示，使得“大字”图层中各字母能够覆盖“小字”图层中对应的字母。

Tips 为了更好地完成这一步，可以把“放大镜”图层暂时隐藏起来。选中“放大镜”图层，单击时间轴面板上的即可实现该图层的隐藏或显示。

(5) 令“放大镜”图层可见之后，在“大字”图层上方新建图层并命名为“遮罩”。在该图层第1帧中用椭圆工具画一个填充颜色非空且比放大镜镜片稍小的圆形，并将其放置在放大镜的镜片内。接着，在第30帧处插入关键帧，双击该圆形并把它拖动到放大镜的镜片内。最后，在第1帧上创建传统补间动画。效果如图4.57（a）所示。

(6) 在时间轴面板上右击“遮罩”图层，从快捷菜单中选择“遮罩层”命令，会看到如图4.57（b）所示的效果。此时动画完成，可以按Ctrl+Enter组合键测试动画效果。

图4.55　“放大镜”图层

图4.56　“大字”图层

(a)“遮罩”图层的制作

(b)“遮罩”效果

图4.57　“遮罩”图层

4．骨骼动画

Animate骨骼工具提供了对骨骼动力学的有力支持。采用反动力学原理，利用骨骼工具可实现多个符号或物体的动力学联动。骨骼动画就是建立具有互相连接的“骨骼”的结构（骨架），通过改变骨骼的朝向和位置而生成的动画。下面将通过一个作品来介绍在Animate中制作骨骼动画的基本方法。

【例4-8】骨骼动画：摇摆的水草。

【知识点】骨骼动画。

【操作步骤】

操作视频

(1) 打开例4-1完成的“热带鱼.fla”文件。

(2) 在所有图层的第30帧处插入帧。

(3) 选择“水草”图层第1帧，选中舞台最右边水草，按Ctrl+B组合键将其分离，如图4.58所示。

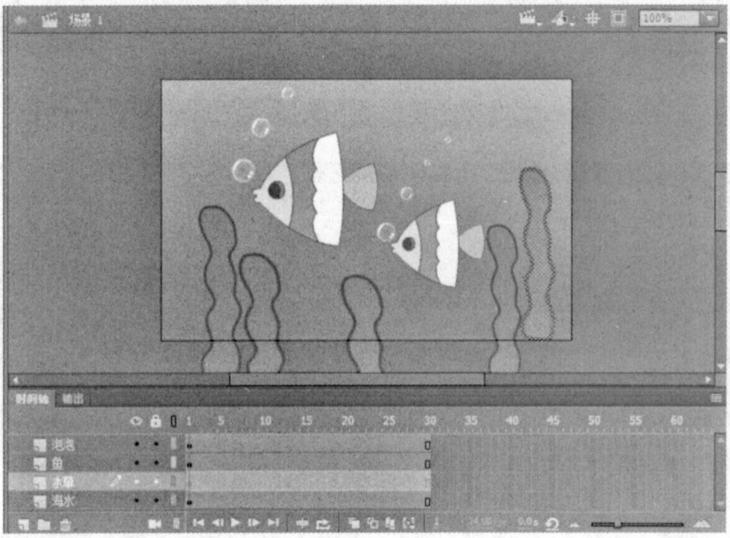

图4.58　将水草分离成形状

(4) 单击工具栏中的骨骼工具，从水草的底部开始向上拖动到第一个弯曲处创建第一个骨骼。这时，在时间轴面板“水草”图层的上方会自动添加一个“骨架_1”图层，并把添加了骨骼的实例对象从原图层转入到骨架图层中，如图4.59所示。

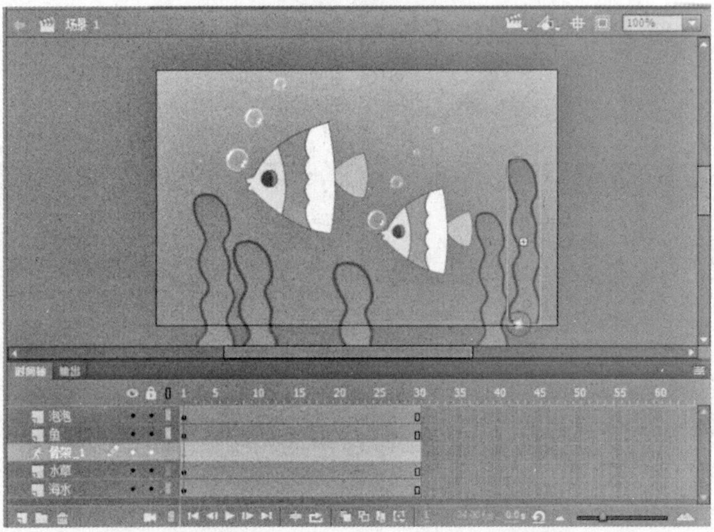

图4.59　添加第一个骨骼

(5) 单击第一个骨骼末端，用类似的方法在水草内部继续创建若干个骨骼，直至所有骨骼形成一条链且贯穿一整根水草，如图4.60所示。利用选择工具▶左右拖动最顶端的骨骼尾部，就可以看见水草摇摆的动画效果了。选择水草第一个骨骼的尾部，当鼠标指针变为图钉形状时，单击，此时在属性面板的“位置”栏中会自动勾选“固定”复选框，这是为了防止水草在摇动过程中根部运动而脱离水底。

Tips　使用部分选取工具▶可以移动形状内的骨骼连接点，而使用任意变形工具▣则可以对整个骨架进行平移或旋转。

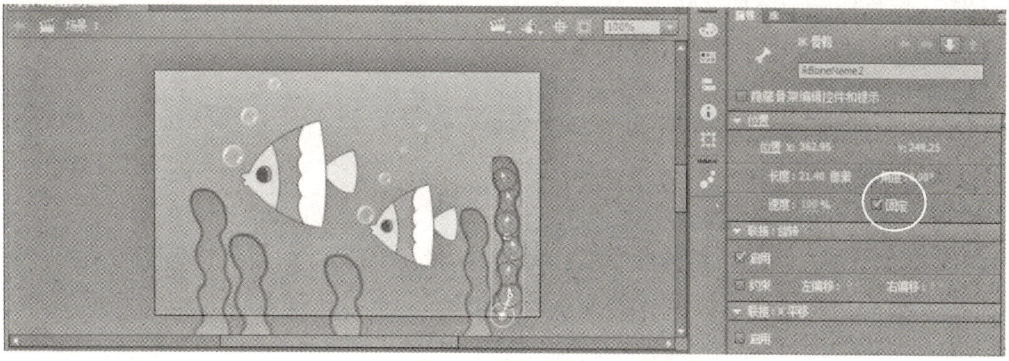

图4.60　骨架结构

(6) 在“骨架_1”图层第30帧上右击，从快捷菜单中选择“插入姿势”命令，插入一个姿势帧，然后利用选择工具▶拖动最顶端的骨骼尾部，改变水草的姿态。

(7) 单击“骨架_1”图层，打开其属性面板（如图4.61所示）。设置缓动可以对骨架的运动进行加速或减速，在“类型”下拉列表中提供了多种类型的缓动选项；强度代表缓动的方向，其中正值表示缓出，而负值表示缓入。骨架的选项有两种类型：创作时骨架和运行时骨架。创作时骨架指的是那些可以在时间轴中设置姿势的骨架，在播放动画时可以直接看到效果；而运行时骨架是允许用户在播放动画时更改姿势的一种骨架，因此在制作时只能定义一种姿势。

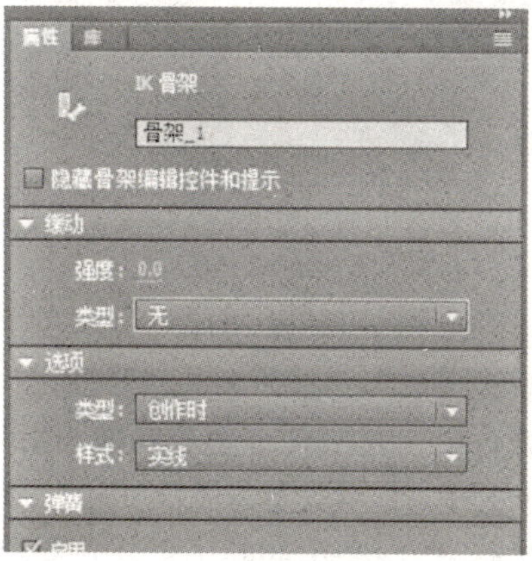

图4.61　骨架的属性

(8) 保存文档并测试影片。

Tips　在制作骨骼动画的过程中，需要注意的是，在调节过程中骨骼两个关键姿势间的差别不宜过大，差别过大容易产生形状的过度变形；另外，拖动骨骼的速度不宜太快，这样其他的骨骼才能及时地跟随。

4.3.5 程序动画的制作

前面介绍的例子都是时序播放型动画，动画制作完成后可以按既定的顺序播放，而不需要人为地输入指令。若要实现动画的交互性，即在动画的播放过程中需要人为输入指令来决定动画下一步播放的内容或者控制动画中某些对象的行为，则需要编写程序代码。这种动画称为程序动画。Animate支持使用JavaScript和Action Script 3.0来实现动画的交互性。由于程序动画的制作需要掌握一定的程序设计基础，因此，在本章中仅给出一个简单的例子。

【例4-9】程序动画：抽奖转盘。

【知识点】程序动画；按钮元件；动作。

【操作步骤】

操作视频

(1) 新建HTML5 Canvas文档。

(2) 建立背景图层。

① 把“背景.jpg”导入舞台中。

② 单击背景图片，打开其属性面板，可以看到图片的尺寸，如图4.62所示。由于图片尺寸与舞台尺寸不一致，因此选择“修改”→“文档”命令，在打开的“文档设置”对话框中把舞台大小改成与图片尺寸一致的宽和高，如图4.63所示。

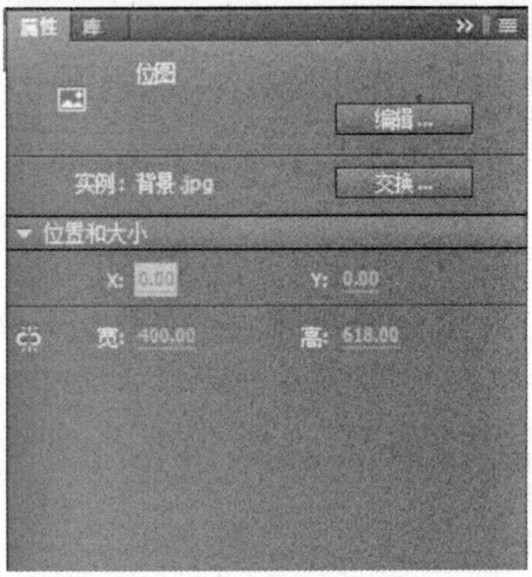

图4.62 查看图片尺寸

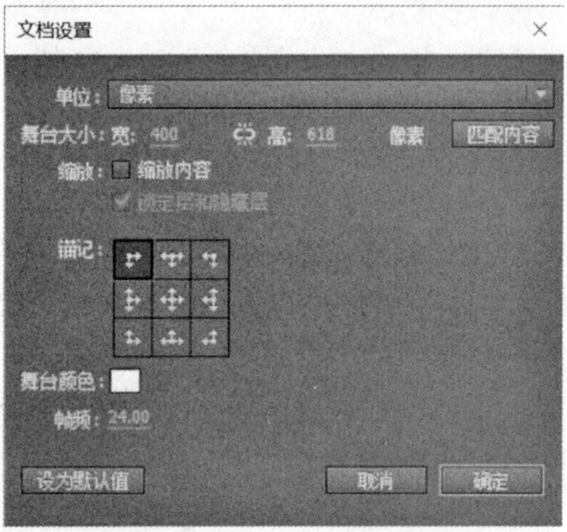

图4.63 设置舞台大小

③ 重命名图层1为“背景”，并在第120帧处插入帧。

(3) 建立“转盘”图层，并制作转盘转动动画。

① 在“背景”图层上方新建图层，并重命名为“转盘”。

② 把“转盘.png”导入舞台中，并把转盘图形转换为影片剪辑元件，命名为“disc”。调整好转盘的位置，使得转盘能够完全覆盖背景图层的转盘。

③ 在第30帧处插入关键帧，然后在第30帧中创建传统补间动画，其属性面板设置如图4.64所示。

Tips 在进行自定义缓动设置时，单击缓动曲线两端的黑色控制点，可以看到连接到该控制点上的一条控制线，单击控制线上圆形的端点可以改变缓动曲线弯曲的方向与程度。

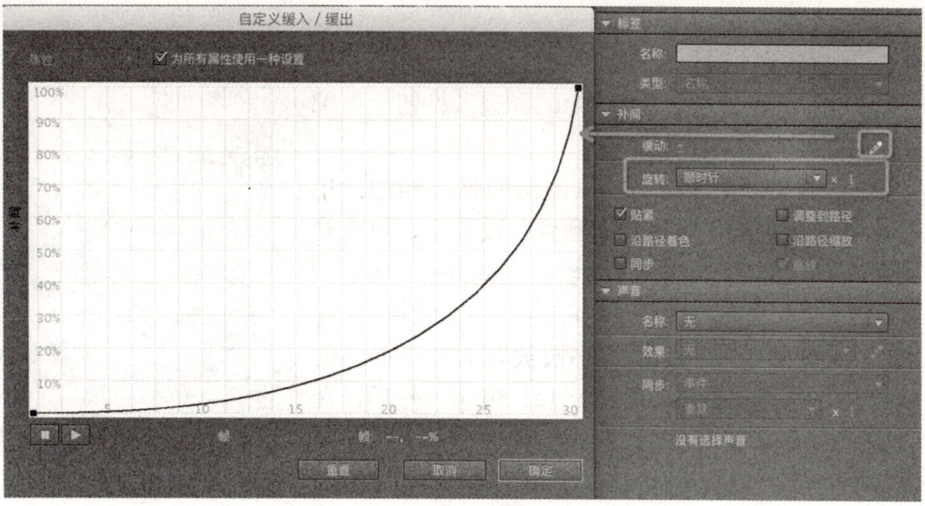

图4.64　第1个传统补间动画的属性设置

④ 在第90帧处插入关键帧，然后在第30 ~ 90帧之间创建传统补间动画，其属性面板设置如图4.65所示。

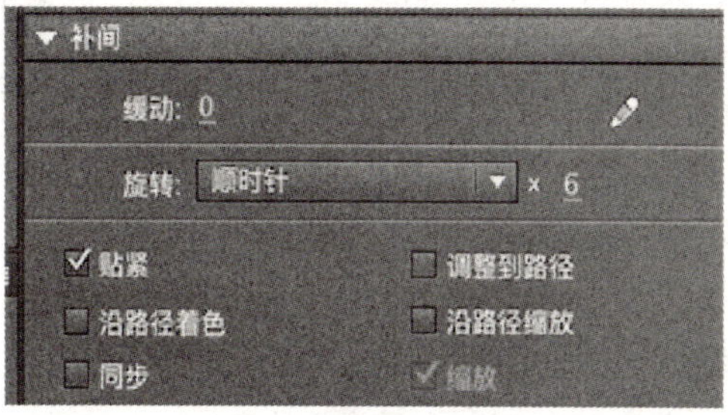

图4.65　第2个传统补间动画的属性设置

⑤ 在第120帧处插入关键帧，然后在第90 ~ 120帧之间创建传统补间动画，其属性面板设置如图4.66所示。

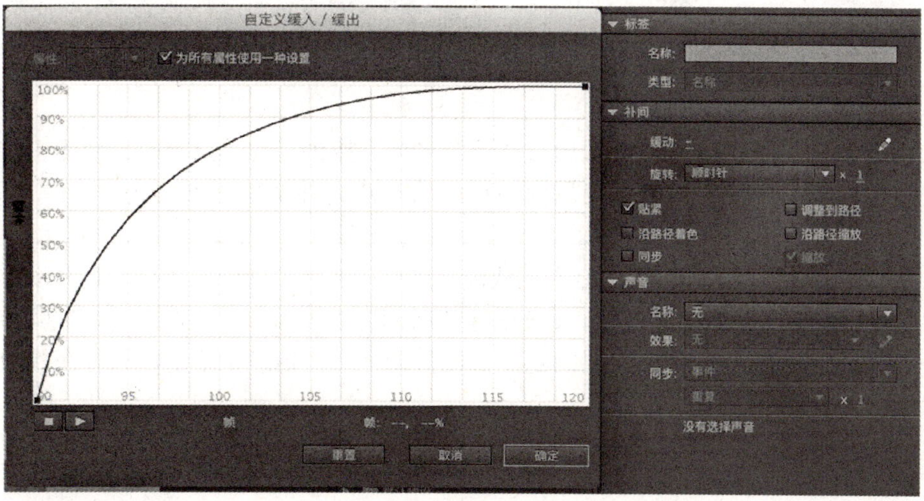

图4.66　第3个传统补间动画的属性设置

⑥ 按Enter键观看转盘转动的效果。

（4）制作按钮元件。

① 新建按钮元件，并命名为“btn”，进入按钮元件编辑环境。

② 重命名图层1为“圆”。在该图层的弹起帧中，用椭圆工具拖出一个正圆，并将其笔触颜色设为无，填充颜色设为两种不同的绿色之间的线性渐变，如图4.67所示。接着，复制出一个同样的正圆，用任意变形工具将其旋转180°，等比例缩小一点，再将小圆放在大圆上面，使得两个圆的圆心重合，效果如图4.68（a）所示。然后，在“圆”图层的点击帧中插入帧。

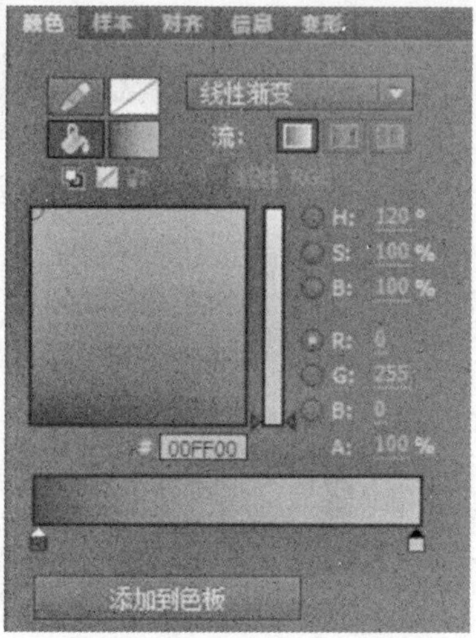

图4.67　按钮颜色设置

③ 新建图层2，重命名为“字”。在弹起帧中使用文本工具输入灰色的文本“GO”；接着在指针经过帧中插入关键帧，并把文本“GO”设置成白色，如图4.68（b）所示，这样使得鼠标指针经过按钮时文本会变亮；然后在按下帧中使用任意变形工具把文本“GO”稍微缩小一些，这样就可以把鼠标单击按钮的动作呈现出来。

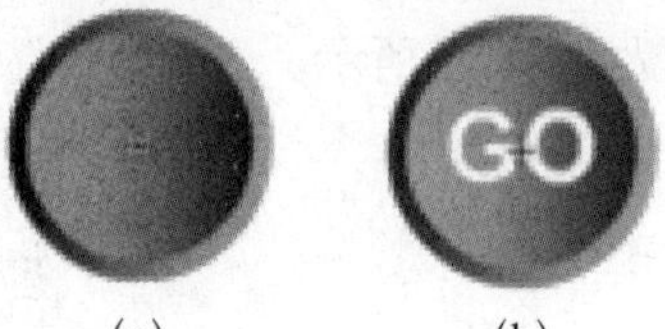

（a）　（b）

图4.68　按钮效果

④ 在“圆”图层的弹起帧中，使用部分选取工具单击按钮轮廓正下方，会出现若干控制点，如图4.69（a）所示；按住中间最下面的那个控制点往下拖出一个小尖角，如图4.69（b）所示。

⑤ 完成按钮元件的编辑，其时间轴面板如图4.70所示。退出按钮编辑环境，回到场景1。

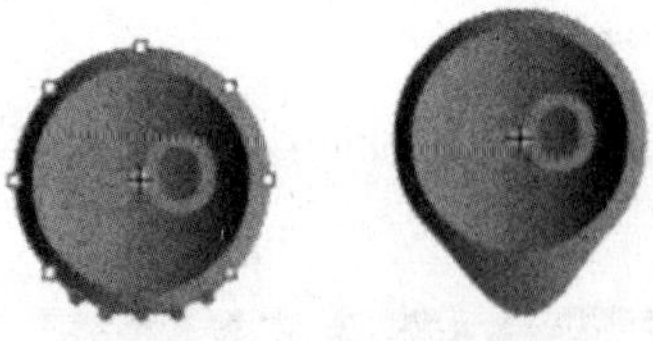

（a）　（b）

图4.69　给按钮拖出尖角

图4.70　按钮元件的时间轴面板

（5）给按钮元件增加交互功能。

① 在“转盘”图层上方新建图层，并重命名为“按钮”。在第1帧中，从库中拖出按钮元件，放在转盘的中间；接着，在属性面板中将按钮元件实例重命名为“btn”，如图4.71所示。

② 在“按钮”图层的第1帧上右击，从快捷菜单中选择“动作”命令，打开动作编辑窗口，并在代码编辑区中输入程序代码，如图4.72所示。当帧添加了动作之后，在帧编号上会出现一个“a”图标。这段程序代码的功能是使得动画一开始静止不动，只有在按钮被按下时，才从第1帧开始播放。

图4.71　应用按钮元件的实例

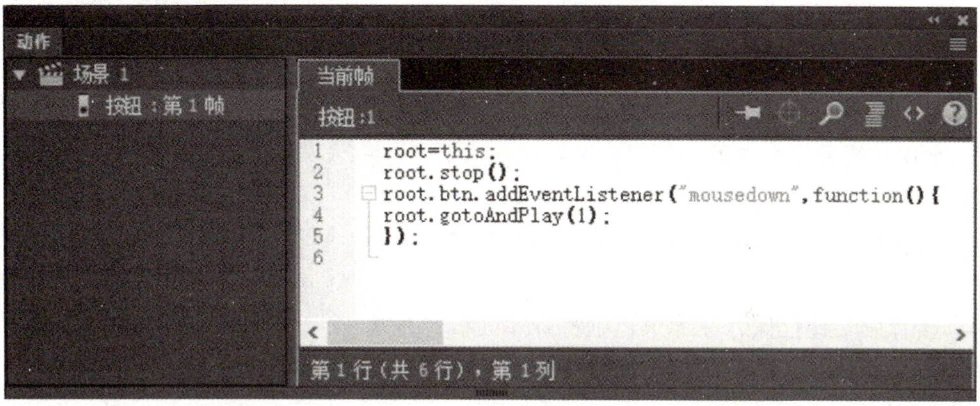

图4.72　第1帧代码

（6）保存并测试影片。

4.4　Animate CC 2017添加音效

精美的动画若能配上音效、人物对白或者背景音乐，会使得动画作品锦上添花，更能吸引观众。Animate提供多种使用声音的方式，不仅可以使声音独立于时间轴连续播放，也可以使用时间轴将动画与音轨保持同步。

Animate支 持WAV（.wav）、AIFF（.aif和.aifc）、MP3、Sound Designer II（.sd2）、Sun AU（.au和.snd）、FLAC（.flac）、Ogg Vorbis（.ogg和.oga）及Adobe Soundbooth本身的声音格式（.asnd）等多种声音格式。在动画中导入声音需要使用大量的磁盘空间和内存。MP3文件经过了压缩，比WAV或AIFF文件小。若要导入WAV或AIFF文件，最好使用16~22 kHz单

声道（立体声使用的数据量是单声的两倍）。Animate可以导入采样比率为11 kHz、22 kHz 或44 kHz的8位或16位的声音。将声音导入Animate时，如果声音的记录格式不是11kHz的倍数（例如8kHz、32kHz或96kHz），将会重新采样。在导出时，Animate会把声音转换成采样率更低的声音。

4.4.1 声音的导入

要导入音频，可使用以下方法。

① 要将音频文件导入库中，可选择“文件”→“导入”→“导入到库”命令，然后选择要导入的文件。

② 要将音频文件导入舞台中，可选择“文件”→“导入”→“导入到舞台”命令，然后选择要导入的文件。

③ 将音频文件直接拖放到舞台中。

上述第1种方法只是将音频放入库中，而不会将其放到时间轴中。使用第2种和第3种方法导入音频时，音频将被放到活动层的活动帧上。因为1帧中只能包含一个音频，因此即使拖放多个音频文件，也只能导入一个音频文件。

4.4.2 为动画添加声音

在时间轴面板中选中需要添加声音的关键帧后，为动画添加声音的方法有三种。

① 将音频文件导入舞台中。

② 直接将计算机中的音频文件拖放到舞台或者时间轴中。

③ 若音频文件已保存在库里，则打开库面板，直接将库中的音频文件拖放到舞台或者时间轴中；或者打开帧的属性面板（如图4.73所示），在“声音”栏的“名称”下拉列表中选择音频文件。

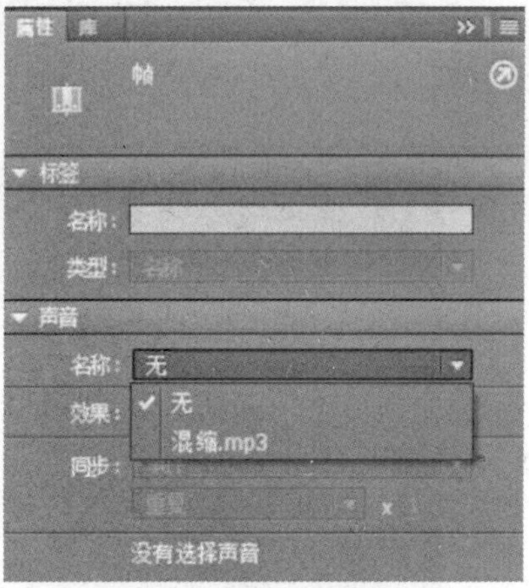

图4.73　选择音频文件

4.4.3 设置声音效果

在添加了声音之后，可以打开属性面板，在“声音”栏的“效果”下拉列表中选择声音播放效果，也可以单击按钮打开“编辑封套”对话框自定义声音效果，如图4.74所示。在“编辑封套”对话框中，声音的左、右声道的波形被分别显示在对话框上、下两部分，这两部分的顶部各有一条初始是直线且位于顶部区域的控制线。控制线的作用是调节声音的音量。其所在位置越高，音量就越大。在这些控制线上单击可以增加控制点；按住控制点向对话框外面拖动可以删除控制点。

上、下声波区域中间的标尺对应着时间轴，时间轴最左边有一个滑块用于控制声音播放的起始位置。在默认情况下，时间轴的单位是秒，也可以单击对话框右下角的按钮切换为以帧为单位。在查看声波时，可以单击这两个按钮来对声波视图进行缩放。设置后如图4.75所示。

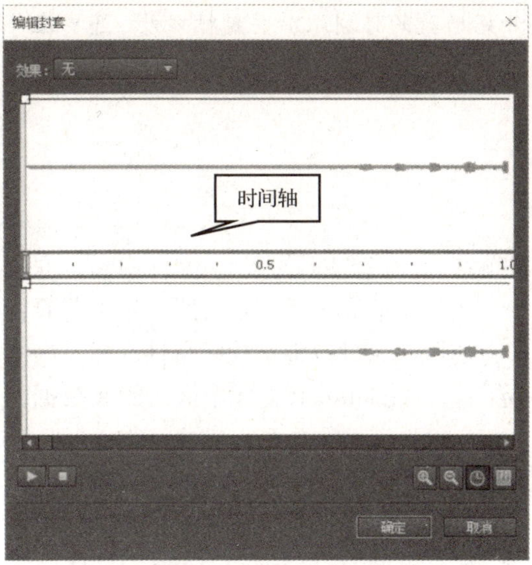

图4.74　“编辑封套”对话框

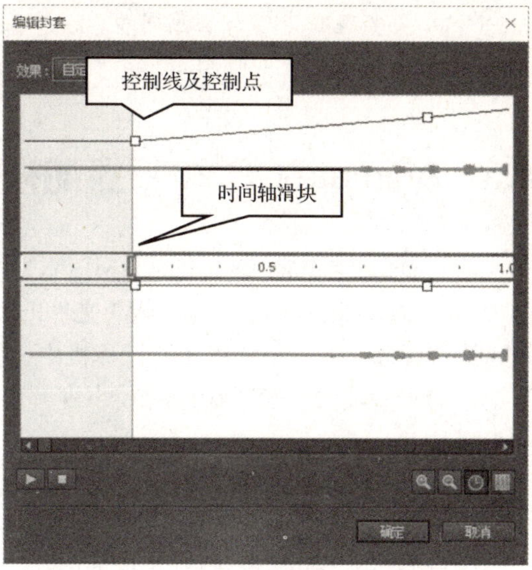

图4.75　编辑声音效果

4.4.4　使声音与动画同步

Animate 中有两种声音类型：事件声音和流声音（音频流）。事件声音必须完全下载后才能开始播放，除非明确停止，否则它将一直连续播放。流声音在前几帧下载了足够的数据后就开始播放；流声音要与时间轴同步以便在网站上播放。在添加了声音之后，在属性面板中，“声音”栏的“同步”项有两个下拉列表，第一个下拉列表中选项的具体含义可参考表4.5。

表4.5　声音播放方式

选　项	含　义
Event	将声音和一个事件的发生过程同步起来。当事件声音的开始关键帧首次显示时，事件声音将播放，并且将完整播放，而不管播放头在时间轴上的位置如何，即使 SWF 文件停止播放，也会继续播放事件声音。当播放发布的 SWF 文件时，事件声音会混合在一起。事件声音正在播放时，如果声音被再次实例化（例如，用户再次单击按钮或播放头通过声音的开始关键帧），那么声音的第一个实例继续播放，而同一声音的另一个实例同时开始播放。在使用较长的声音时要记住这一点，因为它们可能发生重叠，导致意外的音频效果
开始	与“事件”选项的功能相近，但是如果声音已经在播放，则新声音实例就不会播放
停止	使指定的声音静音
流	同步声音，以便在网站上播放。Animate会强制动画和音频流同步。如果Animate绘制动画帧的速度不够快，它就会跳过帧。与事件声音不同，音频流会随着SWF文件的停止而停止。而且，音频流的播放时间绝对不会比帧的播放时间长。当发布SWF文件时，音频流将混合在一起。音频流的一个示例就是动画中一个人物的声音在多个帧中播放。Animate会记住属性面板中的音频同步选项。如果声音是从属性面板中的“声音”部分选择的，则在属性面板中对一个新的帧设置另外一个声音时，Animate会记住前一个声音的同步选项“流”或“事件”

在第二个下拉列表中，如果要指定声音应循环的次数，可以选择“重复”然后在其右侧输入一个值；或者选择“循环”以连续播放声音。要连续播放，需要输入一个足够大的数值，以便在持续时间内播放声音。例如，若要在15分钟内循环播放一段15秒的声音，可以输入60。不建议循环播放音频流。如果将音频流设为循环播放，帧就会添加到文件中，文件的大小就会根据声音循环播放的次数而倍增。

Tips 要实现将声音与动画同步，除了在声音开始播放的时刻添加关键帧之外，还要在停止播放声音的时刻添加关键帧。

4.5 Animate CC 2017添加视频

Animate只能播放FLV、F4V和MPEG等特定视频格式。将视频导入FLA文件中后，它会增加Animate文件及随后发布的SWF文件的大小。当用户打开动画时，无论用户是否观看视频，该视频都会被下载至用户的计算机中，因此，在使用视频时应根据视频特性选择不同的方法。对于播放时间少于10秒的较小视频剪辑，可以直接在Animate文件中嵌入视频数据，其步骤如下。

（1）选择“文件”→“导入”→“导入视频”命令。

（2）在打开的“导入视频”对话框中，单击“浏览”按钮选择需要导入的视频。

（3）选择“将FLV嵌入SWF中并在时间轴中播放”选项，将FLV嵌入Animate文件中并放在时间轴中，然后单击“下一步”按钮。

（4）选择用于嵌入视频的元件类型，可供选择的类型及说明如下。

- 嵌入的视频：视频剪辑将在时间轴上线性播放。
- 影片剪辑：视频的时间轴独立于主时间轴进行播放。
- 图形：选择该选项，将无法使用ActionScript与视频进行交互。

（5）选择将视频剪辑直接导入舞台或者库中。在默认情况下，视频剪辑会被直接导入舞台中，并根据视频剪辑的播放长度对时间轴进行扩展。若选择导入库中，则在应用视频时采用类似于添加声音的第3种方法添加视频，这里不再赘述。

（6）单击“下一步”按钮，确认无误后单击“完成”按钮。

若使用的视频剪辑播放时间较长，或者使用可变的帧速率，可以采用从Web服务器渐进式下载或Adobe Media Server流式加载视频的方法导入视频剪辑，这两种方法可以使视频文件独立于Animate文件，使得随后生成的SWF文件相对较小。关于这两种方法的详情可参阅Adobe官网的帮助文档。

本 章 小 结

本章主要介绍动画的基础知识，并以Animate为平台，介绍了动画制作和处理的基本技能和方法，包括动画的基本概念，利用软件制作动画的基本过程等。利用Animate进行动画制作或处理的过程大致可以分为以下几个步骤。

① 确定动画要执行的基本任务。

② 创建文档，创建或导入所需要的媒体元素。

③ 根据计划将媒体元素排列在舞台和时间轴上。

④ 添加特殊效果。

⑤ 如果要实现与用户交互的效果，则要编写程序代码来控制媒体元素的行为。

⑥ 测试并发布应用程序。

有了创意剧本，就可以按照上述步骤制作动画作品。

练习与思考

一、单项选择题

1. 要将含有多个字符的文本块转化为单个字符的文本块，下列描述操作正确的是（　　）。
   A）选择“修改”→“分离”命令　　B）选择“修改”→“转换为元件”命令
   C）通过Ctrl+G组合键得到　　D）以上说法都对
2. Animate产生的矢量图动画文件具有的优点不包括（　　）。
   A）体积小　　B）交互形强　　C）放大不失真　　D）颜色差
3. 动作面板主要实现由（　　）控制动画。
   A）帧　　B）程序　　C）属性　　D）层
4. 当鼠标指针停在某个按钮元件实例上方的时候，显示的是该元件（　　）的内容。
   A）弹起帧　　B）单击帧　　C）按下帧　　D）指针经过帧
5. 矩形工具绘制的矩形对象包含两个部分，它们是（　　）。
   A）边框的线条和其中的填充　　B）边框的线条和颜色
   C）内部填充和颜色　　D）内部填充和文字
6. 下面说法正确的是（　　）。
   A）设置文本颜色时，可以使用纯色，也可以使用渐变
   B）逐帧动画中，需要人工创建一个动作的起始帧和结束帧两个关键帧
   C）选择选择工具，然后双击文本块可以选中文本对象，如果要对其中的文字对象进行编辑，则用选择工具单击文本对象，进入文本对象的编辑状态后进行操作
   D）元件是指在Animate中创建的图形、按钮、影片剪辑等可以自始至终在影片中重复使用的资源
7. 下列有关作品优化原则的说法不正确的是（　　）。
   A）尽可能使用WAV 这种声音格式文件
   B）尽量使用补间动画，避免使用逐帧动画
   C）限制每个关键帧中的改变区域
   D）使用位图图像作为背景或静态元素

二、多项选择题

8. 元件的类型包括（　　）。
   A）图形　　B）按钮　　C）影片剪辑　　D）图像
9. 以下关于电影剪辑特点的叙述中，正确的是（　　）。
   A）可以嵌套其他的电影剪辑实例　　B）可以包含交互式控件、声音
   C）可以用来创建动态按钮　　D）拥有自己独立的时间轴
10. 以下各项中，（　　）是使用元件的好处。
   A）使动画的编辑简单化　　B）使文件大小显著缩减
   C）使动画的播放速度提高　　D）使动画的下载速度提高

11. 下列关于关键帧说法正确的是（　　）。

A）关键帧是指在动画中定义的修改所在的帧

B）修改文档的帧动作的帧

C）可以在关键帧之间补间或填充

D）可以在时间轴中排列关键帧，以便编辑动画中事件的顺序

三、简答题

12. 什么是动画？动画的原理是什么？
13. 关键帧的作用是什么？
14. 什么是元件？元件的作用是什么？
15. 影片剪辑元件有什么特点？
16. 形状补间动画和动作补间动画有哪些联系与区别？

四、操作题

17. 利用逐帧动画的原理制作一个红绿灯变化动画。
18. 利用形状补间动画的原理制作一个从文字“China”到文字“中国”的变形动画。
19. 利用引导路径动画的原理制作一个小球弹跳的动画。
20. 利用遮罩动画的原理制作一个百叶窗动画。
21. 利用骨骼动画的原理制作一个毛毛虫爬行的动画。
22. 制作一个带音效的按钮元件。

第5章

视频制作与处理

视频可以记录和还原真实世界的动态影像，因此，一直是深受人们喜爱的媒体形式。随着人们的生活越来越丰富，摄像机、照相机、手机等视频拍摄功能越来越普及，会声会影、iMovie等家庭式视频编辑软件的操作也日趋简便化，视频的拍摄、制作与处理已经成为日常生活的一部分。

除了通过观看电视、电影、网络视频享受视频带来的快乐外，越来越多的人希望将自己拍摄的视频（如同学聚会、家庭朋友聚会、社团活动、宿舍生活、项目实践、旅游片段、宝宝成长记录、公司活动等）编辑后制作成视频片段，导入手机等移动设备，或发布到优酷、土豆等视频共享网络，与他人分享。

可以说，在学习、工作和生活中都需要动手制作视频。视频技术包含视频的采集、编码、存储、输出、传送和分享等方面。随着技术的发展，视频制作的方法也由原来单纯依靠摄像机实景拍摄发展到使用多种影像设备实景拍摄结合计算机图像技术（Computer Graphics，CG）的新阶段。目前，桌面数字视频（Desktop Digital Video）技术应用越来越广泛，成为多媒体应用的重要组成部分，特别是其主要应用之一的桌面视频制作（Desktop Video Production，DVP）的快速发展，使视频制作走进千家万户。

5.1 视频基础知识

视频（Video）是指内容随时间变化的一组动态图像，以一定速度连续播放产生平滑、动态感觉，也称运动图像、活动图像或时变图像。

5.1.1 视频呈现原理

人之所以感觉到动态的视频，能在脑海中形成动态的影像，其主要原因是人类的视觉具有视觉暂留（Persistence of vision）和似动现象（Apparent movement）两个特点。

1. 视觉暂留

人眼在观察景物时，光信号传入大脑神经，需经过一段短暂的时间，光的作用结束后，视觉形象并不立即消失，这种残留的视觉称为“后像”，视觉的这一现象则被称为“视觉暂留”，又称余辉现象。这是由英国伦敦大学教授皮特·马克·罗葛特于1824年在他的研究报告《移动物体的视觉暂留现象》中最先提出的。由于物体颜色、光照强度等的不同，其视觉暂留的时长有所差异，对于中等亮度的物体，视觉暂留时间一般约为1/20秒。

2. 似动现象

似动现象是20世纪德国著名心理学家惠特海默最先发现的，他先后呈现一条垂直、一条水平的发亮线段，当呈现的间隔短于0.03秒时，人们感觉这两条线段是同时出现的；当间隔长于0.2秒时，人们感觉这两条线段是先后出现的；当间隔约0.06秒时，人们感觉到这两条线段是前后出现的，呈运动状态。

5.1.2 蒙太奇视频编辑基本方法

最初的视频在制作时都是通过记录连续的长镜头得到的。而法国人乔治·梅里埃等人于1899年开始尝试“停机再拍”，在后期编辑时将不同的场景、变化的角度、不同的景别等镜头组合在一起，使视频不仅可以再现现实，还可以创造不同的现实意义，从而开启了蒙太奇视频编辑方法之门。

蒙太奇音译于法语Montage，是音译的外来语，原来是一个建筑学术语，意思为构成和装配。视频的蒙太奇是指对视频画面镜头的分切与组合，包括画面与画面、画面与声音之间组接的具体技巧和方法，是视频编辑的基本方法。不同时间、不同地点拍摄的视频使用蒙太奇的编辑手法，可以使无序的画面变得有序，激发观众的联想，引发观众的共鸣，创造虚拟的时空关系。蒙太奇一般可以分为以下两种。

1. 叙事蒙太奇

叙事蒙太奇由美国电影大师格里菲斯等人首创，是影视片中最常用的一种叙事方法，它的特征是，以交代情节、展示事件为主旨，按照情节发展的时间流程、因果关系来分切组合镜头、场面和段落，从而引导观众理解剧情。例如，按时间顺序记录花朵生长的过程。这种蒙太奇组接脉络清楚，逻辑连贯，明白易懂。

2. 表现蒙太奇

表现蒙太奇则不完全遵照时间、空间的顺序来组接画面，而是强调画面之间的内部联系，以相连的或相叠的镜头、场面、段落在形式上或内容上的相互对照、冲击，产生比喻、象征的效果，引发观众的联想，创造更为丰富的涵义，从而表达某种心理、思想、情感和情绪。例如，在表现人物心情低落的时候，加入下雨等镜头能更好地渲染郁闷的气氛。

5.1.3 视频格式

视频格式是一个非常复杂的概念，包括视频的编码方式、封装格式和文件格式。

1. 视频编码方式

视频编码方式简称视频编码，是指对数字视频文件进行压缩和解压的技术。目前，国际上通用的编码方式有两种：一种是国际电信联盟（ITU-T）主导的H.26x标准（见表5.1）；一种是由国际标准组织（ISO）下属的运动图像专家组（MPEG）开发的MPEG标准（见表5.2）。

表 5.1　H.26x系列编码

序　号	编码方式	主要应用
1	H.261	用于老的基于ISDN的网络会议、视频电话等双向视频
2	H.263	用于视频会议、视频电话、网络视频
3	H.264/AVC	等同于MFEG-4的第十部分，是广泛使用的高精度视频的录制、压缩和发布格式
4	H.265	高效率视频编码，支持4k、8k分辨率，属于下一代编码技术

表 5.2　MPEG系列视频编码

序　号	编码方式	主要应用
1	MPEG-1	主要用于VCD视频，视频分辨率相当于VHS质量视频
2	MPEG-2	用于DVD等数字视频，清晰度一般为标清电视分辨率
3	MPEG-4第二部分	用于网络传输、视频广播等视频
4	MPEG-4第十部分	和H.264是相同的标准，是目前最优化的视频编码方式

2. 视频封装格式

视频封装格式也叫视频容器，是指将已经编码好的数字视频、数字音频、字幕等放在一个文件中，使之能同步放映。封装格式一般由不同的公司开发，主要格式如表5.3所示。

表 5.3　主要视频封装格式

序　号	封装格式	特　点	文件格式
1	AVI	图像质量好、使用率高，文件大，压缩标准不统一	.avi
2	Quick Time File Format	Apple公司开发，具有较高的压缩率、较好的清晰度	.mov
3	MPEG	其主要部分MPEG-4用于流媒体高质量视频	.mpg，.mpeg，.mpe，.dat，.vob，.asf，.3gp，.mp4
4	WMV	方便网络流媒体视频的播放	.wmv
5	Real Video	具有较好的压缩率和清晰度，编码方式非公开	.rm、.rmvb
6	Flash Video	Adobe Flash开发的网络视频格式	.flv
7	Matroska	可以封装具有多种编码的视频、音频、字幕	.mkv

3. 视频文件格式

视频封装格式决定了视频的文件格式，采用与之一致的后缀名，如.avi、.mp4等。但由于视频格式的复杂性，具有相同编码方式的视频文件其后缀名可能会不一样，具有相同后缀名的视频文件其编码方式也未必相同。这就是为什么一个播放器有可能无法播放具有相同后缀名的所有视频的原因。

5.1.4 常用的视频编辑术语

1. 帧和场

视频信号的扫描从图像左上角开始，水平向右到达图像右边后迅速返回左边，并另起一行重新扫描。视频信号的每次扫描称为场。帧是视频技术常用的最小单位，一帧是指由两次扫描获得的一幅完整图像的模拟信号，帧频表示每秒扫描多少帧。

2. 分辨率

分辨率指帧的大小（Frame Size），表示单位区域内垂直和水平的像素数。在单位区域内，像素数越大，图像显示越清晰，分辨率越高。

3. 视频帧率

（1）视频帧率的概念

视觉具有视觉暂留和似动现象这两个产生动态影像的视觉基础，但要产生动态的视频，还需要组成视频的静态影像满足一定的播放速度。所记录的单一静态影像播放时间必须短于视觉暂留时间，观众才能产生流畅的动态感觉。这就涉及视频中最重要的概念之一，视频帧率（Frame rate）。

视频帧率是指视频每秒记录/播放的静态影像的数量。视频帧率越大，动作记录就越精细，视频的观看效果就越流畅。但视频帧率越大，视频数据量也会相应增大；加之人眼观看到的视觉精细度是有限的，一旦达到了人眼的极限程度，视频流畅度和细致度的感觉就不可能无限提升了。因此，视频帧率控制在合适的范围即可。

（2）视频帧率的大小

在电影视频的制作中，视频帧率为24fps（frames per second）。中国电视节目的帧率为25fps。制作PPT录屏视频时，考虑到PPT画面变化较慢，可以选择较小的帧率进行录制。

（3）高帧率视频

随着技术的发展，人们越发追求精致和卓越。近年来，超过24fps拍摄的“超高帧”电影不断出现。以每秒48帧画面频率拍摄的视频为例，即使把视频放映速度减慢一半，仍能达到每秒24帧的电影放映水平，因此，相比以往的24帧画面，高帧率视频能更好地表达慢动作镜头，带来更清晰稳定的画面和更强的身临其境感。

2016年11月，李安执导的《比利・林恩的中场战事》采用了120fps的帧率，提高了4倍帧率，更是进一步改变了人们的观影习惯，引领“超高帧”电影潮流。

5.1.5 常用的视频制作与处理软件

目前，家庭级视频的编辑处理基本上都是借助计算机进行非线性编辑的，不需要借助于视频采集卡等外部设备，就可以突破单一时间顺序编辑的限制。家庭级的视频制作与处理软件主要有Adobe Premiere、After Effect、Canopus的EDIUS、Movie Maker、会声会影、爱剪辑、剪辑师等。手机端的视频制作与处理APP主要有苹果系统的iMovie、安卓系统的小影等。

其中Adobe Premiere（见图5.1）和After Effect偏向于专业级别，功能强大，操作也稍复杂些。本节选择功能较强但操作相对简易的会声会影进行介绍。

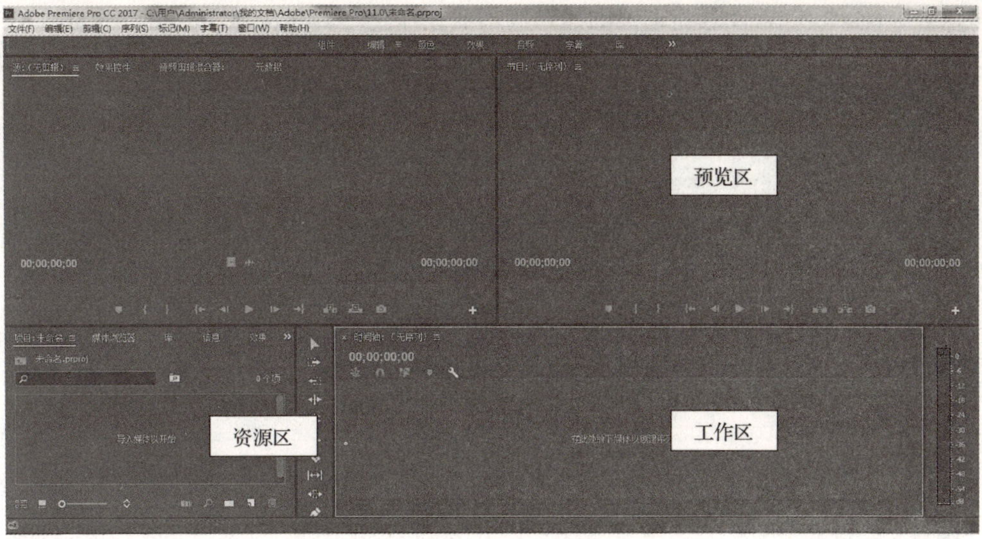

图5. 1　Adobe Premiere CC 2017主界面

5.2　屏幕视频录制软件

随着微视频在网络上的盛行，许多人利用PowerPoint、手写板等工具或软件，结合屏幕视频录制软件，制作视频。因此，屏幕视频录制是常见的视频制作方法，是多媒体应用软件的一个重要组成部分，主要用于辅助多媒体软件的制作。HyperSnap、HyperCam、Adobe Captivate、Camtasia Studio、Snagit、屏幕录像大师、屏幕录像专家等都是常用的屏幕视频录制工具。

以上的大部分工具均可以进行屏幕截图，Windows操作系统自带“截图工具”，常用的通信程序QQ和微信也具有屏幕截图功能。在QQ已经运行的情况下，按Ctrl+Alt+A组合键可以启动QQ截屏功能；在微信已经运行的情况下，按Alt+A组合键可以启动微信截屏功能。但QQ和微信截屏所生成的图像分辨率较低，一般建议用专业的屏幕截取工具进行图像和视频的截取。

5.2.1　SnagIt

SnagIt主要用于图像、文本、视频和网页的截取，是多媒体制作的常用软件之一，其主界面如图5.2所示。本教材中用到的许多带箭头的界面图就是用SnagIt截取的。SnagIt的截取方式非常灵活，支持屏幕、窗口、活动窗口、滚动窗口、区域、菜单、任意形状等多种截取输入方式，支持多种输出格式，可以调整分辨率等截取参数。截取后的图像统一输入到SnagIt编辑器窗口（见图5.3）中进行编辑、特效处理和输出。

5.2.2　屏幕录像专家

“屏幕录像专家”是一款专业的屏幕录像制作工具，使用简单，功能比较强大，具有长时间录像并保证声音完全同步的能力，可以轻松地将屏幕上的软件操作过程、网络教学课件、网络电视、网络电影、聊天视频等录制成Flash、ASF、AVI或者自播放的EXE格式，是制作各种屏幕录像和软件教学动画的较常选用的软件之一，其主界面如图5.4所示。

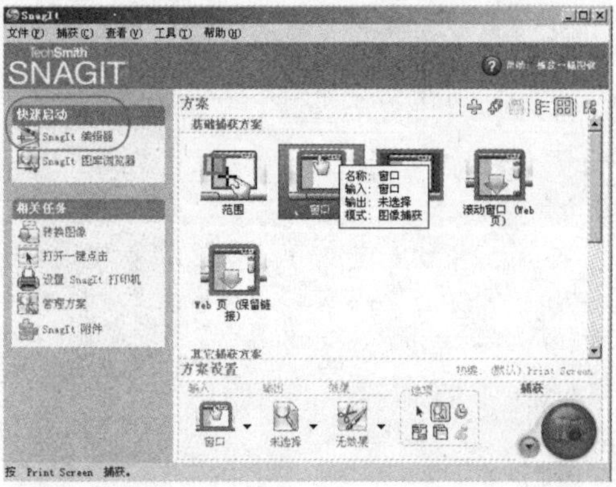

图5. 2　SnagIt主界面

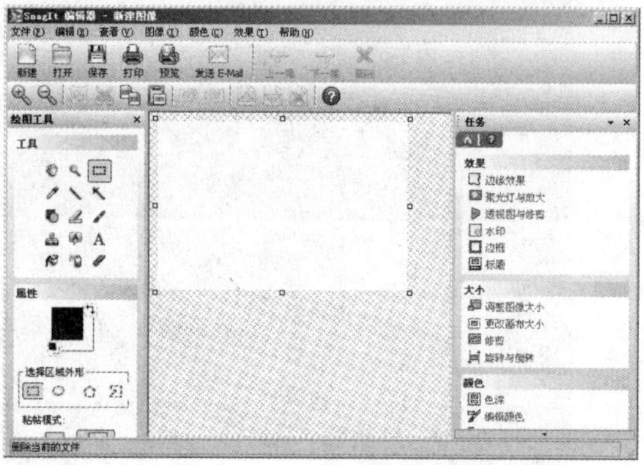

图5. 3　SnagIt编辑器

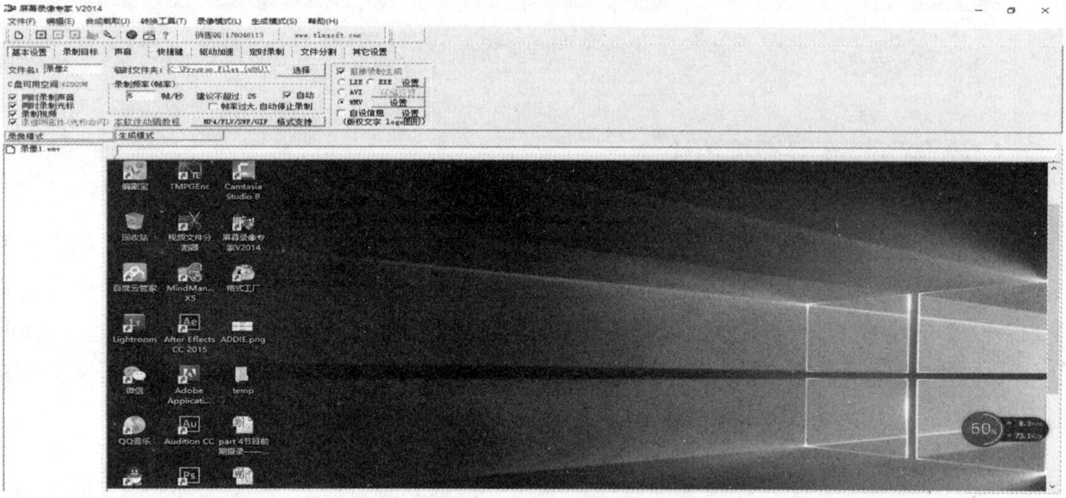

图5. 4　屏幕录像专家工作界面

（1）软件的基本设置

屏幕录像专家可以同时录制声音、光标、视频、透明窗体，可设置视频帧率。如果用于录制界面变化不大的软件操作过程，采用默认5fps的帧率，就可以达到比较流畅的效果，感觉不到卡顿。其支持EXE、AVI、WMV等常见格式，可设置制作者LOGO等信息。基本设置选项卡如图5.5所示。

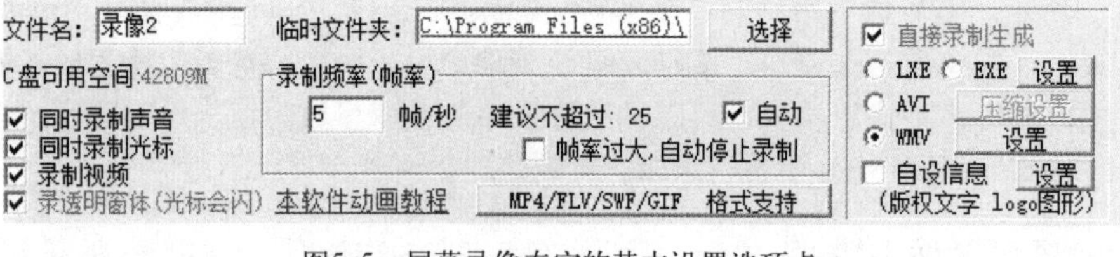

图5. 5　屏幕录像专家的基本设置选项卡

（2）设置录制目标

在录制目标选项卡中，可以设置屏幕录制的范围、是否录制摄像头图像、录制开始后是否显示屏幕录像专家等，如图5.6所示。

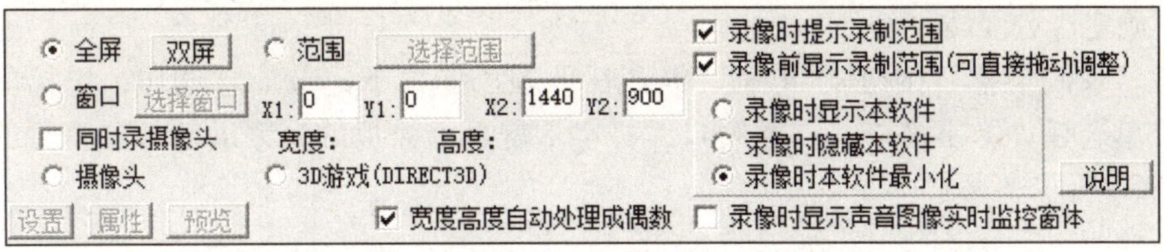

图5. 6　屏幕录像专家的录制目标选项卡

（3）声音选项卡

在声音选项卡中可以设置声音采样的位数、采样频率等，选择录制麦克风设备和系统播放声音等声音来源，如图5.7所示。

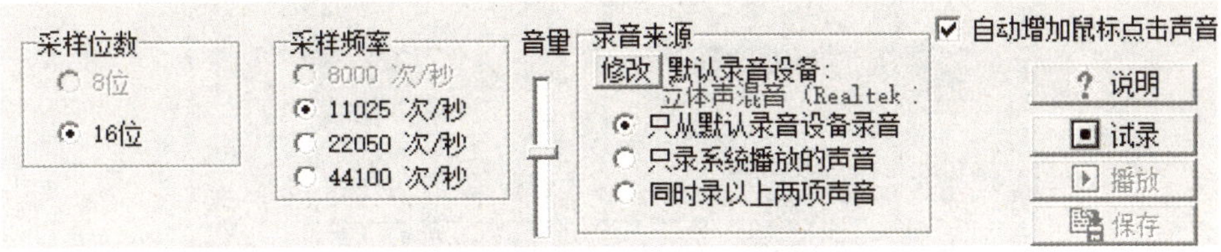

图5. 7　屏幕录像专家的声音选项卡

（4）录制

设定好基本选项、录制目标、声音选项卡的相关参数后，按录制按钮（F2键）开始/停止录制，按暂停按钮（F3键）暂停/继续录制。

（5）屏幕录像视频的剪辑

使用屏幕录像专家，能进行视频的裁剪、合并等简单的剪辑。

5.2.3　Camtasia Studio

Camtasia Studio是多媒体制作中常用的屏幕影音捕捉及后期编辑的软件。Camtasia Studio的工作界面如图5.8所示。

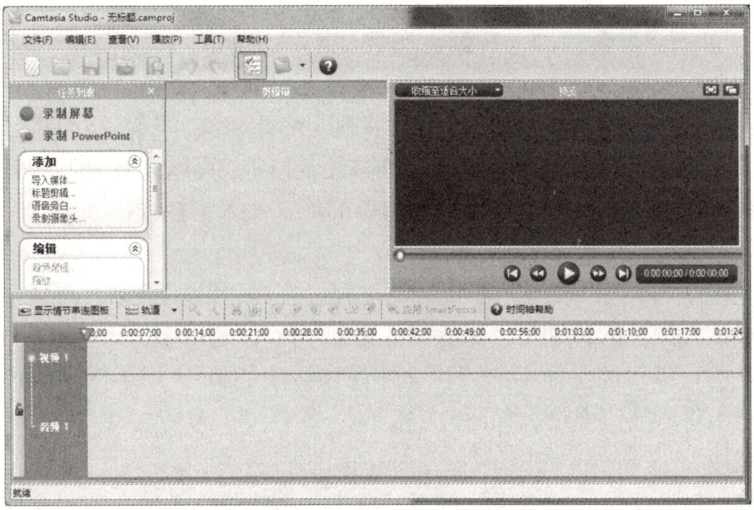

图5. 8　Camtasia Studio工作界面

利用Camtasia Studio进行屏幕录制的过程如下。

（1）确定录制区域

单击“录制屏幕”按钮 录制屏幕，能在任何颜色模式下记录屏幕动作，包括鼠标指针运动、菜单选择、弹出窗口、层叠窗口、打字、屏幕上播放的视频动画等看得见的所有内容，如图5.9所示。

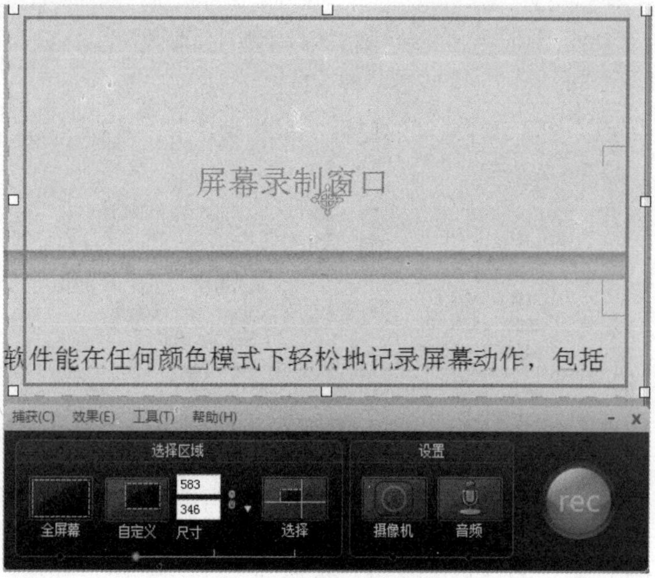

图5.9　Camtasia Studio的屏幕录制窗口

（2）录制屏幕

在屏幕录制窗口的下方可以调整录制屏幕的大小和区域，如图5.9所示。调整好后，单击红色的“rec”录制按钮，出现3秒的倒数，提示即将开始屏幕录制。3秒后开始录制，这时，一个闪烁的绿色虚框将框住录制区域；在录制区域的下方出现屏幕录制控制区域，如图5.10所示。单击“暂停”按钮，可以暂停录制过程，再次单击将重新恢复；单击“重新启动”按钮，会删除刚刚录制的视频，重新录制新的视频。

图5.10　屏幕录制控制区域

除了录制屏幕外，Camtasia Studio还可以录制PowerPoint，即录制PPT播放过程，发布到网页上或以主流视频格式输出。无论是录制屏幕还是PPT，可以同时录制声音和网络摄像机的录像，在编辑时，把摄像机中的录像以画中画的形式嵌入主视频中。

（3）保存录制结果

单击图5.10中的“停止”按钮，停止录制过程，在弹出的“预览”对话框中，单击“保存”按钮，保存该视频。第一种文件保存格式是.camrec，是用于Camtasia Studio编辑器的项目文件，即程序的可编辑源文件；第二种文件保存格式是.avi，用于保存所录制的视频。单击“删除”按钮，将删除该视频，如图5.11所示。

（4）编辑视频

单击“预览”对话框中的“编辑”按钮，首先，系统将提示保存项目文件。接着，弹出项目视频的高和宽的设置对话框。一般，为了避免变形和因大小改变而降低视频质量，应选择默认值，即保持原来录制时的高和宽，进入编辑工作界面，如图5.12所示。

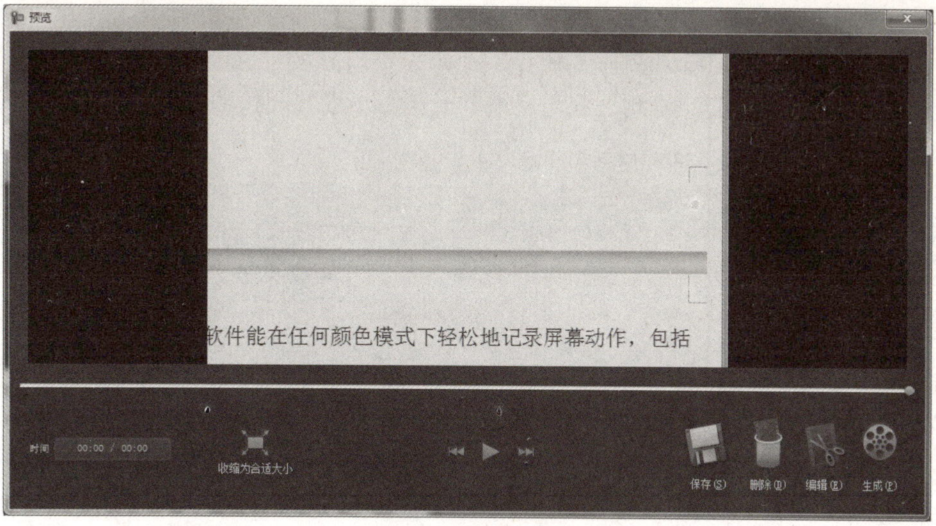

图5.11　录制视频预览

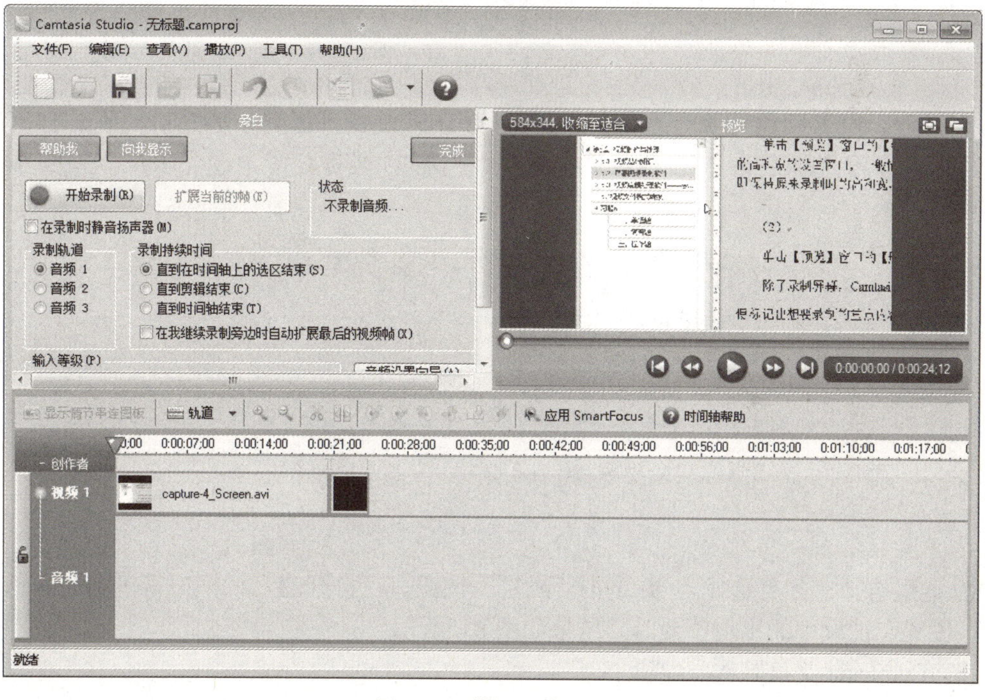

图5.12　编辑工作界面

在时间线上，可以实现的操作有：剪切一段选区，隐藏或显示部分视频，分割视频剪辑，扩展视频帧以便适应声音，改变剪辑或者帧的持续时间，调整剪辑速度以制作出快进或者慢放效果，保存当前帧为图像，添加标记以生成视频目录，添加转场效果，制作标题，增加声音效果等，这些操作与后面介绍的会声会影类似，在此不做阐述。在图5.12中，已经开启了“编辑”→“旁白”功能，单击“开始录制”按钮可以为视频配上解说或音乐。

（5）在视频播放过程中设置小提问

为了让视频受众集中注意力，同时，加深和巩固受众对所展示视频的印象和理解，像慕课等教育类微视频，一般会针对视频内容设置一些小问题，并在播放过程中弹出，需要受众回答。其设置过程如下：

① 选择“编辑”→“Flash测验与概论”命令，在打开的“Flash测验概述管理器”中选择“增加测验”，在弹出的“检测外观与反馈”对话框中设置问题的题目，如图5.13所示。

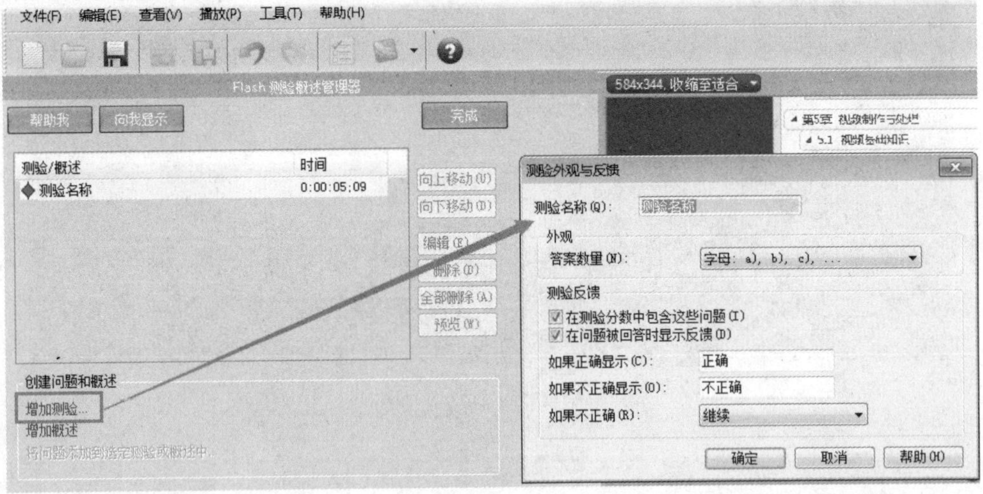

图5.13 增加测验

② 接着，设置问题的类型。Camtasia Studio提供了多重选择、填空、简答三种问题类型，其中，多重选择是最常用的，而后两者因不容易判断对错，较少采用。问题类型如图5.14所示。

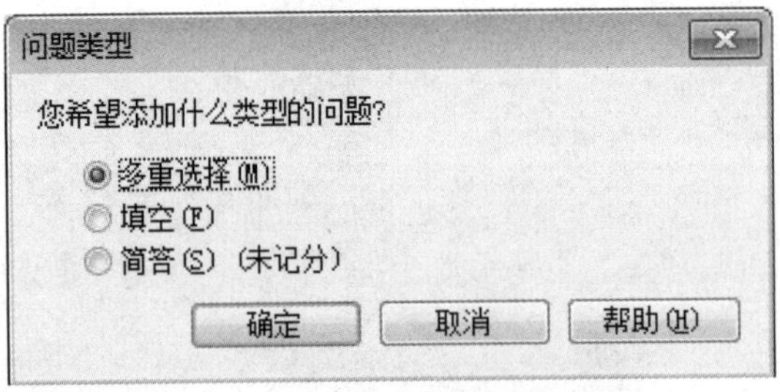

图5.14 设置问题的类型

③ 这里选择“多重选择”，并单击“确定”按钮，在打开的对话框中编辑问题的题目和答案，设置在视频中的出现位置等。结果如图5.15所示。

(6) Camtasia 菜单制作器编辑

选择“工具”→“Camtasia Menumaker”命令，启动Camtasia 菜单制作器，选择菜单制作的模板、需要形成标题的视频文件、菜单标题，并添加子菜单及菜单属性标签选项等，从而制作出视频DVD的自定义菜单。

(7) 视频输出

单击编辑窗口中的“生成”→“生成视频为”，弹出视频大小设置对话框，一般选择默认的自定义设置，保留原来的视频大小。视频的主要输出格式包括：Flash（MPEG-4、FLV或SWF）、Windows媒体播放器程序（WMV）、QuickTime Movie（MOV）、AVI、iPod、iPhone或者iTuner（M4V）、音频（MP3）、Real Media（RM）、Animation file（GIF）等。

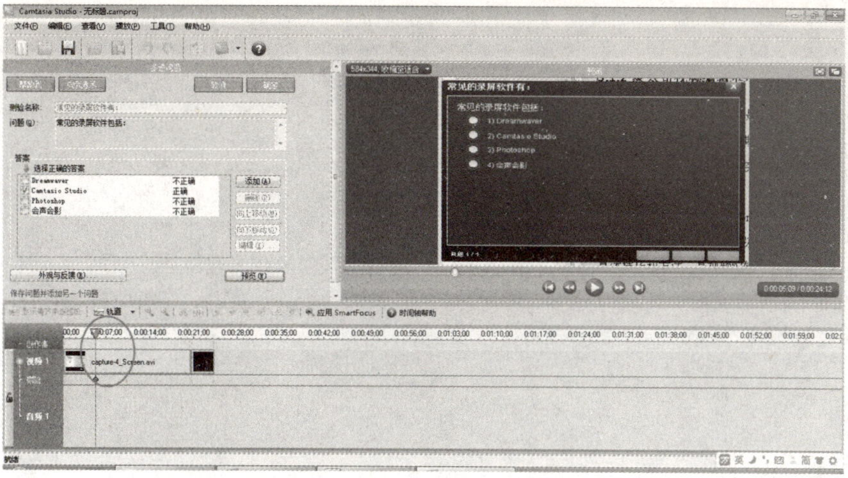

图5. 15　多重选择问题

5.3　视频编辑处理软件——会声会影

会声会影（Corel VideoStudio）是Corel公司（主要软件包括Corel Draw、Painter等）开发的一款面向个人和家庭设计的影片剪辑软件，其功能强大，方便易用，深受数码摄影、视频编辑爱好者的喜爱。本节将介绍会声会影X10。

5.3.1　会声会影的工作界面

会声会影通过将控件整理到三个工作区中，来简化影片创建流程，这三个工作区分别对应视频编辑过程中的不同步骤：捕获、编辑和分享。

“捕获”工作区：用于把视频源中的影片素材捕获到计算机中。

“编辑”工作区：用于给视频加上滤镜、转场、字幕、音频等。

“共享”工作区：把视频以MPEG、AVI、WMV等格式文件或DVD等形式输出。

单击工作界面顶部的选项卡，可以在三个工作区之间切换，默认显示的是“编辑”工作区，如图5.16所示。

“编辑”工作区是影片创作的主操作区，可以对影片进行大量的实用控制，例如，添加素材、裁剪素材、时间控制、位置控制、反转场景、色彩校正、多重修整视频、自动按场影分割、保存静态图像、消音等。

“编辑”工作区包含以下组件：菜单栏、素材库、选项面板、播放器面板、时间轴面板。

1. 菜单栏

菜单栏位于工作界面的左上方，包括以下5个菜单。

“文件”菜单：进行新建、打开 、保存等项目操作。

“编辑”菜单：进行撤销、重复、复制、粘贴等编辑操作。

“工具”菜单：进行视频的编辑操作。

“设置”菜单：设置和查看项目文件的基本属性、启用章节点管理。

“帮助”菜单：获取常见问题解答、软件版本等信息。

图5.16 “编辑”工作区

2. 素材库

素材库用于保存和管理视频、照片、音乐、即时项目、转场、字幕、滤镜、Flash动画、边框效果等所有的多媒体素材。会声会影提供的图像模板、视频模板、对象模板、边框模板、Flash模板等多种类型的主题模板也放在素材库中。

3. 选项面板

选项面板一般不显示，打开选项面板的方法是：单击素材库右下角的“选项”按钮。选项面板用于对素材进行参数设置，一般包含一个或两个以上的选项卡，根据选择素材的类型和轨道的不同，其选项卡上的控件和选项均不同，显示出不同的参数。

4. 播放器面板

播放器面板由预览窗口和导览区域组成。预览窗口用于播放轨道中已选定的项目或素材，如当前的素材、视频滤镜、效果或标题等。

通过导览区域中的播放控制按钮和功能按钮，可以预览和编辑素材或项目，还可以使用修整标记和滑轨来切割或裁剪素材。

5. 时间轴面板

时间轴面板位于操作界面的最下方，是视频剪辑的主要工作场所，用于显示项目中所包含的所有素材、标题和效果，可以在“故事板视图”和“时间轴视图”之间进行切换，还可以进行声音的切换，窗口大小的设置等。

5.3.2 新建项目

1. 新建项目

会声会影中视频的编辑与处理是通过项目进行，因此，首先要新建视频项目，选择“文件”→“新建项目”命令，项目文件的扩展名为.vsp。

操作视频

2. 选择视图

在时间轴面板中，会声会影提供了两种视图模式。

（1）故事板视图

在此视图中，用户可以直接把图片、视频、转场拖到视频轨中，每个素材都以一个缩略图表示，是一种比较简单的编辑模式。故事板中的每个缩略图代表影片中的一个事件，事件可以是素材或转场。缩略图是按时间顺序显示的事件的画面，对于视频素材来说，默认显示为视频的第一个画面。素材的时间显示在每个缩略图的底部。对整个视频结构进行调整时，一般采用故事板视图。但在故事板视图中，无法显示覆叠轨的素材和字幕。

（2）时间轴视图

时间轴视图是最常用的视图编辑形式，如图5.17所示，能最清楚地显示视频项目中的元素。轨道是时间轴的重要组成，用于放置不同的素材并允许精确到帧的素材编辑。从上至下，会声会影的时间轴主要包括以下5个轨道。

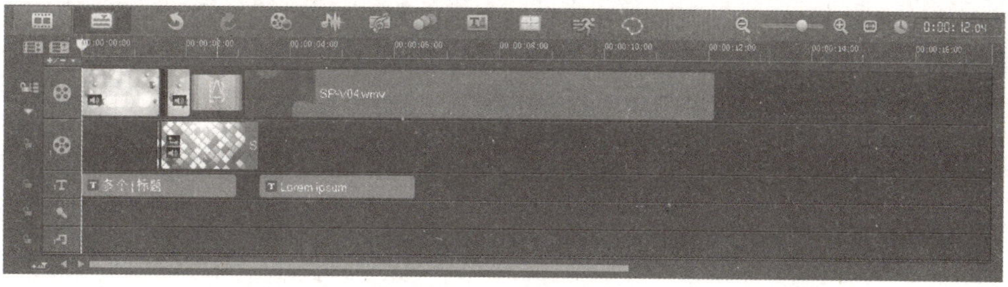

图5. 17　时间轴视图

视频轨：用于插入、编辑、修剪、管理视频和图像素材等操作。

覆叠轨：把覆叠轨上的视频或图像叠加到视频轨中的主视频上，在屏幕上同时显示具有多个画面的画中画效果。

标题轨：用于字幕的添加、特效制作、显示长度设置等。

语音轨：同步显示视频中所自带的音频，或者给视频录音，并进行该轨道声音的编辑和管理操作。

音乐轨：一般用于放置视频的背景音乐。

5.3.3　捕获视频

将视频节目通过捕获卡从源设备（通常是摄像机）传送到计算机中的过程称为捕获。会声会影可以捕获来自DV摄像机、模拟摄像机、VCR、电视机等设备的视频。

1. 捕获视频前的准备

视频捕获对计算机性能要求较高，需要做好以下准备。

（1）为工作文件所在的硬盘留出足够的硬盘容量

无论视频捕获还是编辑，都需要预留一定的磁盘空间，特别是会声会影的工作文件夹所在的磁盘，具体的容量需要根据视频的长度来决定。一般，一盒60分钟的DV磁带需要20GB以上的空间。会声会影的默认工作文件夹为安装文件夹，可以修改设置，方法是：选择“设置”→“参数选择”命令，打开“参数选择”对话框，单击“工作文件夹”框右侧的浏览按钮，在打开的对话框中重新选择工作文件夹的位置。

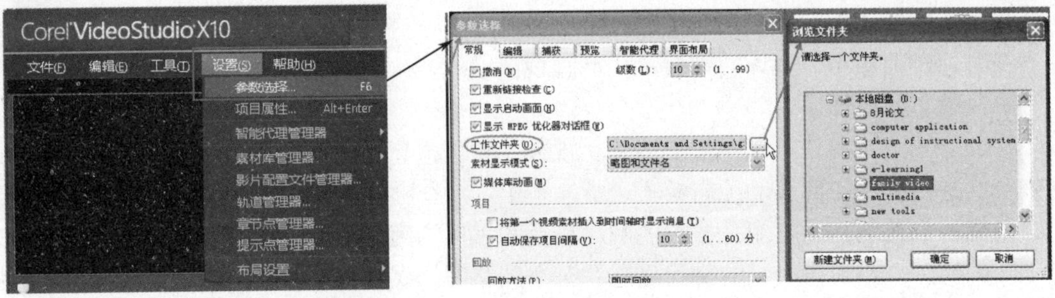

图5.18 修改会声会影的工作文件夹位置

(2) 打开硬盘的DMA传送模式

DMA（Direct Memory Access，直接内存访问）是一种不经过CPU而直接从内存存取数据的数据交换模式。在视频处理时，能有效地提高访问磁盘和交换数据的速度，避免产生丢帧的情况。在默认情况下，这一模式是自动打开的。

具体操作步骤如下：打开Windows的“控制面板”→“设备管器”，在会声会影安装文件夹所在的磁盘上右击，在快捷菜单中选择“属性”命令，在弹出的对话框中选中“启动DMA”项。

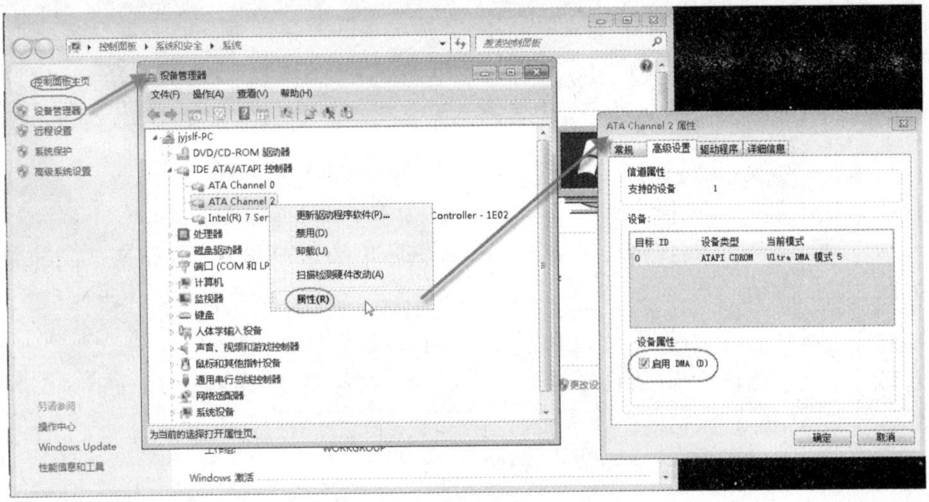

图5.19 打开硬盘的DMA传送模式

2. 捕获视频

(1) 单击“捕获”选项卡，切换到“捕获”工作区，单击“捕获视频”按钮，弹出捕获视频选项面板，如图5.20所示。

(2) 在“区间”框中输入数值，设置捕获视频的时间长度，指定捕获区间。

(3) 在“来源”下拉列表中选取捕获设备。

(4) 在“格式”下拉列表中选取用于保存捕获视频的文件格式。若选择“DV”项，则捕获的视频将被保存为质量最好、文件最大的AVI原始格式文件。

(5) 按场景分割：选中该项，将根据录制的日期和时间，自动把捕获的视频分割为多个文件（该功能仅用于从DV机中捕获视频）。

(6) 捕获文件夹：用于指定保存视频文件的捕获文件夹。

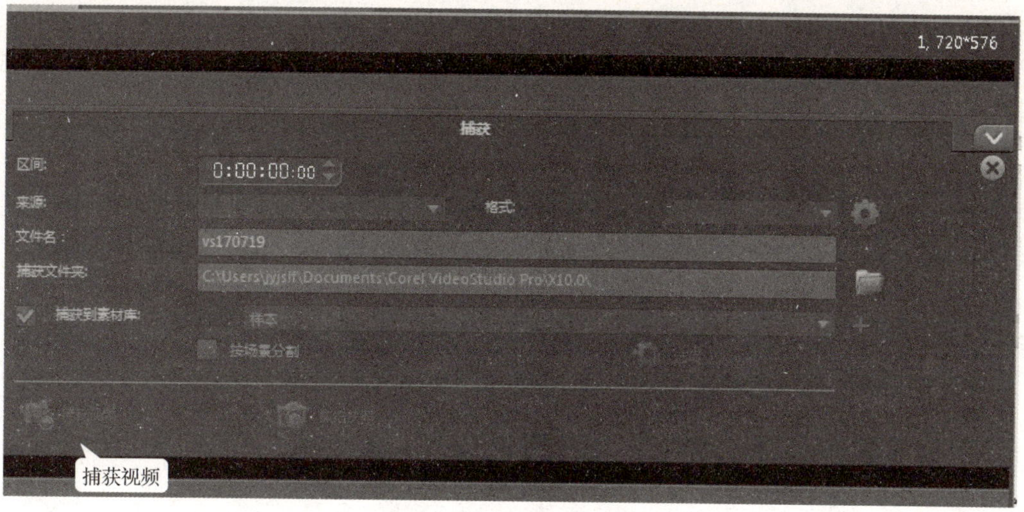

图5. 20　捕获视频选项面板

（7）单击“选项”按钮用于更多捕获设置的调整。

（8）选中要捕获的位置后，单击“捕获视频”按钮，开始捕获，这时，“捕获视频”按钮变为“停止捕获”按钮，单击该按钮或按Esc键可停止捕获。

3. 从DV中捕获视频

场景是指根据拍摄日期和时间来区分的视频片段，即连续拍摄的一段视频。扫描场景可以扫描出DV机磁带中的场景，并根据需要选择添加到影片中的场景。

（1）将DV机连接到计算机上，并打开DV机，设置为播放模式。

（2）切换到“捕获”工作区，单击“DV快速扫描”按钮，在弹出的对话框中，从“设备”下拉列表中选择录制设备，并指定开始扫描的位置及扫描速度。扫描的开始位置有以下两个选项。

- 开始：从磁带的起始位置开始扫描场景。如果磁带不在起始位置，会声会影将自动把磁带倒到起始位置。
- 当前位置：从磁带的当前位置开始扫描。

（3）单击“开始扫描”按钮，开始扫描DV机磁带中的场景。

（4）扫描完毕后，DV机磁带中的所有场景将出现在故事板中，选择需要编辑的场景，然后单击“标记场景”按钮，以便于以后编辑使用。

5.3.4　导入素材

创建空白项目后，需要把有用的素材导入到项目的素材库中，然后对素材进行剪辑操作，在会声会影中对素材所做的操作，不会影响到原来的素材文件。

在“编辑”工作区中，单击素材库左侧的“媒体”标签，在库导航面板中单击“添加”按钮，如图5.21所示，新建工作文件夹，用于存放该项目的所有素材。接着，单击“导入媒体文件”按钮，把需要编辑的视频、图片、声音等素材文件导入到“文件夹”素材库中。拖动需要的素材放到时间轴的相应轨道上，开始视频编辑。

在本章的案例中，为了便于大家进行模仿操作，直接引用会声会影素材库中的“样本”素材进行案例讲解。如图5.22所示，“样本”素材库中存放了若干视频、图片和声音，素材库上方的三个按钮用于控制相应素材是否显示。例如，如果只想显示视频素材，则单击图片和声音对应的图标，这两个图标将变为灰色，素材库中的图片和声音将被暂时隐藏起来，这样可以快捷地分类显示媒体素材。

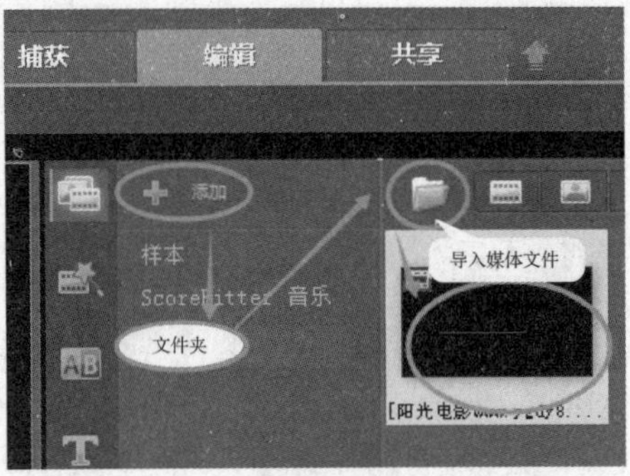

图5.21　添加工作文件夹

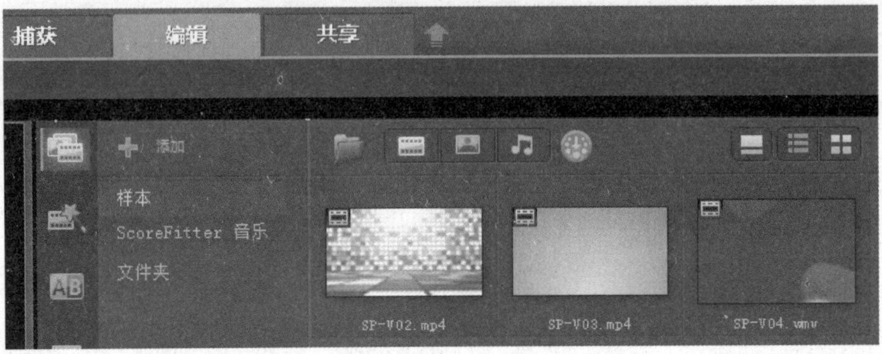

图5.22　仅显示视频素材的“样本”素材库

5.3.5　编辑视频

在“编辑”工作区中，从素材库中选择一个视频素材，拖动至时间轴第一条视频轨中。

1.　编辑视频长度

（1）对视频进行切头和切尾

移动鼠标指针至要编辑视频的最左侧，鼠标指针变为双向箭头形状，左边为大箭头，右边为小箭头。按住鼠标左键，向右拖动直至需要的位置，拖动覆盖的视频被“删除”。但这种删除实际是暂时把不要的视频隐藏起来。需要恢复被删除的视频时，执行反方向操作，即按住鼠标左键，向左拖动直至需要的位置，被“删除”的视频将恢复显示。对视频的切尾操作步骤相同，但与视频切头的操作方向相反。

（2）对视频进行分段

在时间轴标尺上需要分段的位置单击，然后单击播放器面板导览区域中的剪刀形按钮把视频素材片段一分为二。

（3）裁剪视频中的某个片段

方法一：选中需要裁剪的视频片段，移动滑轨到需要裁剪的起点，然后单击剪刀形按钮，先把视频在此处剪开；再把滑轨移动到需要裁剪的终点处，单击剪刀形按钮，再把视频在此处剪开；中间的视频就是需要裁剪的片段，选择后，按Delete键删除。

方法二：在播放器面板的导览区域中，拖动“开始标记”至裁剪的起点，在素材上设置“开始标记”；拖动“结束标记”至裁剪的终点，在素材上设置“结束标记”；单击剪刀形按钮直接删除该片段，如图5.23所示。

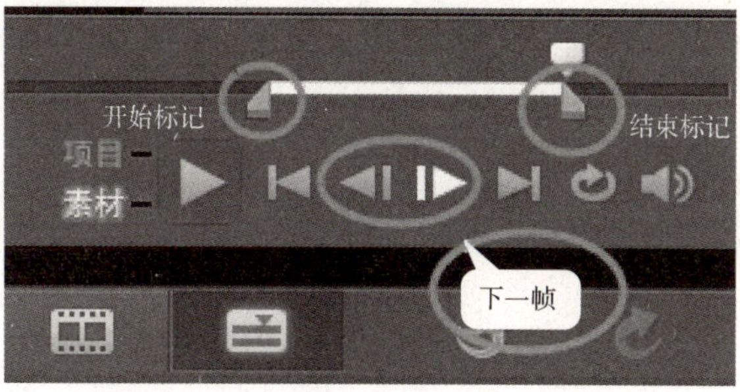

图5. 23　给素材添加开始标记和结束标记

会声会影支持精确到帧的素材剪辑方式。利用键盘上的左、右箭头键，或导览区域中的“上一帧”、“下一帧”按钮，可以实现更精确的修整。

（4）改变视频的播放速度

视频选项面板中的“速度/时间流逝”和“变速”，可以放大或缩小视频的长度，起到快速或慢速播放的效果。

2. 按场景扫描和分割视频

使用视频选项面板中的“按场景分割”按钮可以检测视频文件中不同的场景，并自动将视频分割成不同的素材文件，便于编辑。

（1）在素材库中选择需要进行场景分割的视频，单击视频选项面板中的“按场景分割”按钮，打开“场景”对话框，如图5.24所示。

（2）在“场景”对话框中单击“选项”按钮，在打开的“场景扫描敏感度”对话框中，拖动滑块设置敏感度，如图5.25所示。敏感度设得越高，场景检测就越精确。单击“确定”按钮，返回“场景”对话框。

（3）在“场景”对话框中单击“扫描”按钮，将自动扫描整个视频文件并列出所有检测到的场景。

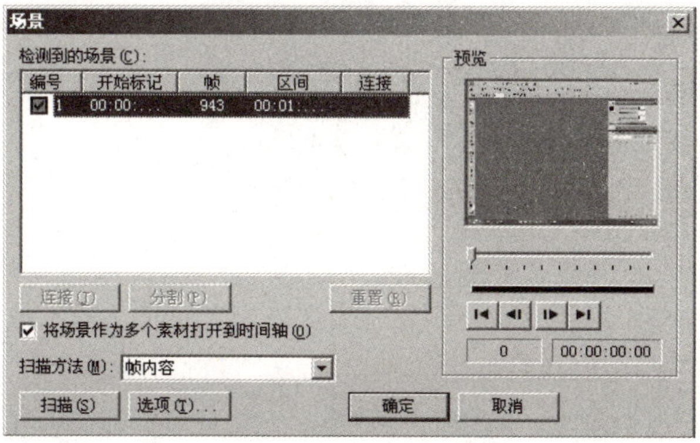

图5. 24　“场景”对话框

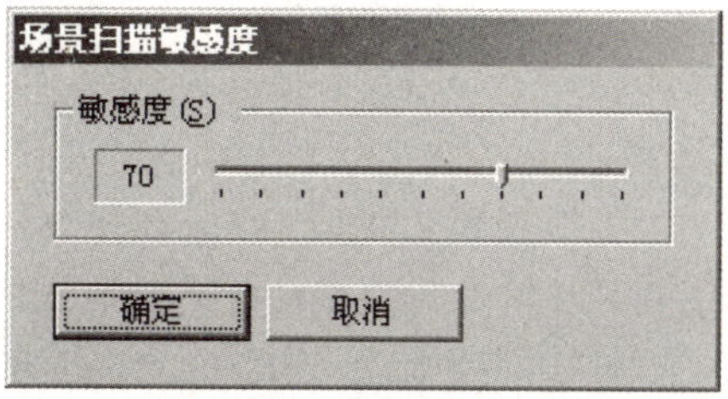

图5. 25　“场景扫描敏感度”对话框

3. 分割音频

在时间轴视频轨中选择要分割音频的视频，单击视频选项面板中的“分割音频”按钮，把音频从视频中分离出来，放置在音频轨中，以便对于音频进行单独的处理。

4. 反转视频

用手机拍摄视频时，摄像者经常会忽略镜头的朝向，导致视频的上下颠倒，可以通过“反转视频”选项进行反转。

5. 调整视频和图像素材的色彩和亮度

选中素材后，单击“色彩校正”按钮，在弹出的对话框中可以调整其色彩与对比度。

6. 添加滤镜

在视频上应用视频滤镜，可以改变素材的外观和样式，掩饰视频素材的瑕疵，制作一些特效，如风、光、马赛克等，美化视频，使视频更具表现力，创作出更好的视觉效果。为视频添加滤镜的操作步骤如下。

(1) 选择时间轴中需要添加滤镜的视频或图像。

(2) 单击素材库导航面板中的滤镜按钮FX，从滤镜库中拖动需要的滤镜效果到时间轴中的视频或图像缩略图上进行滤镜的应用。可以在视频上添加多个视频滤镜，最多可在同一个素材上叠加5个视频滤镜，产生变幻莫测的视觉效果，如图5.26所示。

图5. 26　为视频片段添加滤镜

替换视频滤镜的方法：在滤镜的选项面板中单击“属性”选项卡，选中“替换上一个滤镜”复选框，重新拖动新的滤镜到视频上，如图5.27所示。

删除视频滤镜的方法：在滤镜的选项面板中单击“属性”选项卡，在滤镜列表框中选择需要删除的视频滤镜，然后单击列表框右侧的“删除滤镜”按钮，如图5.27所示。

图5. 27　修改滤镜的属性

滤镜可应用于视频轨上的图片，例如，“自动曝光”滤镜可以调整图像的光线以修正曝光效果；“色彩平衡”滤镜可以改变图像中颜色混合度，使色彩趋向平衡。

5.3.6　在素材间添加转场

转场是指在两个图像或视频素材间创建过渡效果，增加动画或视频的流畅性，使之更具吸引力。

1. 常见的转场效果

会声会影提供了很多转场效果，以下介绍几种常用的转场效果。

百叶窗：指素材A以百叶窗翻转的方式过渡，显示素材B。

折叠盒：将素材A以折叠的形式折成立体的长方体盒子，显示素材B。

扭曲：素材A以扭曲放置的方式运动，显示素材B。

遮罩：素材A以遮罩的形式显示素材B。

滑动：素材A以滑动的形式移出画面，显示素材B。

底片：素材A以“对开门”、“十字”、“单向”、“翻页”等13种形式，以翻页的方式从一角卷起，显示素材B。

视频编辑是极具个性化的媒体创作，也有些人不喜欢用转场，而是直接采用单色画面过渡，方法是：选择合适的色彩色块，拖至两段视频或图像素材中间，产生单色画面过渡效果。这种效果可用于制作淡入淡出效果，划分开头、中间和结尾的视频片段，起到间歇作用，让观众产生想象。

2. 为视频添加转场

(1) 转场需要在两段视频中间添加，从素材库中拖动两段视频片段到视频轨中，如图5.28所示。

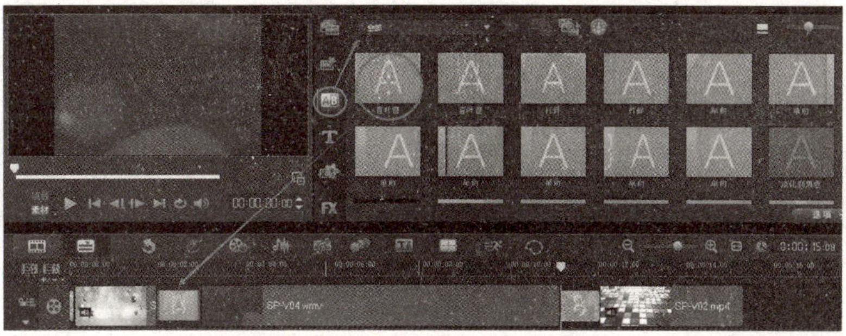

图5. 28　在两段视频素材间添加转场

(2) 单击素材库导航面板中的“转场”按钮，在转场素材库中选择需要添加的转场，在左侧的预览窗口中将显示出所选择转场的动画效果。拖动预览窗口下方导览区域中的滑轨，可以预览转场效果。

(3) 添加转场：拖动该转场至时间轴中两段素材之间；也可以双击素材库中的转场效果，自动将它插入当前选择的素材与下一个素材之间没有转场效果的位置，重复该操作可以继续在下一个无转场效果的位置上插入转场。需要注意的是：一次只能拖动一个转场效果置于两段素材之间。

(4) 替换转场效果：直接将新的转场效果拖放到时间轴中要替换的转场效果缩略图上。

3. 设置转场效果

选中时间轴中的转场效果缩略图，单击“选项”按钮，打开转场选项面板，主要设置内容如下。

(1)“区间”数值框：其中的数字表示小时、分钟、秒、帧，用于设置转场效果播放的时间。转场效果的默认播放时间为1秒。

(2)“边框”：用于设置边框的宽度。

(3)“方向”：用于控制每个转场动画运动的方向。

5.3.7 创建影片的覆叠效果(画中画效果)

时间轴的覆叠轨允许在原来的视频轨上添加图像或视频作为覆叠素材，如创意图形、公司LOGO图标、Flash动画等，通过设置覆叠对象的大小、形状、透明度、对象边框、遮罩效果等，与视频轨上的素材相互交织，产生视频叠加效果、画中画效果，以创建更具专业化外观的视频作品。

1. 把覆叠素材添加到覆叠轨上

在本案例中，选择样本素材库中SP-V02.wmv视频作为覆叠素材，将其拖动至时间轴中的覆叠轨上。在会声会影中，覆叠素材是以滤镜的性质存在的。因此，选择覆叠素材，单击“选项”按钮，将跳转至滤镜选项面板，如图5.29所示。

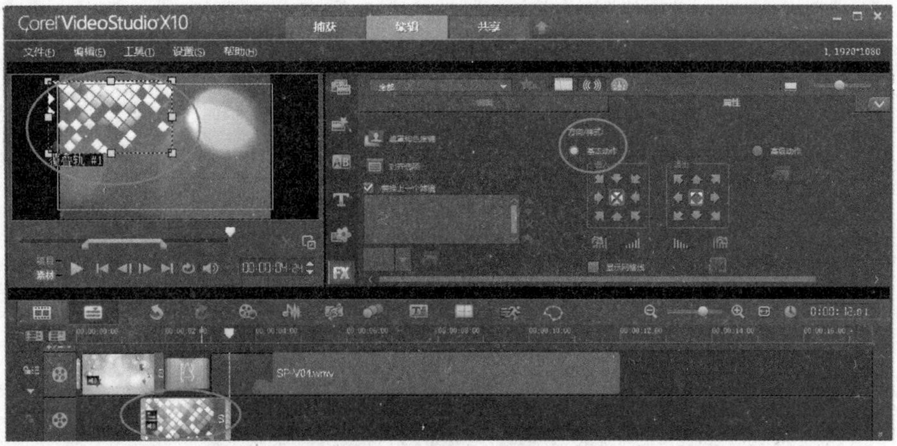

图5.29 修改覆叠素材的属性

2. 给覆叠素材应用动画效果

打开覆叠素材的选项面板，在“方向/样式”栏目中，设置覆叠素材进入和退出屏幕的方式及停留在屏幕上的位置。

3. 设置覆叠素材的透明度

为保护版权，有时要在视频中添加公司的LOGO图标等，这时需要降低覆叠素材的透明度，甚至让背景全部为透明的，以便完全融入背景视频中。主要有以下三种设置方式。

（1）调整透明度

在选项面板的“属性”选项卡（见图5.30）中，单击“遮罩和色度键”按钮，弹出覆叠选项对话框。单击透明度按钮右边的上/下箭头，或者拖动透明度设置条的滑块，设置整个覆叠素材的透明度。

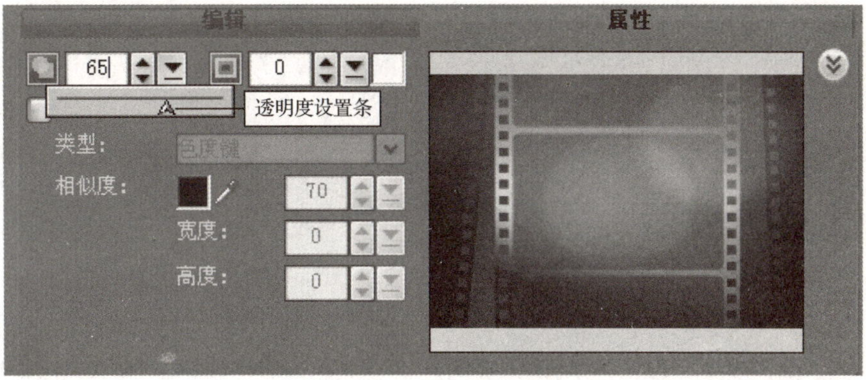

图5. 30　设置覆叠素材的透明度

（2）利用动画制作工具或图像编辑工具创建具有Alpha通道的AVI视频文件或带Alpha通道的图像文件，制作出带透明背景的覆叠素材。

（3）可以用会声会影自带的“色度键”功能“抠”出图像上特定的颜色（见图5.31），方法如下。

① 选中“应用覆叠选项”复选框，在“类型”下拉列表中选择“色度键”选项。

② 单击“相似度”颜色块，从中选择要被渲染为透明的颜色。

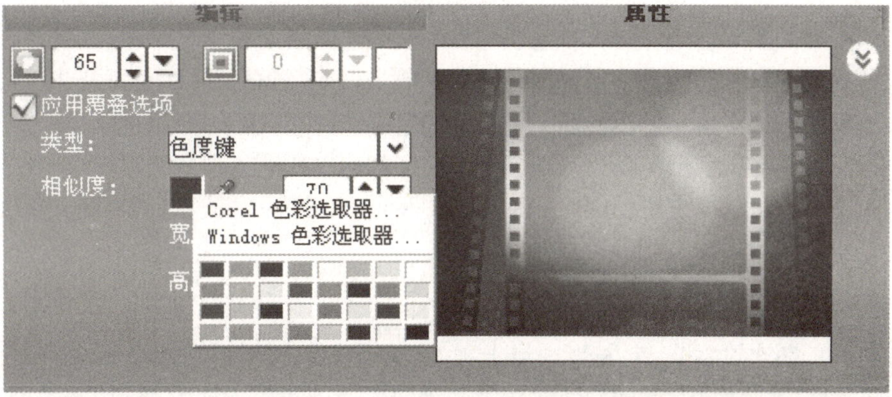

图5. 31　选择需要渲染为透明的颜色

4. 调整覆叠素材的大小和位置

方法一：在预览窗口中选择覆叠素材，把覆叠素材移到目标位置。可以拖动覆叠素材选取框上的控点，调整覆叠素材的大小；拖动边角上的黄色控点可以在调整大小时保持素材原来的宽高比。

方法二：在预览窗口的覆叠素材上右击，打开快捷菜单，可以进一步设置覆叠素材的位置和大小，如停靠位置、改变大小时是否保持宽高比、默认大小、还原原始大小等，如图5.32所示。

5. 对当前覆叠素材进行变形操作

在预览窗口中，拖动覆叠素材选取框上的绿色控点，可以使覆叠素材变形。按住Shift键的同时拖动绿色控点，可以使素材在当前的选取框内变形，如图5.33所示。

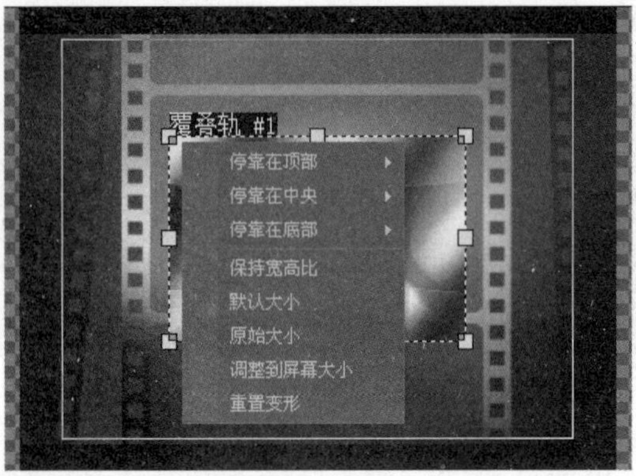

图5.32 调整覆叠素材的大小和位置

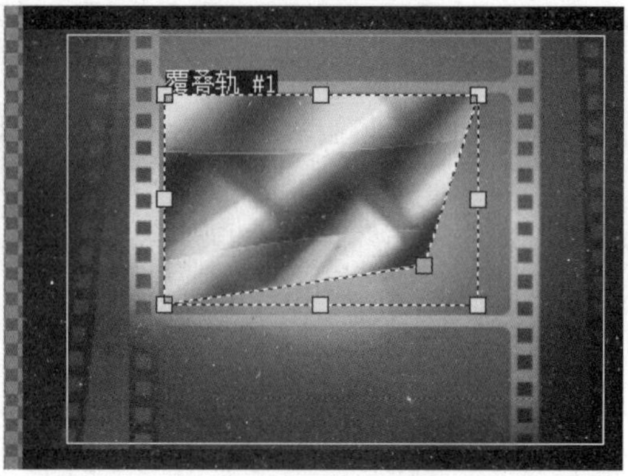

图5.33 变形操作

6. 为不同的覆叠素材设置相同的属性

把一个覆叠素材的属性（大小和位置等）应用到影片项目的其他覆叠素材上的方法是：在源覆叠素材上右击，从快捷菜单中选择“复制属性”命令，然后在目标素材上右击，从快捷菜单中选择“粘贴属性”命令。这样就把一个覆叠素材的属性传递给其他覆叠素材了。

5.3.8 创建标题

标题是视频的重要组成部分，一些说明性的文字，能帮助观众更好地理解视频，好的标题还可以传达画面以外的信息，增强视频的艺术效果，使视频更具吸引力和感染力。

视频作品中的文字主要包括标题、副标题和字幕。会声会影的标题可以通过多文字框和单文字框来添加。多文字框可以灵活地将多个文字标题单独地放到视频帧的任何位置并按顺序叠放，单文字框可以很方便地创建开幕词和闭幕词。标题可以是静止的，也可以是带动画效果的运动字幕。

1. 添加和编辑标题

（1）打开标题选项面板。在标题轨道上双击，出现标题选项面板，如图5.34所示。左侧的预览窗口出现提示：“双击这里可以添加标题”，双击后在文本输入框内输入需要的标题。输入完后，单击文字框以外的地方，结束文字的输入。在预览窗口中的空白处再次双击可添加更多的文字，形成多个标题。单标题的输入方法与多标题的输入方法相同，但只能有一个标题。

图5. 34　编辑标题

(2) 在标题选项面板中可以修改标题在影片中的停留时间、标题样式、行间距及标题大小，修改文字的属性，包括设置文字的样式和对齐方式，为文字添加边框、透明度、阴影及文字背景等。编辑时最好将文字保留在标题安全区域之内。标题安全区域是指预览窗口中的矩形框。选择“设置”→“参数选择”命令，在“参数选择”对话框的“常规”选项卡中勾选“在预览窗口中显示标题安全区域”复选框，可以显示标题安全区。

2. 添加预设的文字标题

还可以在视频中添加会声会影中预设好的文字标题。标题素材库中设计了多种预设文字，具有固有的样式，可直接应用到项目中。方法是：在标题素材库中选择需要插入的预设标题，直接拖动至标题轨上，双击显示在预览窗口中的标题可以修改标题的内容，如图5.35所示。

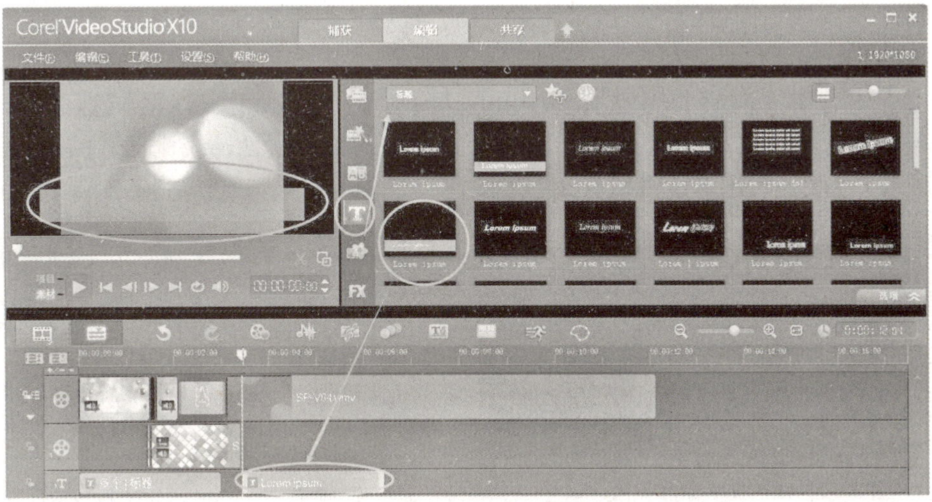

图5. 35　添加预设的文字标题

在时间轴中选中标题素材并单击导览区域中的“播放素材”按钮或拖动滑轨均可预览标题的效果。在创建具有相同属性（如字体和样式）的多个标题素材时，最好把标题素材的一个副本保存到素材库中，便于以后随时使用。

3. 设置标题的显示时间

拖动标题素材左、右两端的拖柄或在标题选项面板中设置“区间”值，调整标题的显示区间。

4. 重新排列多个标题的叠放顺序

标题文字在影片中以层的方式存在，其编辑方式类似于Photoshop中的图层，可以上下移动文字层改变文字的叠放顺序。在预览窗口中，选中要重新排列的文字框，右击，在打开的快捷菜单中选择叠放顺序，如图5.36所示。

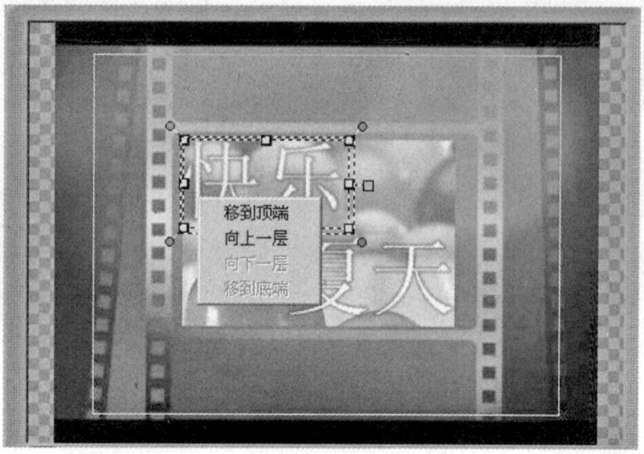

图5.36　编排文字的叠放顺序

5. 添加标题文字的动画效果

用会声会影的文字动画工具可以设置动态文字效果，如淡化、移动路径和下降等。

（1）选择需要添加动画效果的标题文字。

（2）在标题选项面板的“属性”选项卡中，选中“应用动画”复选框，弹出对话框如图5.37所示。

（3）在“类型”下拉列表中选择要使用的动画类别，这里选择“淡化”选项。

（4）单击 按钮，在打开的对话框中设置文字动画的属性，淡化动画的属性设置如图5.38所示。主要设置内容说明如下。

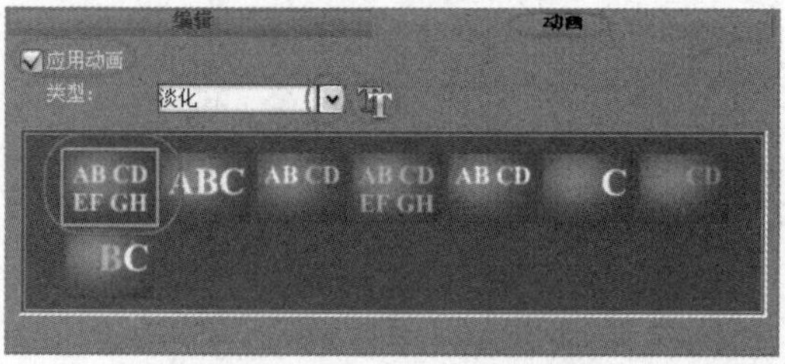

图5.37　添加文字动画效果

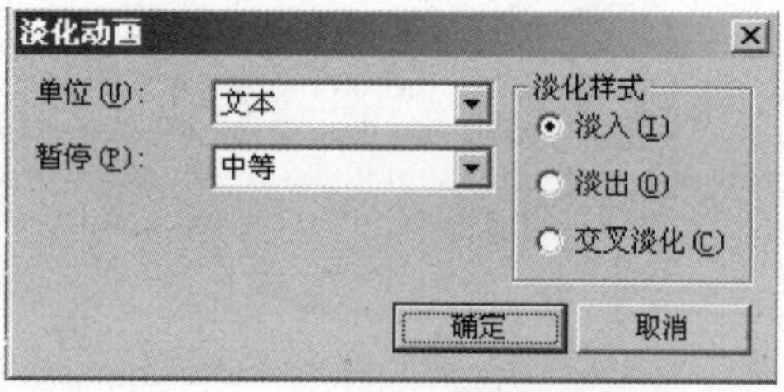

图5.38　设置文字动画的属性

- 单位：决定标题在场景中出现的方式。“文本”表示整个标题出现在场景中，“字符”表示标题以一次一个字符的方式出现在场景中，“单词”表示标题以一次一个单词的方式出现在场景中，“行”表示标题以一次一行文字的方式出现在场景中。

- 暂停：在动画起始和终止的方向之间设置暂停。选取“无暂停”项可以使动画不间歇地运行。
- 淡化样式：“淡入”让标题逐渐显现；“淡出”让标题逐渐消失；“交叉淡化”让标题在进入场景时逐渐显现，在离开场景时逐渐消失。

(5) 在导览区域中，拖动“暂停区间”拖柄，可以设置文字在屏幕上停留的时间长度，如图5.39所示。

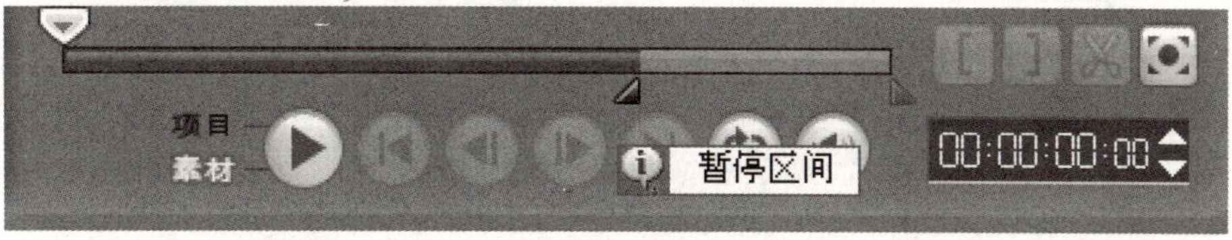

图5. 39　设置文字的停留时间

6. 设置摇动和缩放效果

摇动和缩放效果一般应用在静态图像上。首先，在时间轴中双击需要应用该效果的图像，在选项面板中选中“摇动和缩放”项，然后单击“自定义摇动和缩放”按钮，在弹出的“摇动和缩放”对话框中，设置摇动和缩放动作在图像上的集中点，如脸部等，在图像上产生模拟摄像机摇动和缩放的摄像效果，如图5.40所示。

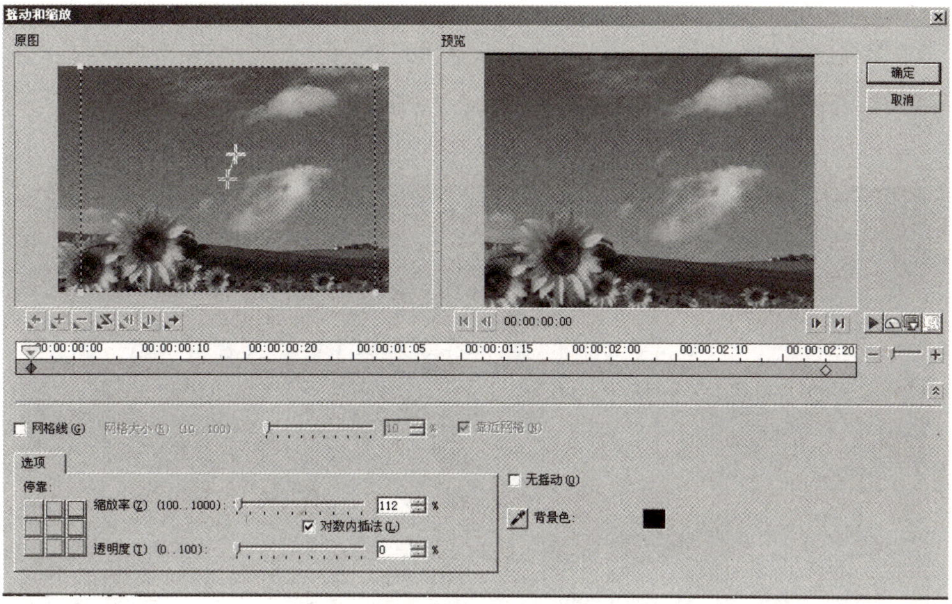

图5. 40　“摇动和缩放”对话框

5.3.9　为视频添加装饰边框

在素材库导航面板中，单击“图形”按钮，将显示图形素材库，由具有透明背景的PNG图像、JPG图像、Flash动画组成，用于为视频添加边框、色块等。在图形素材库的左上角的下拉列表中选择“边框”项，从内置的各种边框效果中选择需要的边框，拖放到时间轴的覆叠轨上，如图5.41所示。

图5. 41　为视频添加边框

5.3.10　创建影片的音频

1. 给影片加上背景音乐

在时间轴的“背景音乐”轨道上右击，从快捷菜单中选择“插入音频”→“到音乐轨”命令，选择计算机中的某个音频文件作为视频的背景音乐，如图5.42所示。

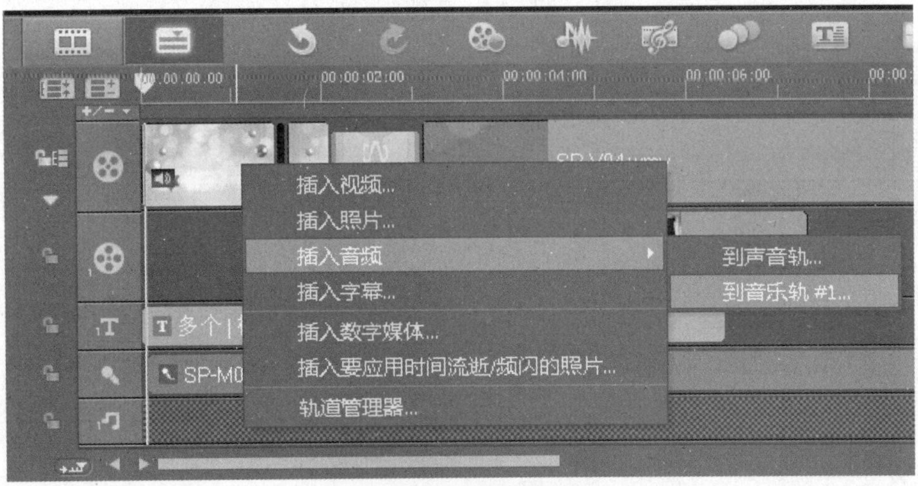

图5. 42　为视频添加背景音乐

2. 给影片加上录音

单击时间轴面板工具栏中的“录制/捕获选项”按钮，在弹出的对话框中，选择“画外音”按钮，开始录制声音，录音的内容将自动插入到声音轨中，如图5.43所示。

图5.43　录制声音

声音是视频的重要组成元素。视频中声音的录制可以分为两大类：同期声录制和后期配音。采用同期声录制，画面和视频同步性好，声音效果真实。大部分的摄像设备都有内置的麦克风，可以支持同期声录制，但这些内置录音设备录制的声音一般质量不会太好，机器和环境噪声较高。因此，不管是使用摄像机还是照相机、平板电脑，最好选择外置麦克风配合使用。

在选择外置麦克风时要考虑麦克风的性能。动圈麦克风不需要独立电池供电，但一般声音较小，需要有放大电路放大，才能得到合适的音量，要配合调音台或外置声卡设备进行调音。而电容麦克风的高频特性好，灵敏度高，声音质量较好，但需要在相对安静的环境中录制。

麦克风的选择还要考虑麦克风的指向性。环境噪声比较大时，选择指向性强的麦克风收音，这样可以有效避免环境噪声的干扰。而当有多个声源的声音要录制时，则选择双指向或者无指向麦克风录音。总之，通过合适的麦克风，把有用的声音信息记录下来，尽可能屏蔽环境噪声等无用声音信号。

3. 修整和剪辑音频素材

录制或导入的声音和音乐一般都需要进行修整和剪辑，这里不详细介绍。

4. 设置声音的淡入/淡出

单击选项面板中的“淡入”按钮或“淡出”按钮，可以制作声音逐渐进入与逐渐淡出的平滑过渡效果。

5. 应用音频滤镜

在会声会影中可以为声音添加滤镜，如放大、回音等效果。首先，在时间轴中选中需要添加音频滤镜的素材，然后单击选项面板中的“音频滤镜”按钮，打开“音频滤镜”对话框，在“可用滤镜”列表框中，选择需要的音频滤镜并单击“添加”按钮，给声音加上音频滤镜，如图5.44所示。

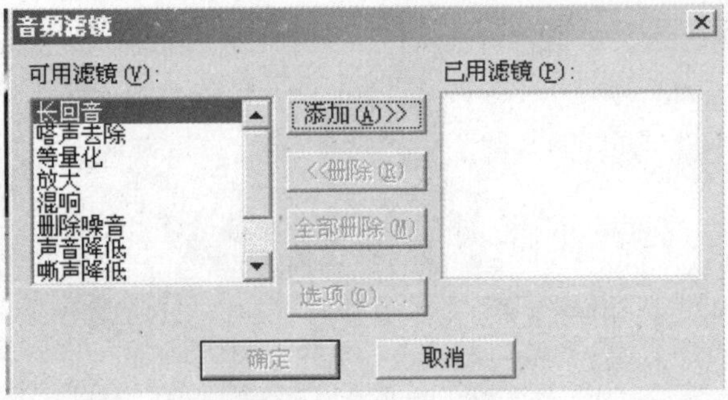

图5.44　添加音频滤镜

5.3.11　分享输出

所制作的影片最终需要根据不同的用途，以分享的方式把项目渲染为不同格式的视频文件输出。单击工作界面顶部的“共享”选项卡，切换至“共享”工作区，可以看到会声会影提供了计算机、设备、网络、光盘和3D影片共5种媒体输出方式，如图5.45所示。每种媒体输出方式又提供多种输出格式，覆盖主流的媒体应用。

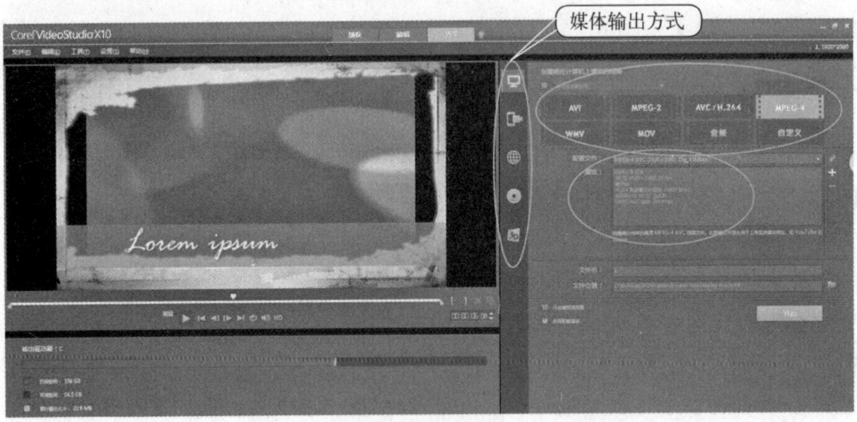

图5.45　会声会影的“共享”工作区

1. 计算机

“计算机”方式用于创建能在计算机中播放的视频，支持AVI、MPEG-2、AVC/H.264、MPEG-4、WMV、MOV、音频和自定义输出。

2. 设备

“设备”方式用于创建能够保存到可移动设备或摄像机中的文件，包括DV、HDV、手机等移动设备、游戏主机等。

3. 网络

“网络”方式用于保存视频并在线共享，在视频渲染完毕后直接发布到YouTube、Facebook、Flickr、Vimeo等社交网站上。

4. 光盘

“光盘”方式用于将项目刻录到DVD、AVCHD、Blu-ray、SD卡等外部存储设备中。

无论是传统的DVD，还是能记录高清视频的AVCHD，亦或兼具大容量存储和高品质视频的Blu-ray或SD卡，一般都需要制作视频的菜单，这种形式的菜单制作方法均相同，但计算机需要配备相对应的设备。例如，如果计算机中没有Blu-ray驱动器，则不能启动Blu-ray输出。下面以DVD菜单制作为例进行介绍。

（1）单击“光盘”选项卡中的“DVD”按钮，打开的对话框显示“添加媒体”页面，如图5.46所示。

（2）在“编辑媒体”栏中单击“添加/编辑章节”按钮，打开“添加/编辑章节”对话框。如果该项目中已经包含有多个视频文件，则每个视频文件会自动生成一个缩略图，呈现在章节轴中。在本例中，只有一个视频文件，因此，只显示一个视频缩略图。

（3）本例视频由三段小视频组成，可为这三段小视频制作菜单。方法是：拖动控制条至第二段视频的开始处，单击“上一帧”或“下一帧”按钮执行精确到帧的操作；单击“添加章节”按钮，该段视频的第一帧就呈现在章节轴中。重复该方法，为第三段视频制作目录。单击“确定”按钮。

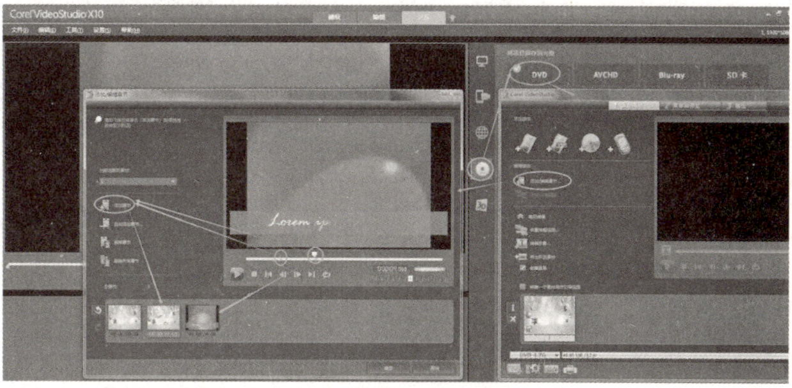

图5. 46　DVD菜单制作

（4）制作DVD菜单的封面。单击“下一步”按钮，进入“菜单和预览”页面，单击“添加注解菜单页面”按钮，选择会声会影提供的封面模板，输入需要呈现在菜单上的文字，如DVD名称、每个视频片段的名称等，如图5.47所示。

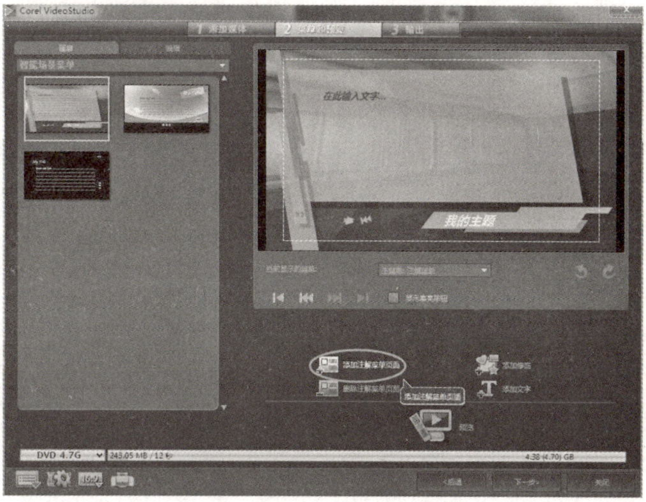

图5. 47　制作DVD菜单的封面

（5）输出DVD。单击“下一步”按钮，进入“输出”页面，把空白光盘放入计算机的DVD驱动器中，单击“刻录”按钮，开始刻录。

5. 3D影片

“3D影片”方式用于创建3D视频，输出格式为MPEG2、AVC/H.264、WMV和MVC等，但其效果比较一般。

5.4 视频文件格式转换

视频质量与视频大小互相制约，例如，目前常见的25帧全高清（1920×1080像素）视频，每个像素深度为24位（bit），每秒视频文件大小为：

$$(1920 \times 1080) \times 24 \div 8 \times 25 = 155520000\text{B} \approx 148\text{MB}$$

若要压缩文件的大小，则需要牺牲视频质量。视频文件既要保持一定的清晰度，又不能使文件太大，要保证视频大小和质量的均衡，同时要保证视频通用性。完成这一工作的就是视频编码，根据不同的播放设备、传输带宽、观看环境等条件，灵活设定视频的分辨率、码流等视频基本参数，封装视频文件，使视频在文件大小、清晰度、流畅度之间取得均衡。

视频文件格式种类繁多，差异较大。因此，在视频制作和播放中经常需要对视频格式进行转换，转换的软件很多，可以在网上搜索并下载，主要包括Video Converter（如图5.48所示）、格式工厂（Format Factory）、思优视频转换器（如图5.49所示）等，它们都支持包括RMVB、WMV、RM、AVI、MPEG1/2/4、VCD/SVCD/DVD、MOV、DivX、XVid、ASF、3GP、FLV在内的几乎所有视频文件格式的相互转换。

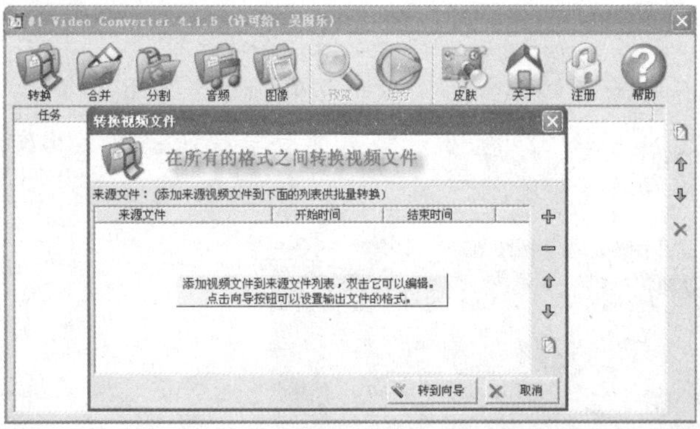

图5.48　Video Converter主界面图

图5.49　思优视频转换器主界面

其中，格式工厂是最常用的视频文件格式转换工具之一。格式工厂界面如图5.50所示。下面以格式工厂2.0为例介绍视频转换步骤。

（1）单击“所有转到MP4”按钮，在弹出的对话框中单击“添加文件”按钮，选择需要转换为MP4格式的视频文件，单击“确定”按钮，回到格式工厂的主界面。

（2）单击“开始”按钮，进行视频转换。

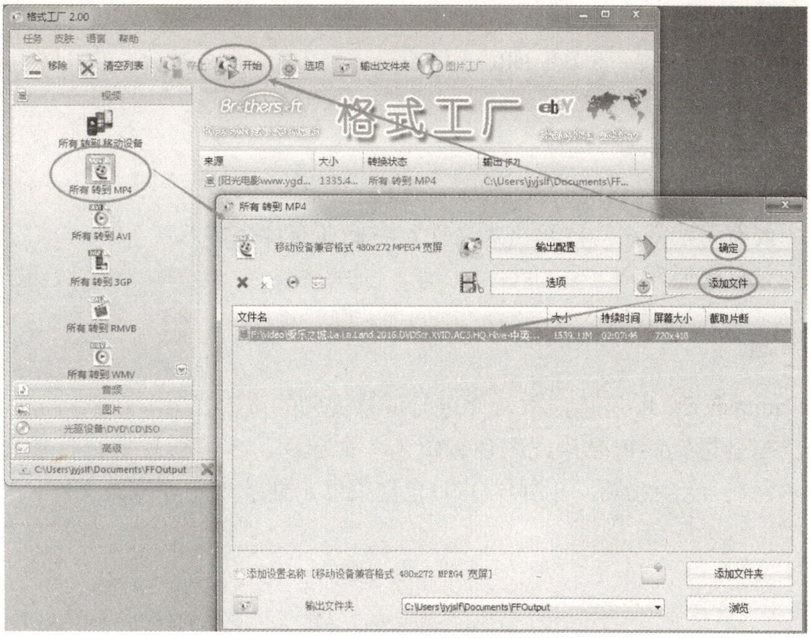

图5.50　利用格式工厂转换视频格式

本章小结

由于人类的视觉具有视觉暂留和似动现象的特性，因此，可以将静态图像以一定的帧率记录并播放，并以一定的视频编码格式进行封装，形成视频文件，产生动态的影像。微视频已经成为大众进行网络传播的常用形式。记录计算机屏幕上的视频需要利用Snagit、Camtasia Studio等软件。无论是用照相机或摄像机拍摄的视频，还是从计算机屏幕上录制的视频，都需要使用会声会影等视频编辑处理软件进行编辑与处理，可以根据需要裁剪视频，为视频素材添加转场、字幕、画中画、标题、配音、背景音乐等效果，并以多种形式输出。

练习与思考

一、单项选择题

1. （　　）不是屏幕截取软件。

   A）Dreamwaver　　B）Camtasia Studio　　C）Snagit　　D）屏幕录像专家

2. （　　）不是视频软件格式。

   A）AVI　　B）MP4　　C）WMV　　D）PSD

3. 会声会影不能在视频中完成（　　）操作。

   A）添加字幕　　B）画中画　　C）转场

   D）在视频中插入互动问题，由观众单击选项回答

4. (　　) 不是视频编辑软件。

A) Adobe Premiere　　B) After Effect　　C) Photoshop　D) Movie Maker

二、简答题

5. 什么是视频？简述视频图像的数字化过程。
6. 简述主要有哪些常用的视频格式文件？它们各有什么特点？
7. 简述视频呈现原理。

三、操作题

8. 利用Camtasia Studio屏幕截取软件进行屏幕视频的截取。

9. 利用会声会影软件把照片或图片编辑为一个影片，要求影片具有背景音乐、标题字幕，添加转场效果、滤镜效果，并制作DVD光盘菜单，刻录为光盘镜像文件。

第6章 网页设计与制作

WWW（World Wide Web，又简称为Web）即“万维网”，是一种提供文本、图像、动画、声音、视频等多媒体形式的信息服务，它具有分布式信息存储和超链接的资料检索等特点，被应用在生活的各个领域，是Internet平台的主要服务之一。要使信息在WWW上有效地展示，就需要设计、制作网页和建立网站。本章将讲述网页制作的基本概念、工具和方法，介绍HTML基础，简述网站设计的基本流程与用Dreamweaver软件进行网页制作的方法。

6.1 网页制作基础

6.1.1 基本概念

1. 网页相关概念

（1）网页（Web Page）

网页是指浏览网站时看到的一个个页面，是一种独立的超文本文件，扩展名为.htm或.html。网页是Web服务中最主要的文件类型，通常存储于网络中的某一个服务器上，通过网址或URL描述其具体存放位置，以超文本置标语言（Hypertext Markup Language，HTML）编写。与普通文本相比，超文本具有两个特点：①它既可以含有简单文本，又可以加入表格、图像、动画、声音和视频等多种内容，在浏览器中呈现页面效果；②它能够提供索引式链接，可从一个页面跳转到另一页面，得以实现与网络上的各种网页相连。

（2）网站

网站是为网络用户提供信息的场所，是设计者为了表达某些主题内容而设计的多个网页组合，并利用超链接把相关栏目内容的网页组织起来，存放在Web服务器上。用户通过网络和浏览器从一个页面跳转到另一个页面，实现对整个网站的浏览。

（3）主页

主页是网站的第一页，即首页，浏览者可通过主页链接到网站其他页。主页是网站的核心，对整个网站内容起到索引的作用，便于用户浏览整个网站的内容。主页一般与一个网址相对应。

（4）站点

站点是制作网站时在机器上的一个物理位置，即在硬盘上保存文件的地方。创建站点的目的是，用户在制作、修改网页时，能方便地管理站内的各种目录、文件或上传到Web服务器上。例如，Adobe 公司的Dreamweaver软件就具有创建站点的功能。

2. 网页常用术语

（1）域名

域名是Internet上的一个服务器或一个网络系统的名字。域名具有唯一性，在全世界范围内，没有重复的域名。域名分为国内域名和国际域名两种。国内域名由中国互联网络信息中心（China Internet Network Information Center，CNNIC）审批并维护，国际域名由专门的国际机构审批并维护。从技术上讲，域名只是在Internet中用于解决与IP地址对应问题的一种方法。

（2）IP（Internet Protocol）地址

IP地址是在网络上分配给每台计算机或网络设备的32位或128位的数字标识。在Internet中，每台计算机或网络设备的IP地址都是唯一的。一个IP地址实际上由网络ID号和主机ID号两部分组成。IPv4地址的格式是xxx.xxx.xxx.xxx，其中xxx是0～255之间的任意整数。例如，某网站主机的IP地址是212.22.142.154。

（3）HTTP（Hyper Text Transfer Protocol，超文本传输协议）

HTTP是WWW浏览器和WWW服务器之间的应用层通信协议。HTTP协议是基于TCP/IP的协议，它不仅要保证正确传输超文本文档，还要确定传输文档中的哪一部分，以及哪一部分内容首先显示（如文本先于图形）等。

（4）FTP（File Transfer Protocol，文件传输协议）

FTP是在计算机和网络之间交换文件的最简单的方法。FTP的主要功能是上传、下载文件，查询文件目录，更改文件名称及删除文件等。

（5）Web服务器

Web服务器是放在网络中某个节点上的计算机，装有某种服务系统，拥有独立的IP地址。当客户向URL所指定的Web服务器发出请求时，Web服务器根据请求的程序返回相应的内容至客户端，按HTTP协议进行交互。

（6）URL（Uniform Resource Locator，统一资源定位器）

用一种统一的格式来描述各种信息资源，包括文件、服务器的地址和目录等，语法是：<服务类型>://<主机IP地址或域名>/<资源在主机上的路径>。例如：http://www.scut.edu.cn。

（7）超链接

超链接指站点内不同网页之间、站点与Web之间的链接关系，由链接载体（源端点）和链接目标（目标端点）两部分组成。超链接使站点内的网页成为有机的整体，并使不同站点之间建立了联系。

（8）导航条（Navigation）

导航条相当于网站的目录，指通过一定的技术手段，为网站的访问者提供一定的途径，使其可以方便地访问到所需的内容。主页的导航条提供包括网站所有内容的链接。

（9）表单

表单是指供浏览者填写并提交信息的交互网页，例如，申请邮箱时在网上填写的页面。

（10）发布

将制作好的网页或网站传到网络上的过程就是发布。网站发布后才能在网上被浏览到。

（11）浏览器

浏览器是网页浏览器的简称，是一种Web服务的客户端浏览程序软件。它可向Web服务器发送各种请求，并对从服务器发来的超文本信息和各种多媒体数据格式进行解释、显示和播放。浏览器主要通过HTTP协议与Web服务器进行交互并获取网页。

3. 构成网页的基本元素

网页可以组织展示各种多媒体素材，构成网页的基本元素包括文本、图形图像、声音、动画和视频等。文字和图片、超链接是构成一个网页的最基本的元素。

4. 网页的种类

（1）静态网页

静态网页指在浏览器中网页内容、形式及所呈现的效果与事先设计的完全一致、固定不变，且客户端与服务器端不能发生信息交互的网页，通常仅用HTML语言编写。静态网页的后缀名有htm、html、shtml、xml等。

（2）动态网页

动态网页包括DHTML（Dynamic HTML）动态网页和服务器端动态网页。

DHTML是指使用CSS（层叠样式表）、JavaScript脚本语言、DOM（文本对象模型）与HTML相结合制作的网页。它能令页面在浏览器上产生动态显示的特殊效果，使网页更加精美。由于使用DHTML制作的网页只需用浏览器解释，便可呈现网页动态显示效果，故也称“客户端动态网页”。

服务器端动态网页，是指客户端与服务器端能够发生交互信息的网页，其内容能够自动更新。在网页上，通过预先编写相应功能的应用程序，由服务器自动生成相应的HTML代码，返回用户端的浏览器呈现用户所需的信息。目前，服务器动态网页通常是基本的HTML语法规范与Java、VB、VC等高级程序设计语言及数据库编程等多种技术的融合，常用的技术有ASP、ASP.NET、PHP、JSP等。动态网页的后缀名有asp、php、do、aspx、jsp等。

制作动态网页和静态网页都需要使用HTML语言，HTML语言是网页设计的基础。

6.1.2　网页设计

网页设计是指使用置标语言，通过一系列设计和执行的过程，将电子格式的信息通过互联网传输，最终以图形用户界面的形式被用户所浏览的过程。

1. 网页设计相关规范

随着浏览器和W3C标准一致性的改善，XHTML/XML（可扩展标识语言）与CSS（层叠样式表）共同用于网页内容的设计已经被广泛接受和使用。最新的标准和建议则是朝着浏览器的能力扩充和改善方向发展，使之能够不需要插件程序也能够给用户传输多媒体信息和更多的选择，例如HTML5标准。

2. 网页设计的目标

简言之，网页设计的目的是产生网站。网页设计的工作目标是通过使用合理的页面设计美化手段，在功能限定的情况下尽可能给予用户完美的体验。高级的网页设计甚至会考虑通过声光、交互等来实现更好的视听感受。按网站的功能不同，可分为三类：① 服务、软件等功能型网页设计，例如百度搜索引擎、淘宝等；② 品牌形象型网页设计，例如各景点网站；③ 门户信息型网页设计，例如网易门户等。

3. 网页设计的原则

网页页面的元素组合原则有五大原则。

（1）统一：是指设计作品的整体性。在设计中切勿将各部分孤立分散而导致画面凌乱。

（2）连贯：是指要注意页面的相互关系。设计中应使各部分在内容上有内在联系，在表现形式上相互呼应，并注意整个页面设计风格的一致性，实现视觉上和心理上的连贯。

（3）分割：是指将页面分成若干小块，小块之间有视觉上的不同，这样可以使观者一目了然。换言之，分割是对页面内容的一种分类归纳。

（4）对比：通过矛盾和冲突，使设计更加富有生气。对比手法很多，例如，黑与白、动与静等。在使用对比的时候应慎重，对比过强容易破坏美感，影响统一。

（5）和谐：是指整个页面应符合美的法则，如第1章所述。和谐不仅要看结构形式，而且要看作品的视觉效果能否与人的视觉感受形成一种沟通，产生心灵的共鸣。这是设计能否成功的关键。

6.1.3 常用工具

1. HTML网页文件编写工具

目前制作网页的工具很多，按其工作方式不同，主要分为两种：代码编辑工具和可视化编辑综合工具。

（1）代码编辑工具

此类工具是直接编写HTML源代码的软件，例如Windows系统中的记事本，使用时直接在代码编辑区输入网页代码，然后保存成网页文档，在浏览器中打开即可。

采用代码编辑工具，用户便于控制代码，能够较好地实现HTML代码在浏览器中的显示效果，网页的代码较为精练。缺点是只适用于对网页制作语言比较熟悉的用户。

（2）可视化编辑综合工具

用户可以借助此类工具的各种快捷按钮和属性选项，以“所见即所得”的方式制作网页，系统会自动生成相应的代码；同时，用户又可以在代码编辑窗口中输入代码编辑网页。此外，此类工具还具有创建、管理站点文件等功能，适用于整个网站的建设和管理。目前具有代表性的软件是Adobe Dreamweaver。在实际应用中，人们更多地采用可视化编辑综合工具制作网页，使用可视化与代码相结合的编辑方式，以提高工作效率。因此，不仅需要掌握可视化的制作工具，还要熟悉编写网页语言的代码。

采用可视化编辑综合工具的优点是代码可由系统自动生成，用户即便不熟悉网页制作语言也可制作出网页。当然，由系统自动生成的代码难免产生一些冗余，因此熟悉HTML语言的用户可以在代码编辑窗口中输入代码以减少冗余。

2. 美化网页的工具

要制作一个内容丰富精彩，页面引人入胜的网页，需要使用网页美化工具对网页的基本元素，如图片、文字、音频等，进行美化。这些软件主要是本书前面章节提到的相关软件，包括图形图像处理软件（如Illustrator和Photoshop 、InDesign、CorelDraw等）、动画/影视制作软件（如Adobe Flash/Animate等）、音频处理软件等。

6.1.4　网站设计

1. 网站设计的基本原则

网站设计是多种多样的，其设计风格因人而异。为设计出合理、使用方便且符合规范的网站，需掌握以下几个基本原则。

(1) 定位性。设计网站之前首先要明确设计思想和风格。例如，对象是面向什么群体，要达到什么目标等。网站的定位可分为个人性质、信息性质和商业性质。个人网站一般是为了展示其个性和风采，比较着重于艺术的表现。信息网站主要是为用户提供信息，比较着重于内容和结构的条理性等。商业网站则着重于宣传，一般多以文字加图像、动画等方式吸引或提高观众的注意力。

其中“风格”是抽象主观的概念，是指网站的整体形象给浏览者的综合感受。有风格的网站与普通网站的区别在于：在普通网站上看到的只是堆砌在一起的信息，只能用理性的感受来描述，如信息量、浏览速度等；有风格的网站除了获得内容外，还有一些感性的认识，如站点的品位，对浏览者的态度等。有时为了方便设计出风格一致的网页，可以用模板来控制风格。风格的形成不是一次定位的，可以在实践中不断强化、调整和改进。

(2) 规范性。网站中的文档较多时，要按栏目内容或素材种类建立子目录存放，目录的层次不宜太多，忌用中文命名文件夹，以免某些软件系统不能对中文有良好的支持而导致出错。为便于以后的管理和维护，文件要以含义清晰的名称命名。

(3) 精练性。网页内容要丰富而精练，避免空洞。浏览者从主页跳转到所需阅读的信息，点击一般不应超过三次，因此网站的页面结构最多设为三级，即主页、栏目页和文章页。重要信息应放在页面上方或浏览者容易注视到的位置。

(4) 观赏性。网站由多个页面组成，同一级的页面应该保持相同的设计风格，如色调、字体和字号等风格要统一。设计页面要注意左右平衡，例如，页面的左边文字较多，比较密集，而右边文字少，空余地方较多，则页面会显得不平衡，这时可在右边添加一些过渡色或图像以达到左右平衡。

(5) 兼容性。设计时要考虑网络环境、系统、屏幕分辨率、浏览器等环境因素的兼容性影响，例如，不同的浏览器对网页代码的标准支持可能有差别，由此造成同一个网页显示效果有差异，甚至不能正确显示。因此设计出来的网页应选用一些有代表性的浏览器进行测试，有问题及时处理；对并发性用户较多的网站尽可能减少多媒体信息，以便提高用户的访问速度。

2. 网站建设流程

要设计出一个精美的网站，前期工作必不可少。一个网站的成功与否，很重要的一个因素在于它的构思，好的创意及丰富翔实的内容才能够让网站充满勃勃生机。网站建设的基本流程如图 6.1所示。

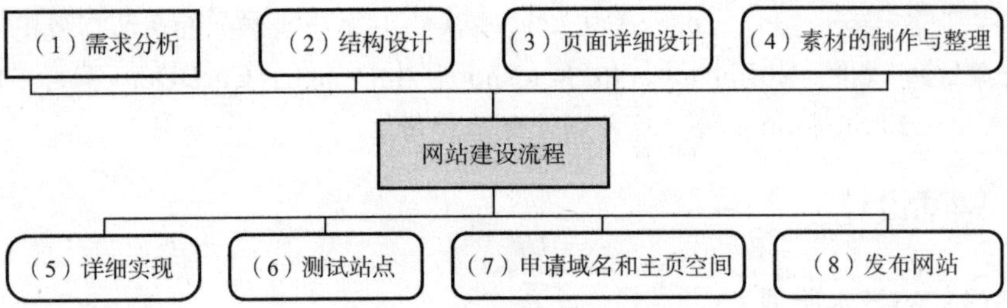

图 6.1　网站建设基本流程

(1) 需求分析

在网站建设前期，需要进行需求分析（请见7.3.1），清楚网站的目标和网站的访问对象(即前面提到的网站的定位性)，然后确定网站的主题及风格。

(2) 结构设计

结构设计即网站建设的整体框架设计。确定网页之间的链接关系，是网站设计能否成功的关键所在。如果对网站的总体结构了如指掌，设计起来就会得心应手。但是如果网站的总体结构比较混乱，在设计的过程中也就会颠三倒四，无法将自己的想法表达出来，这样的网站一般不会很成功。一般网站的组织结构都采用树状结构。

(3) 页面详细设计

在制作网页之前应设计出每个网页的页面结构，即此页中栏目和模块的划分。大多数网站都是用布局表格来布局页面结构的，有时也结合框架技术来完成。

(4) 素材的制作与整理

在对网站有了一个详细的设计后，还需要有丰富的内容去充实它，因此在网站建设前需要收集制作所需的素材，包括图片、音频、视频及相关文字内容等。Internet服务最迷人之处在于它的信息量极大丰富。如果网页只有漂亮的外观而实质内容很少，就不会有多少人在网页中停留。还要注意的是，网站的内容必须合法。

(5) 详细实现

要建立一个网站，还需要选择用哪种方法来实现它。目前，能够用于设计网站的方法有很多，可以使用HTML语言来编辑，也可以使用网页制作工具（如Dreamweaver）来设计网站。一般先创建站点，然后制作主页，再制作其他页面。对于一个初学者来说，建议使用可视化编辑综合工具来设计网站的框架，然后再用Java和JavaScript等编辑语言来对网站进行修饰，对网页进行特效处理等。该过程即为编码与集成过程。

Tips　步骤 (4) 和步骤 (5) 可以交叉进行。

(6) 测试站点

网站制作完成后需要在本地进行测试，测试的目的主要是检查网页文件在不同浏览器中的显示效果，以及网页之间或者网页和资源之间是否存在错误链接，以保证整个网站的正确性。

(7) 申请域名和主页空间

域名是不可再生资源，域名的申请可以放在网站流程的第（1）步。域名一般和网站主题或企业名称有关，可以是全拼（如www.baidu.com）或首字母（如www.scut.edu.cn），可以加地域或数字，但一定要有意义且容易记住。

(8) 发布网站

当购买域名后，还需要有域名可以访问到的地方，这时候就要自建或租用一个虚拟主机的空间，把域名与主机绑定。当访问域名时，就直接进入放在虚拟主机空间里的网站了。目前阿里云、腾讯云等都提供虚拟主机的租赁服务。

Tips　目前，初学者制作个人网站，很多都依赖免费个人空间，其域名也是免费域名。

6.2　网页的结构与内容

目前许多网页是采用可视化网页编辑软件来制作的，但是无论采用哪一种网页编辑软件，最后都是将所设计的网页转化为HTML文档。HTML是搭建网页的基础语言，如果不了解HTML，就不能灵活地实现想要的网页效果。本节介绍HTML的基本概念和编写方法，以及浏览HTML文档的方法，使读者对HTML有初步的了解，从而为以后的深入学习打下基础。

6.2.1　HTML简介

HTML作为一种置标语言，本身不能显示在浏览器中，需要经过浏览器的解释和编译，才能正确地反映HTML语言的内容。HTML从1.0版到5.0版经历了巨大的变化，从单一的文本显示功能到多功能互动，经过多年的完善，已经成为了一种非常成熟的语言。

HTML利用标签来描述超文本内容的显示方式。最基本的语法是：<标签>内容</标签>。当浏览器收到HTML文档后，就会解释里面的标签，然后把标签相对应的内容表达出来。例如，遇到<B></B>标签时，就会把此标签中的所有文字以粗体样式显示出来。

6.2.2　HTML基本语法

编写符合标准和规范的网页必须正确掌握HTML的语法。HTML的基本语法和规范如下。

(1) HTML文档由HTML标签组成。HTML标签是以“<”和“>”符号括起来的字符，构成一个标签，例如：<title>、<body>、<p>等。

Tips　标签不区分大小写，写成<title>、<TITLE>和<Title>均可。为符合规范，建议全部采用小写。

(2) 标签有双标签和单标签。双标签由开始标签和结束标签组成，例如：<title>和</title>，标签中的“/”符号表示结束。单标签只有开始标签，例如：
、<img>、<input>等。

Tips　在HTML中属于单标签的为数不多，大部分属于双标签。

(3) 双标签以成对方式出现，例如：“<title>网页标题</title>”。

(4) 单标签因无结束标签，可直接使用，例如：“在文本后面换行
”。

Tips　为符合规范，可在单标签名后加上空格和斜杆符“ /”，例如：
表示结束这个标签。

(5) 为进一步扩展标签的用法，在开始标签中可加入属性。加入多个属性时，属性之间以空格间隔。属性名和属性值必须小写，属性值也需要加上引号。格式如下：

```
<标签名 属性1="属性值1" 属性2="属性值2"…>
```

例如：

```
<img src="p1.jpg" width="600" height="400" alt="这是一幅中国画" />
```

（6）标签与标签可嵌套使用，例如：<p><table></table></p>，但不能写成：<p><table></p></table>。

（7）HTML语言注释方法是在注释的前后加上“<!--”和“-->”标签。格式如下：

单行注释：

```
<!--注释语句-->
```

多行注释：

```
<!--
注释语句1
...
注释语句n
-->
```

（8）在HTML语言的字符串中，如果有多于两个以上的空格符，则当作一个空格处理，回车符也不起作用。因为HTML语言中有专门的符号和标签替代它们，空格使用“ ”符号，回车符使用“
”标签。

例如，多个空格（为了看出效果，这里用□表示空格）：

“<p>只会□□□□□□□□□□空一格</p>”

只当一个空格处理：

“<p>只会□空一格</p>”。

再如，使用回车符：

```
<p>
欲穷千里目,(回车符)
更上一层楼。
</p>
```

实际上回车符不起作用：

```
<p>
欲穷千里目，更上一层楼。
</p>
```

6.2.3 文档结构

HTML定义了4种标签用于描述页面的整体结构。页面结构标签不影响页面的显示效果，它们帮助HTML工具对HTML文档进行解释和过滤。这些标签是可选的，即使不使用，浏览器仍能读取页面。一般的页面结构如下：

```
<!doctype html>
    <html>
        <head>
            <title>网页标题</title>
```

```
        ……
    </head>
    <body>
            文档主体，正文部分
        </body>
</html>
```

各标签含义如下。

（1）<!doctype html>：告知浏览器文档所使用的HTML规范，该标签即使不使用，浏览器仍能读取页面。

（2）<html>标签：表示网页文档的开始。结束标签</html>应该出现在HTML文档的尾部。

（3）<head>标签：HTML文档分“头部”和“主体”两部分，“头部”文档以<head>标签为开始，一般包括标题和主题信息，以结束标记</head>标签指明文档“头部”内容的结束。

“头部”文档比较常见的标签有<title>、<meta>、<style>、<script>等。除用<title>标签定义网页的标题外，其他描述信息都不会显示在浏览器的页面上。

（4）<body>标签：文档的“主体”部分以<body>标签为开始，指明文档的主体区域，表示正文开始，以</body>标签为结束。该主体部分用来放置文本、表格、图像、多媒体等各种网页内容，这些内容均以HTML标签格式严格定义。

6.2.4 “头部”标签

在<head>标签对中，通常会包含这样一些标签：<base>、<basefont>、<isindex>、<link>、<meta>、<nextid>、<style>、<title>等。常用头部标签的作用说明如下。

（1）<base>：当前文档的URL全称，即基底网址，使用方法如下。

① <base href="原始地址">：设置本文档的原始地址，使读者知道下载的地址。例如：在HTML中使用<base href="http://www.myweb.com">语句，链接相对位置为<a href="abc.htm">时，浏览器的状态栏的地址将是：http://www.myweb.com/abc.htm。

② <base target="目的框架名">：用来帮助在本地主机中制作网页时，能模拟看到上传后网页所处的位置，检测网站的目录结构非常方便。

例如，以下语句用于把当前框架中的链接显示到content框架中：<base target="content">。

（2）<basefont>：设置整个文档使用同一种指定的字体、字号和颜色。例如：<basefont face="宋体" size=9pt>指网页的文字默认字体是宋体，大小是9pt。

（3）<title>：用来设定显示在浏览器左上方的标题内容。一对<title>标签表明了一个网页的总标题，是<head>标签里面的必需标签。<title>的格式为：

```
<title>标题文本</title>
```

（4）<isindex>：用于设置文档的搜索关键字，由服务器自动产生可用于检索的网关脚本。

（5）<style>：用于在网页文本中设定CSS层叠样式表代码内容。

（6）<link>：用于显示本文档和其他文档之间的链接关系。

（7）<script>：用于设定页面中程序脚本的内容。

（8）<meta>：无信息标签，位于HTML文档的<head>标签对中，用于描述不包含在标准HTML里的一些文档信息，包括网页关键字、描述、刷新、指定服务器和客户端的可用信息等，不显示在HTML页面上，但起着重要的作用。例如，以下语句设置页面的关键字和描述，以便搜索引擎记录并提供给用户查询：

```
<meta name="keywords" content="yourkeyword">
<meta name="description" content="your homepage's description">
```

以下语句表示浏览器将在60秒后自动转到new.htm：

```
<meta http-equiv="refresh" content="60"; url="new.htm">
```

利用这个功能可以使网页在若干设定时间之后，自动跳转到目录页中。如果缺少url项，浏览器将刷新当前页面，例如，WWW聊天室的定期刷新。

6.2.5 “主体”标签

1. 文档整体属性标志

（1）用于设置文字的颜色

<body alink="">	设置正在被击中的链接的颜色，使用名字或RGB的十六进制值
<body link="">	设置链接颜色，使用名字或RGB的十六进制值
<body text="">	设置链接文本颜色，使用名字或RGB的十六进制值
<body vlink="">	设置已使用的链接的颜色，使用名字或RGB的十六进制值

Tips 文字的颜色要与背景色有明显的差别，即存在一定的反差，以便于读者浏览。

（2）用于设置页面的背景

<body bgground="">	设置背景图案，该图案在页面内平铺
<body bgproperties="">	设置背景图案的滚动属性，若设置成fixed，则背景图案不滚动
<body bgcolor="">	设置背景颜色，使用名字或RGB的十六进制值

Tips 颜色设置在主页制作时至关重要。例如，采用深色调背景图案和浅颜色的文字时会发生什么情况呢？由于浏览器调用页面的顺序是“背景色—文字—背景图案”，网页的默认背景色是白色，在背景图案没有显示的情况下，浅颜色的文字在白色背景下很难阅读，因此，应该定义一个与背景图案颜色一致的背景色。

（3）页边距设置标签

<body leftmargin="">	左边的页边空白
<body topmargin="">	顶端的页边空白
<body marginwidth="">	左右两边的页边空白宽度
<body marginheight="">	上下两边的页边空白高度

2. 文字结构标签

标签格式

<h1></h1>…<h6></h6>	定义1 ~ 6级标题
<p></p>	创建一个段落

 	插入一个回车换行符
<blockquote></blockquote>	从两边缩进文本
<ol></ol>	创建一个标有数字的有序列表
<ul></ul>	创建一个标有圆点的无序列表
<li>	放在每个列表项之前
<dl></dl>	用于定义一个列表
<dt></dt>	用于定义列表的条目
<dd></dd>	用于解释描述条目

Tips 阅读时往往先看到标题，因此标题很重要。HTML使用6对标签<h1></h1>…<h6></h6>来定义6级标题，一级标题文本最大，之后递减，标题都以加粗文字显示。在标签中可以加入align属性控制标题的对齐方式，如<h1 align="center">标题文字</h1>表示标题以居中方式对齐。标题字标签，比较常见的用法是将一级到四级分别用于定义网页内容的主题、副标题、栏目标题和子栏目标题。<dt></dt>和<dd></dd>都必须放在<dl></dl>标签对之间。

例如，如下代码将显示各级列表，读者可编辑后在浏览器中查看效果：

```
<body>
  <h3>网页制作</h3>
    <ol>
      <li>网页制作基础</li><li>网页的结构与内容</li><li>修饰美化网页</li>
    </ol>
  <h3>网站设计步骤</h3>
    <ul>
      <li>前期准备工作</li><li>在软件中制作</li><li>测试并发布</li>
    </ul>
  <dl>
    <dt>Dreamweaver</dt><dd>网页制作软件</dd>
    <dt>Flash</dt><dd>动画制作软件</dd>
    <dt>Photoshop</dt><dd>图形、图像处理软件</dd>
  </dl>
</body>
```

3. 文本格式标签

标签格式

<b></b>与<i></i>	黑体字与斜体字
<em></em>	强调文本（通常是斜体加黑体）
<strong></strong>	加重文本（通常是斜体加黑体）
与	上标与下标标签
<cite></cite>	引用标签

例如，下列代码分别对文字进行了不同的格式设置：

```
<body>
```

```
    <p><b>黑体字文字</b> </p>
    <p><i>斜体字文字</i> </p>
    <p>求解：x<sup>2</sup>+2x-48=0</p>
    <p>得：<br>x<sub>1</sub>=-8<br>x<sub>2</sub>=6</p>
    <p> <cite>“好好学习，天天向上。” </cite></p>
    <p><em>学</em>以致<strong>用</strong>。</p>
</body>
```

4. 图像标签

标签格式：<img>

<img>标签的作用是把图片文件链接到网页中显示。<img>标签必须带src属性一起使用，src属性用来指定链接的图片文件，文件名前面可加路径。网页常用的图片格式有GIF和JPEG两种。除此之外，<img>还可以带其他属性，用于设置图形大小、边框、提示信息等。例如，插入名为“sample.jpg”的图片，提示信息为“这是一幅图片”，设置：宽504px，高390px，右对齐，边框大小为3。代码如下：

```
<img src="sample.jpg" width="504" height="390" border="3" align="right" alt="这是一幅图片" >
```

5. 表格标签

标签格式：

<table></table>	表格标签
<tr></tr>	行标签
<td></td>	单元格标签
<th></th>	表格头标签
<tbody>…</tbody>	标签表格主体（正文）
<thead></thead>	对 HTML 表格中的表头内容进行分组
<tfoot></tfoot>	用于对 HTML 表格中的表注（页脚）内容进行分组

<table></table>标签用来创建表格。在网页中，表格有两种用途：一是构造多行多列的数据表格，二是用来定位网页的各种元素，也就是使用表格布局。表格有两个常用属性：border用于设置表格边框的粗细，若属性值为0（或不设此属性），则不显示表格边框线；width用于设置表格的宽度。tbody 元素应该与 thead 和 tfoot 元素结合起来使用。例如，创建一个2行2列的表格，表格宽700px，边框为1px。代码如下：

```
<table width="700" border="1">
    <tbody>
        <tr>
          <td> </td>
          <td> </td>
      </tr>
      <tr>
        <td> </td>
        <td> </td>
      </tr>
```

```
</tbody>
</table>
```

6. 链接标签

标签格式：<a href="url"></a>

<a>就是定义链接标签，创建超链接时它与href属性一起使用，href的值是URL形式的，它可链接到网页、网址、邮箱、FTP等。例如，下列代码实现各种链接：

```
<a href="page2.htm">跳转到另一个页面</a>
<a href="http://www.scut.edu.cn/">华南理工大学</a>
<a href="mailto:user1002@163.com">电子邮箱</a>
<a href="ftp://222.201.187.249/">FTP服务器</a>
<a href="网页制作素材.rar">下载文件</a>
<a href="page2.htm" target="_blank">以新的窗口打开另一个页面</a>
```

7. 表单标签

标签格式：

<form></form>	用于定义表单的开始和结束位置
<input type="" >	用于定义表单的输入区域，type属性可设置多种输入区域类型
<select></select><option>	用于定义下拉列表框或复选的列表框
<textarea></textarea>	用于定义多行的文本

例如，先建立一个文本框表单，分别建立单选框、复选框表单，再建立一个多行文本框，最后建立重置按钮和提交按钮。代码如下：

```
<form action="someProcessingFile" method="post">
  <p>
    请输入姓名（文本框）：<input type="text" name="username" /><br>
    请选择喜欢吃的水果（单选）：
    <input type="radio" name="fruits" value="Apple" checked="checked" />芒果
    <input type="radio" name="fruits" value="Banana" />西瓜
    <input type="radio" name="fruits" value="Orange" />樱桃
  </p>
  <p>多项选择：<br>
    <select name="fruits" size="2" multiple="multiple">
    <option value="Apple">苹果</option>
    <option value="Banana">香蕉</option>
    <option value="Orange">橘子</option>
    </select>
  </p>
  <p>请输入信息（多行文本框）：<br>
    <textarea name="comment" cols="40" rows="6">
    请在此区域输入信息
    </textarea>
```

```
    </p>
    <p>
        <input type="reset" value="重置"/>
        <input type="submit" value="提交" />
    </p>
</form>
```

8. 添加声音

标签格式：<audio>

<audio>标签用于给网页嵌入音频元素。音频元素的来源可通过src属性来指定。其他常用的属性有控制自动播放的autoplay、循环播放的loop、在网页加载时自动加载音频的preload等。例如：

```
<audio src="someaudio.wav" controls autoplay>
</audio>
```

9. 添加动画和视频

标签格式 <embed>、<object><param>

<embed>为HTML5新增的标签，其用来嵌入多媒体动画和视频对象，如Flash动画、AVI、FLV视频等。常用的标签属性包括用于指定嵌入对象来源的src，以及指定嵌入对象MIME类型的type。

通过<object>和<param>标签可以将视频嵌入网页。除了视频外，object还可应用于其他多媒体资源，例如图像、动画等。使用（object）标签时，一般需用 type属性指定该对象的文件类型。其他常用属性也包括对媒体播放器的大小设定，如width和height。例如，以下代码以两种形式插入动画或视频：

```
<object type="video/mpeg" width="150" height="134">
    <param name="src" value="sample.avi" />
    <param name="autostart" value="false" />
    <param name="loop" value="true" />
</object>
<embed
    src="qhtp.swf"
    type="application/x-shockwave-flash"
    width="200" height="150">
</embed>
```

6.2.6 HTML5

1. 简介

HTML5 是 W3C（World Wide Web Consortium，万维网联盟）与 WHATWG（Web Hypertext Application Technology Working Group）合作的结果。WHATWG 致力于 Web 表单和应用程序，而 W3C 专注于 XHTML 2.0。在 2006 年，双方决定进行合作，来创建一个新

版本的 HTML。HTML 的上一个版本诞生于 1999 年，之后，Web 世界经历了巨变。目前，HTML5 虽然仍处于完善之中，但将成为 HTML、XHTML 及 HTML DOM 的新标准。最新版本的 Safari、Chrome、Firefox 及 Opera已经支持某些 HTML5 特性，Internet Explorer 最新版本也将支持某些 HTML5 特性。

2. HTML5 的新特性

HTML5的新特性基于 HTML、CSS、DOM及 JavaScript，包括：

- 减少对外部插件的需求（比如 Flash）；
- 更优秀的错误处理；
- 更多取代脚本的标签；
- HTML5 应该独立于设备；
- 开发进程应对公众透明。

3. 新增的结构元素

HTML5 中新增了元素，包括：

- 用于绘画的 canvas 元素；
- 用于媒介回放的 video 和 audio 元素；
- 对本地离线存储的更好的支持；
- 新的特殊内容元素，如 article、footer、header、nav、section；
- 新的表单控件，如 calendar、date、time、email、url、search。

（1）新增的主体结构

article元素的使用方法说明如下：

<article>元素用于代表页面的独立；

在<article>元素内部使用<header…/>定义文章的标题部分；

在<article>元素内部使用<footer…/>定义文章的脚注部分；

在<article>元素内部使用多个<section…/>把文章内容分成几个“段落”；

在<article>元素内部可嵌套多个<article…/>作为它的附属文章。

nav元素专门用于定义页面上的“导航条”，包括上方的“主导航条”、侧边的“边栏导航”、页面内部的“页面导航”、页面下方的“底部导航”等。例如：

```
<nav>
  <ul>
    <li><a href="index.html">Home</a></li>
    <li><a href="previous.html">Previous</a></li>
    <li><a href="next.html">Next</a></li>
  </ul>
</nav>
```

aside元素专门用于定义当前页面或当前文章的附属信息。例如：

```
<p>Me and my family visited The Epcot center this summer.</p>
<aside>
    <h4>Epcot Center</h4>
    The Epcot Center is a theme park in Disney World, Florida.
```

```
</aside>
```

（2）新增的非主体结构

header元素：该元素主要为<article…/>定义元素的“头部”信息。

hgroup元素：该元素主要用于组织<h1>…<h6>的标题元素。

footer元素：主要用于为<article…/>元素定义脚注部分。

Address元素：通常位于文档的末尾，用来在文档中呈现联系信息。

figure元素：该元素用于表示一块“图片区域”，该元素内部包含一个或多个<img…/>。

例如，将如下代码插入<body></body>内，在浏览器中打开该文件，效果如图 6.2所示。

```
<article>
  <header>
    <hgroup>
      <h1>第6章 网页设计与制作</h1>
      <h2>6.1 简介</h2>
    </hgroup>
  </header>
    <section>WWW（World Wide Web）即“全球信息网”，是Internet平台的主要服务之一。
    </section>
    <section>本章将讲述网页制作的基本概念、工具和方法。
    </section>
    <figure>
      <p>网站banner</p>
      <img src="images/street_sign.jpg" width="300" height="300" />
    </figure>
    <footer>
     <p>Posted by: scut</p>
    </footer>
    <address>
    <a href="mailto:12345@qq.com">Please mail to me:</a><br>
    Cafe Townsend <br>
    NO.201 ,Unit1,buildingNo.1,SHENGDEDistrict<br>
    </address>
 </article>
```

Tips 本节出现的所有示例代码，请读者在记事本中编辑并测试。HTML元素很多，请读者查阅标签参考手册：http://www.w3school.com.cn/tags/index.asp学习。

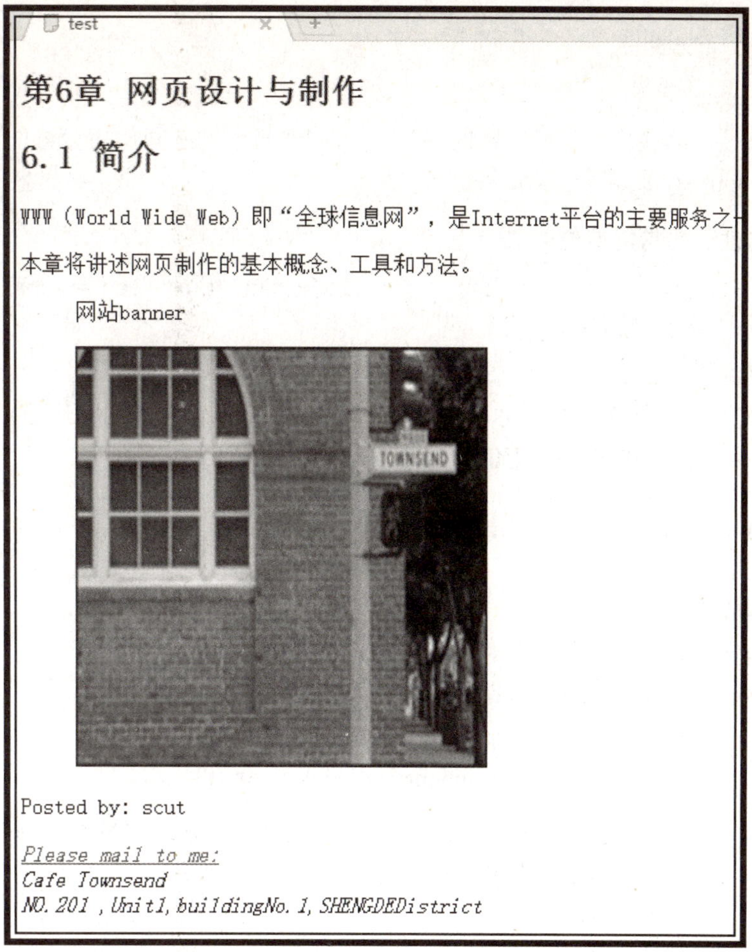

图 6.2　article实例

6.3　修饰美化网页

网页能否给人留下好印象，除内容外，还需要美丽的视觉感受。如果页面视觉悦目、信息有条理、呈现动态显示效果，则能提高用户对网页的阅读兴趣及浏览效率。页面的视觉美感，除了要有好的创意和美术设计外，还需要使用代码技术来实现其设计思想。自CSS（Cascading Style Sheet，意为“层叠样式表”）出现以来，网页设计方式发生了很大的变化，过去网页外观的变化要通过元素标签的属性来设定，现在已由CSS所取代。随着CSS的不断发展，样式表的功能也更加充实、完善，设计者使用CSS实现修饰美化网页变得更加容易。

6.3.1　样式表概述

自1996年W3C开始发布第一版CSS 1.0起，时至今日，新一代的CSS3版本仍然在开发议定中。在CSS颁发之前，网页上的所有功能都是由HTML实现的；有了CSS后，它与HTML标签嵌套在一起，能使网页产生不同的显示效果，因此HTML5取消了HTML4中可用CSS替代的标签。

1. 样式表的基本格式

样式表的基本格式如下：

选择符 {属性1:属性值1; 属性2:属性值2; …}（属性与属性之间使用分号间隔）

例如：p { font-style:italic; color: red }

2. CSS属性值的常用单位

（1）长度单位：pt（磅）、pc（picas，1pc = 12pt）、em（Ems，1em = 12pt）、px（像素）、in（英寸）、cm（厘米）、mm（毫米）。

（2）百分比单位：%。

（3）颜色值单位：英文颜色名称，如red、green、blue等；十六进制RGB值，如#ff0000（红色）、#00ff00（绿色）、#0000ff（蓝色）等。

6.3.2 样式表的创建与引用

1. 样式表创建方式

定义样式表的选择符主要有三种，分别为：

（1）定义标签选择符，如h3 { color:red }。

（2）定义类选择符，如.text { font-family:幼圆 }。

（3）定义ID选择符，如#p1 { text-indent:3em; color: #00ff00 }。

Tips 可视化编辑更利于快速地创建和编辑CSS，因此Web工程师常使用 Adobe Dreamweaver系列软件创建和编辑CSS。

2. 样式表引用方式

有三种方法可以在站点网页上使用样式表。分别为：内联式、内部式、外部式。

（1）内联式

当特殊的样式需要应用到页面的个别元素上时，就可以使用内联式。内联式是把样式表直接写在HTML标签内。例如，<h3 style="color: red">，其中h3是HTML标签，style="..."，是定义行内式样式表的格式，样式写在引号内。

（2）内部式

当单个页面需要特别样式时，可以使用内部式。可以在 head 部分通过 <style> 标签定义内部样式表。例如：

```
<head>
        <style type="text/CSS">
          h3 { color:red }
          p { font    family:幼圆; color:#0000ff }
        </style>
</head>
```

（3）外部式

当样式需要被应用到很多页面上时，通过一个后缀名为.css的外部文件来引入外部样式表将是理想的选择。使用外部样式表，用户就可以通过更改一个文件来改变整个站点的外观。参见例6-1中CSS的应用。

6.3.3　CSS常用属性

（1）字体属性：包括字体的名称、样式、字号大小、粗细等常用字体属性。

（2）文本属性：包括文字对齐方式、行间距等段落格式。

（3）颜色与背景属性：包括文本颜色、背景颜色、背景图像等。

Tips　由于篇幅关系，此处不详述CSS属性设置，若需深入学习，请读者查阅相关文献。

6.4　Adobe Dreamweaver CC 2017编辑环境

Adobe Dreamweaver，简称DW，是集网页制作和网站管理于一身的所见即所得的网页编辑器。目前其最新版本为Adobe Dreamweaver CC 2017，该版本加入了多种新增功能，包括对 Git 的支持、全新代码编辑器、更直观的用户界面（可选择深色主题）。另外，该版本还加入了多种增强功能，包括经过改进的首次使用体验。

Adobe Dreamweaver CC 2017可以安装在Windows或Mac系统中，可实现Adobe Creative Cloud同步，是一款初学者首选的网页编辑器。

Tips　若需要了解更多功能和使用方法等信息，请查看该软件官方网站的帮助文档：https://helpx.adobe.com/cn/dreamweaver。

6.4.1　载入 Dreamweaver

安装 Dreamweaver 后，在首次启动应用程序时，屏幕上将显示一个快速入门菜单，该菜单会询问用户三个问题，帮助用户根据需求对 Dreamweaver 工作区进行个性化设置，根据用户的选择，Dreamweaver 会在开发人员工作区（包含最少代码的布局）或标准工作区（具有代码可视化工具和应用程序内预览的拆分布局）中打开。用户选择喜欢的颜色主题后开始使用。

Tips　用户可随时使用“首选参数”对话框来更改这些工作区的首选参数。

6.4.2　文档操作

1. 新建网页文件

运行Dreamweaver CC 2017程序，执行“文件”→“新建”命令，打开“新建文档”对话框，如图 6.3所示，在右边“文档类型”下拉列表中选择“HTML 4.01 Transitional”项，单击对话框底部的“创建”按钮，创建一个新的网页文档，自动命名为Untitled-1。

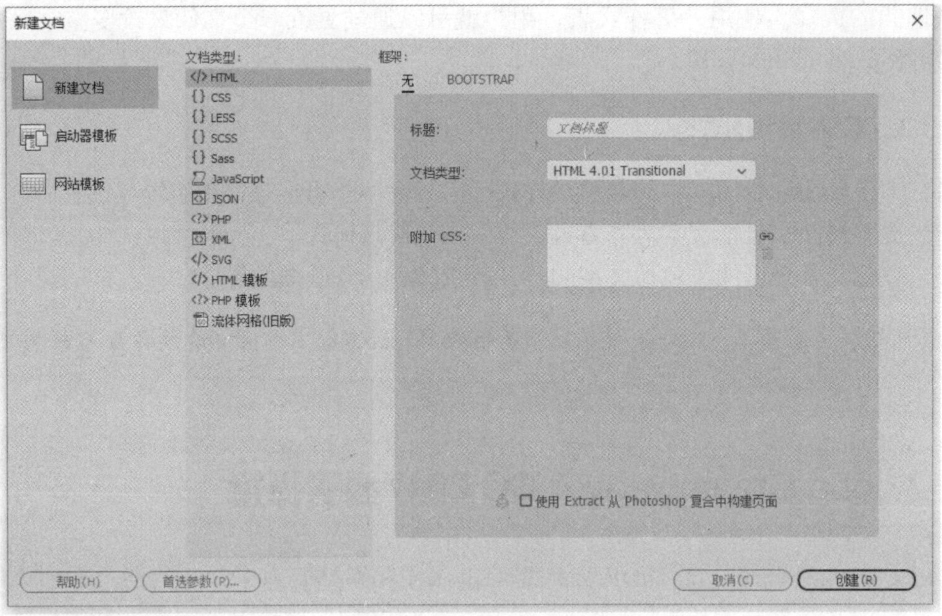

图 6.3 “新建文档”对话框

Tips 除了 HTML 文档以外，DW还可以创建和打开各种基于文本的文档，如 JavaScript、PHP 和层叠样式表（CSS）。Dreamweaver 为创建新文档提供了多种选项，如图 6.3左边区域所示，包括新的空白文档或模板、启动器模板（基于 Dreamweaver 附带的其中一个预设计页面布局，包括 30 多个基于 CSS 的页面布局的文档）、基于某现有模板的文档。若需深入学习，请读者查阅相关资料。

2. 编辑网页

进入主界面后，可以选择不同的视图模式对网页进行编辑，如图 6.4所示。

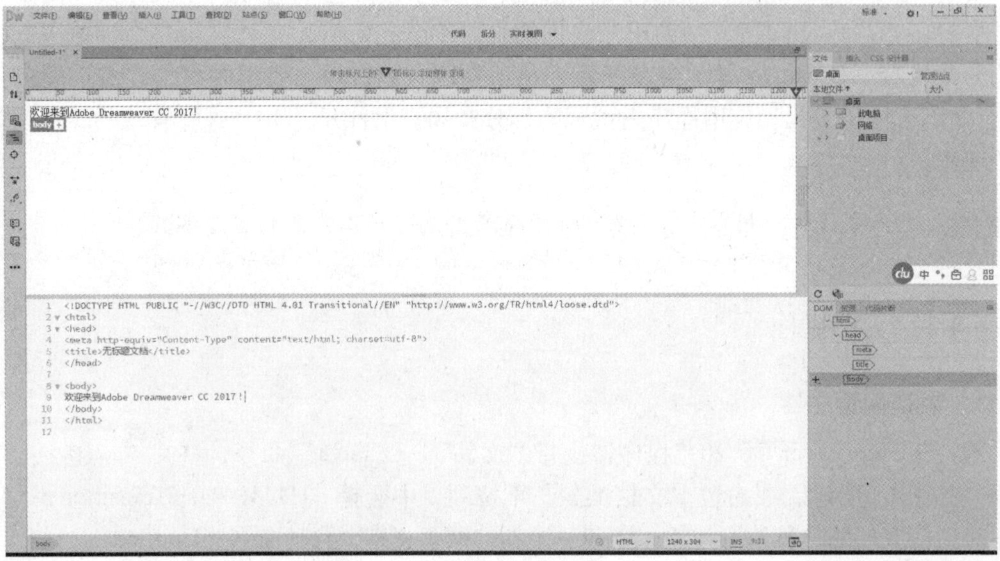

图 6.4 主界面

3. 保存文件

执行“文件”→“保存”命令，弹出“另存为”对话框，如图 6.5所示，输入需要保存的文件名及路径，设置保存类型，设置完毕后，单击“保存”按钮即可。

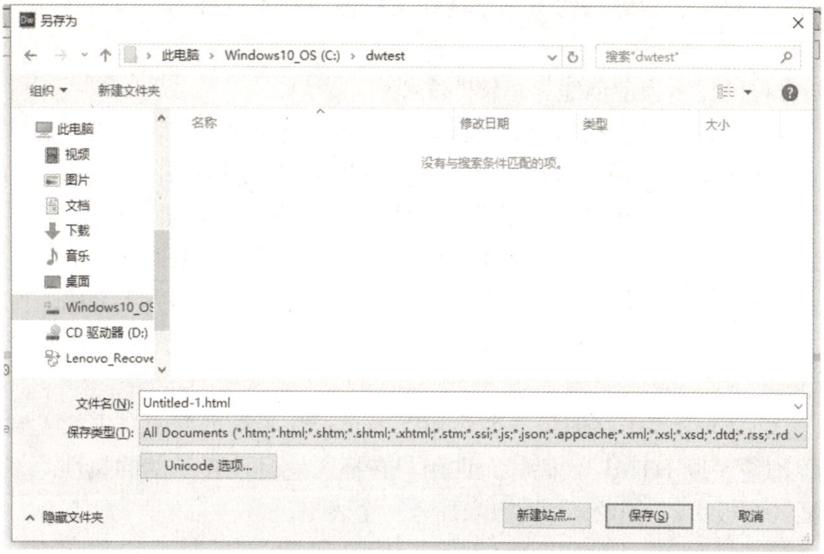

图 6.5　“另存为”对话框

6.4.3　工作区

1. 工作区布局

使用 Dreamweaver 工作区，可以查看文档和对象属性。工作区还将许多常用操作放置于工具栏中，使用户可以快速更改文档。工作区布局如图 6.6所示。

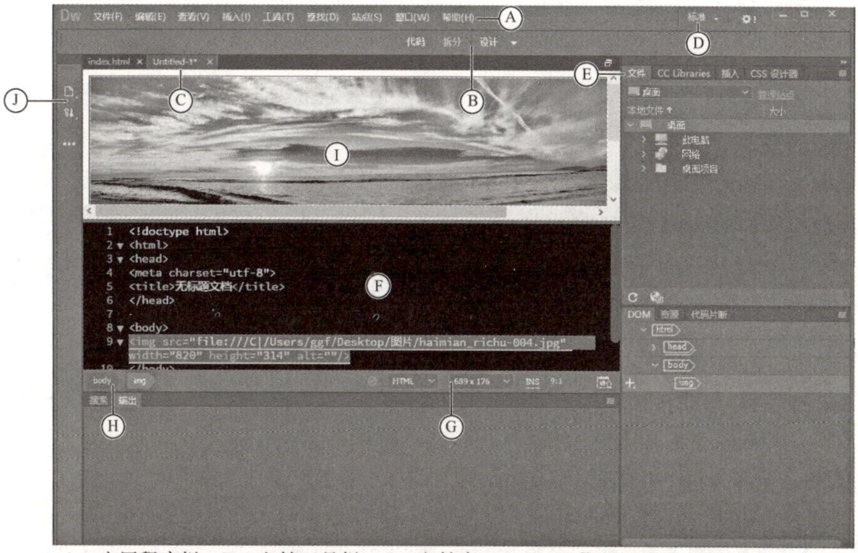

A—应用程序栏；B—文档工具栏；C—文档窗口；D—工作区切换器；E—面板；
F—代码视图；G—状态栏；H—标签选择器；I—实时视图；J—工具栏

图 6.6　Dreamweaver 工作区布局

2. 工作区元素

(1) 应用程序栏。位于应用程序窗口顶部，包含一个工作区切换器、几个菜单（仅限Windows）及其他应用程序控件。

(2) 文档工具栏。包含的按钮可用于选择文档窗口的不同视图：设计视图、实时视图和代码视图。

(3) 文档窗口。显示当前创建和编辑的文档。

(4) 工作区切换器。可根据需要添加或删除面板来自定义工作区，然后将这些更改保存到工作区中，以便稍后从文档工具栏中的“工作区切换器”进行访问。将面板的当前大小和位置另存为命名的工作区，即使移动或关闭了面板，也可以恢复该工作区。

(5) 面板。帮助用户监控和修改工作。要展开某个面板，双击其选项卡即可。

① Extract 面板。允许用户上传和查看 Creative Cloud 中的 PSD 文件。使用此面板，用户可以将 PSD 复合中的 CSS、文本、图像、字体、颜色、渐变和度量值提取到用户的文档中。

② 插入面板。包含用于将图像、表格和媒体元素等各种类型的对象插入到文档中的按钮。每个对象都是一段 HTML 代码，允许用户在插入它时设置不同的属性。例如，用户可以通过单击插入面板中的“Table”按钮来插入一个表格。

Tips 也可以使用“插入”菜单中的命令来插入对象，而不用通过使用插入面板。

③ 文件面板。无论网站设计中使用的文件是 Dreamweaver 站点的一部分还是位于远程服务器中，都可以使用文件面板进行管理，还可以通过文件面板访问本地磁盘中的所有文件。

④ 代码片段面板。可让用户跨不同网页、不同站点和不同的 Dreamweaver 版本来保存和重复使用代码片段（使用同步设置）。

⑤ CSS 设计器面板。为 CSS 属性检查器，可让用户“可视化”地创建 CSS 样式和文件，并设置属性和媒体查询。

Tips Dreamweaver 提供了很多面板、检查器和窗口。要打开面板、检查器和窗口，可使用“窗口”菜单。有关该软件的详细信息，请参阅官网帮助文档。

(6) 状态栏。状态栏显示文档窗口的当前尺寸（以像素为单位）等信息。

(7) 标签选择器。位于文档窗口底部的状态栏中。显示环绕当前选定内容的标签的层次结构。单击该层次结构中的任何标签可以选中该标签及其全部内容。

(8) 工具栏。位于应用程序窗口的左侧，并且包含特定于视图的按钮。

(9) 标准工具栏。要显示标准工具栏，选择“窗口”→“工具栏”→“标准”命令。标准工具栏中包含可从“文件”和“编辑”菜单执行的常见操作的命令按钮：新建、打开、保存、全部保存、打印代码、剪切、复制、粘贴、撤销和重做。

(10) 属性检查器。用于查看和更改所选对象或文本的各种属性。

6.4.4 文档工具栏

使用文档工具栏中的按钮，可以在文档的不同视图之间快速切换。该工具栏中还包含一些与查看文档、在本地和远程站点间传输文档有关的常用命令和选项，如图 6.7所示。

图 6.7　文档工具栏

文档工具栏中包含以下内容。

(1) 代码视图：仅在文档窗口中显示代码视图。

(2) 拆分视图：在代码视图和实时/设计视图之间拆分文档窗口。流体网格文档无设计视图选项可用。

(3) 实时视图：提供一种交互式预览，可准确地实时呈现 HTML5 项目和更新，以便在用户做出更改时显示用户的更改。用户也可以在实时视图中编辑 HTML 元素。单击“实时视图”右边的下拉箭头，可以在实时视图和设计视图之间切换，如图6.7所示。此下拉列表在流体网格文档中不可用。

(4) 设计视图：显示文档的表现形式，以说明用户如何在 Web 浏览器中查看文档。

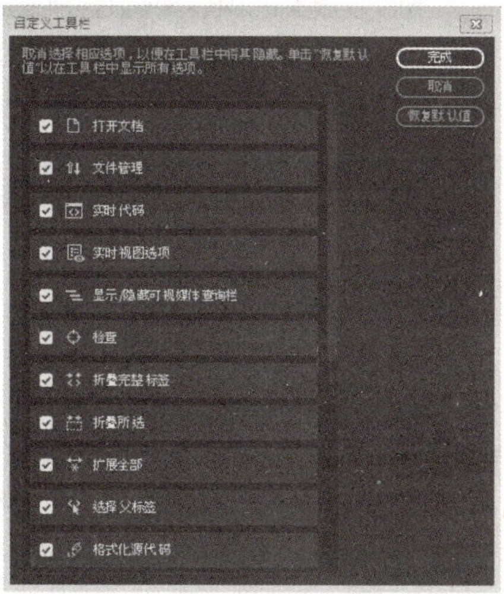

图 6.8　自定义工具栏

6.4.5　工具栏

工具栏垂直显示在文档窗口的左侧，在所有视图中可见。该工具栏中的按钮是特定于视图的，并且仅在适用于用户所使用的视图时显示。例如，如果用户正在使用实时视图，则特定于代码视图的选项（例如“格式化源代码”）将不可见。

用户可根据需要自定义工具栏，操作方法如下：

(1) 单击工具栏中的 ••• 按钮以打开“自定义工具栏”对话框，如图 6.8所示。

(2) 勾选或取消勾选要在工具栏中显示的选项，最后单击“完成”按钮保存。

Tips　要恢复默认工具栏按钮，可单击“自定义工具栏”对话框中的“恢复默认值”按钮。

6.4.6　状态栏

文档窗口底部的状态栏提供与正创建的文档有关的其他信息，如图6.9所示。

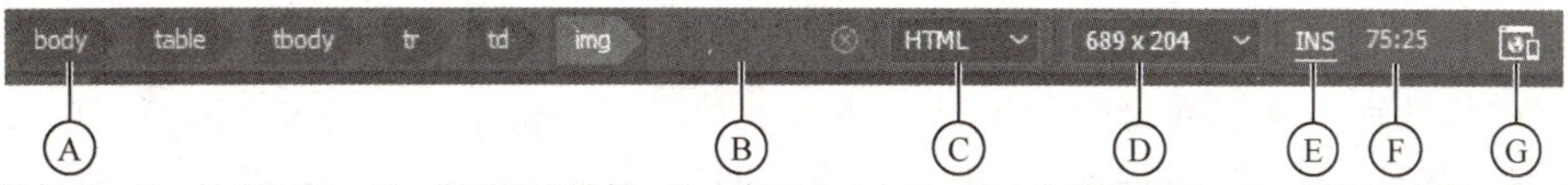

A—标签选择器；B—输出面板；C—代码语言选择；D—窗口大小；E—插入和覆盖切换；F—行和列编号；G—实时预览

图 6.9　状态栏

(1) 标签选择器。显示环绕当前选定内容的标签的层次结构。单击该层次结构中的任何标签以选择该标签及其全部内容。单击 <body> 标签可以选择文档的整个正文。若要在标签选择器中设置某个标签的 class 或 ID 属性，右键单击（Windows）或按住 Ctrl键单击

(Macintosh) 该标签，然后从上下文菜单中选择一个类或 ID。

（2）输出面板。单击此图标可在文档中显示编码错误的输出面板。

（3）代码语言选择。从下列列表中选择代码语言。

（4）窗口大小。要调整文档窗口的大小，可单击此面板从下拉列表中选择一种大小。

（5）插入和覆盖切换。仅在代码视图中可用，可让用户在代码视图中工作时在“插入”模式和“覆盖”模式之间切换。

（6）行和列编号。仅在代码视图中可用，显示光标所在位置的行号和列号。

（7）实时预览。可选择在不同的浏览器中预览网页文件。

6.4.7 属性检查器

使用属性检查器（选择“窗口”→“属性”命令），可以检查和编辑当前选定页面元素（如文本和插入对象）的常用属性，如图 6.10所示。

属性检查器的内容根据选定的元素的不同会有所不同。例如，如果选择页面上的图像，则属性检查器中将显示该图像的属性（如图像的文件路径、图像的宽度和高度、图像周围的边框等）。

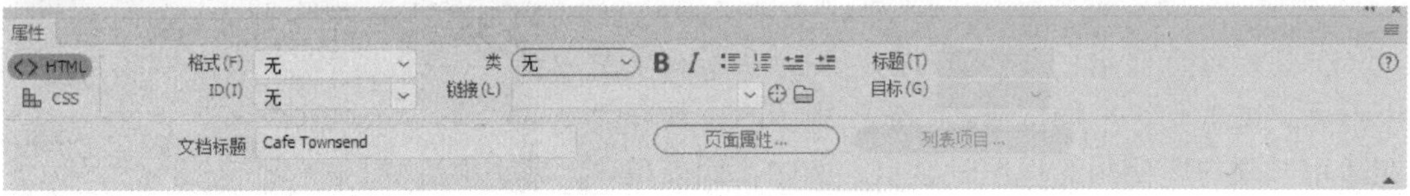

图 6.10　属性检查器

Tips 在默认情况下，属性检查器位于工作区的底部边缘，但可将其取消停靠并使其成为工作区中的浮动面板。当属性检查器最右端出现标签检查器图标时，单击该图标可以查看和编辑与给定的标签属性 (property) 关联的每个属性 (attribute)。

若需要查看并更改页面元素的属性，则可以选择“文件”→“页面属性”命令。

Tips 要获取特定属性的信息，首先在文档窗口中选择一个元素，然后单击属性检查器右上角的“帮助”图标即可。

6.4.8 插入面板

插入面板（选择“窗口”→“插入”命令）包含用于创建和插入对象（例如表格、图像和链接）的按钮。这些按钮按几个类别进行组织，可以通过从顶端的下拉列表中选择所需类别来进行切换，如图 6.11所示。

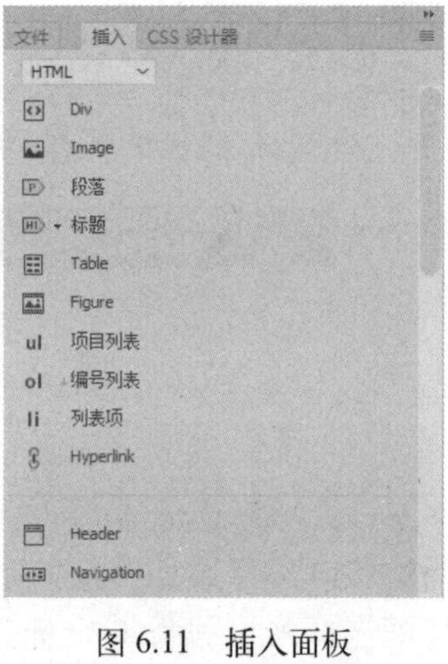

图 6.11　插入面板

（1）HTML：可让用户创建和插入最常用的 HTML 元素，例如Div 标签和对象（如图像）。

（2）表单：包含用于创建表单和用于插入表单元素（如搜索、密码）的按钮。

（3）Bootstrap组件：包含 Bootstrap 组件以提供导航、容器、下拉菜单及可在响应式项目中使用的其他功能。

（4）jQuery Mobile：包含使用 jQuery Mobile 构建站点的按钮。

（5）jQuery UI：用于插入 jQuery UI 元素，例如折叠式、滑块和按钮。

（6）收藏夹：用于将插入面板中最常用的按钮分组和组织到某个公共位置。

Tips 如果用户处理的是某些类型的文件（如 XML、JavaScript、Java 和 CSS），则插入面板和设计视图选项将变暗，因为用户无法将项目插入到这些代码文件中。具体使用方法可查阅帮助文档。

6.4.9　CSS 设计器面板

CSS 设计器面板（选择“窗口”→“CSS设计器”命令）属于 CSS 属性检查器，如图 6.12所示，能让用户“可视化”地创建 CSS 样式和规则并设置属性和媒体查询。

可以使用Ctrl+ Z组合键撤销或使用Ctrl+Y组合键还原用户在CSS设计器中执行的所有操作。更改会自动反映在实时视图中，相关CSS文件也会刷新。为了让用户觉察到相关文件已更改，受影响文件的选项卡将在一段时间内（约8秒）突出显示。

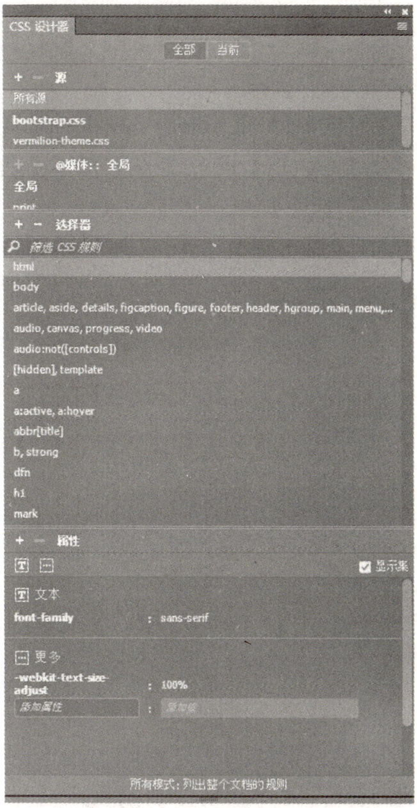

图 6.12　CSS设计器面板

CSS 设计器面板中的选项介绍如下。

（1）全部：列出与当前文档关联的所有 CSS、媒体查询和选择器。用户可以筛选所需的 CSS 规则并修改属性，还可以使用此模式开始创建选择器或媒体查询。

此模式对选定内容不敏感。这意味着当选择页面上的元素时，关联的选择器、媒体查询或 CSS 不会在 CSS 设计器中突出显示。

（2）当前：列出当前文档的设计或实时视图中所有选定元素的已计算样式。在代码视图中将此模式用于 CSS 文件时，将显示处于“焦点”状态的选择器的所有属性。此模式是上下文相关的。使用此模式来编辑与文档中所选元素关联的选择器的属性。

（3）源：列出与文档相关的所有 CSS 样式表。用户可以创建 CSS 并将其附加到文档中，也可以定义文档中的样式。

（4）@媒体：在“源”区域中列出所选源中的全部媒体查询。如果用户不选择特定CSS，则将显示与文档关联的所有媒体查询。

（5）选择器：在“源”区域中列出所选源中的全部选择器。如果用户同时还选择了一个媒体查询，则会为该媒体查询缩小选择器列表范围。如果没有选择 CSS 或媒体查询，则将显示文档中的所有选择器。

Tips 在“@媒体”区域中选择“全局”后，将显示对所选源的媒体查询中不包括的所有选择器。

（6）属性：显示可为指定的选择器设置的属性。如果用户在CSS设计器中展开或折叠选项区域，选项区域的大小在会话中保持不变。“源”和“@媒体”区域会保持自定义大小，直到用户再次更改其大小。

Tips 选择某个页元素时，在“选择器”区域中可以选择具体的选择器。若要查看特定选择器的属性，则单击该选择器的名称。若要查看所有选择器，则在“源”区域中选择“所有源”。若要查看不属于所选源中的任何媒体查询的选择器，则在“@媒体”区域中选择“全局”。

6.5 Dreamweaver制作网站实例

【例6-1】虚拟餐厅网站制作。

【知识点】网站制作的基本流程；Dreamweaver制作网站的操作。

【工具】Adobe Dreamweaver CS各版本，Adobe Dreamweaver CC各版本均可。本实例采用Adobe Dreamweaver CC 2017版。

下面以制作一家虚拟餐厅的网站为例，介绍利用网站制作的一般步骤。

操作视频

1. 网站制作前期工作

（1）需求分析。根据要求，该网站是一家餐厅的网站，要着重于宣传，网页内容应该用和餐厅相关的文字和图像等多媒体信息来提高观众的注意力。虚拟餐厅面向年轻顾客，网站风格应简洁。

（2）结构设计。该网站比较简单，结构也相对简单，总体结构由一个主页和多个次主页构成。

Tips 由于篇幅关系，本例只演示一个次主页的实现过程。

（3）页面详细设计。页面均采用表格来控制布局，页面由文字、图像、Flash动画组成。

（4）素材制作与整理。根据网站的设计方案利用Photoshop、Animate等工具制作网站所需素材，并将素材按类别整理好，存放在本机硬盘的文件夹中，路径为：C:\website。

2. 在Dreamweaver中建立和管理站点

（1）建立站点。启动Dreamweaver，选择“站点”→“新建站点”命令，弹出站点设置对话框。在“站点名称”文本框中输入即将建立的站点的名字，如mysite，如图 6.13所示。

（2）编辑本地信息。在对话框左边列表中选择“高级设置”选项卡，设置网站默认图像文件夹，在“Web URL”文本框中可输入用于在Internet上访问你的站点的URL地址，如：http://localhost/mysite，如图 6.14所示。最后单击“保存”按钮。

操作视频

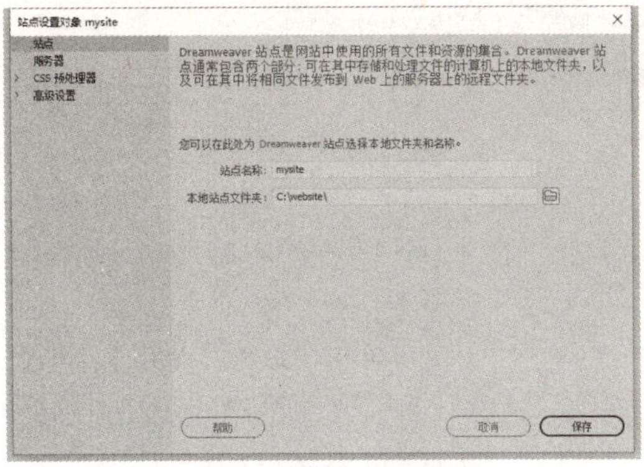

图 6.13　建立站点

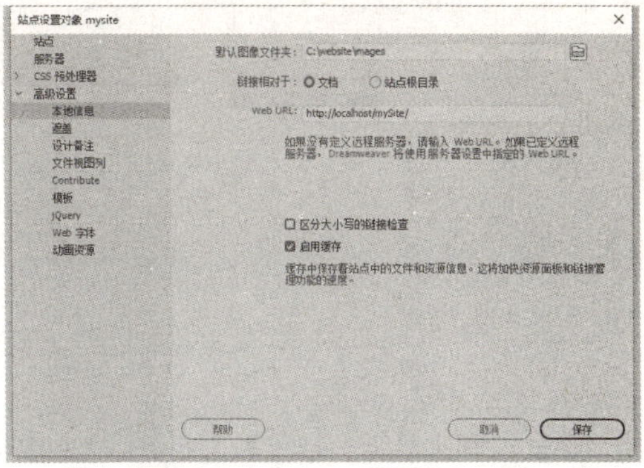

图 6.14　编辑站点本地信息

（3）完成站点配置。在Dreamweaver主界面右方的文件面板中显示了站点中所有的文件列表，并可在此面板中对站点资源（如网页文件、图片、音视频等）进行管理，如图 6.15所示。

3. 设计制作网站主页

（1）新建网页。选择“文件”→“新建”命令，打开“新建文档”对话框，新建一个HTML5网页文件，在“标题”文本框中输入“Cafe Townsend”，如图 6.16所示，单击“创建”按钮。之后，选择“文件”→“保存”命令保存文档，将文档命名为index.html。

操作视频

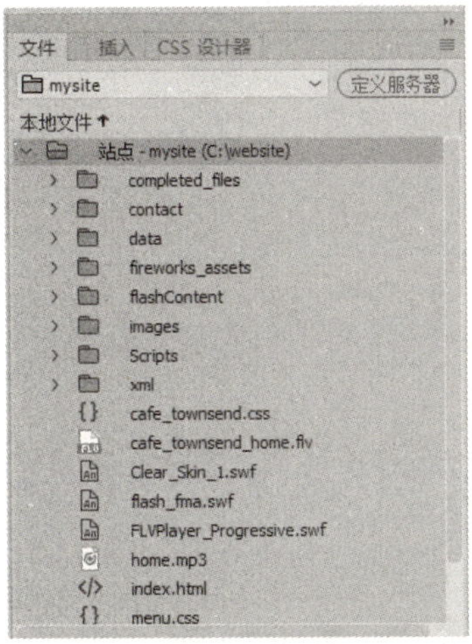

图 6.15　文件面板

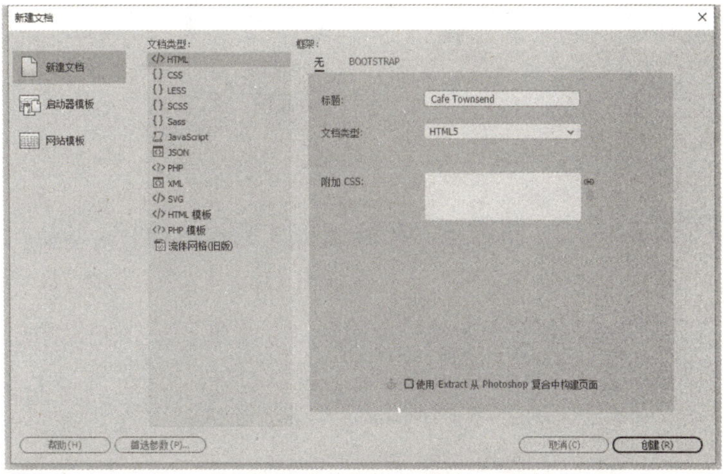

图 6.16　新建网页文件

（2）新建层。选择“插入”→“Div”命令，插入一个层，如图 6.17所示。

Tips　页面可以用“层”作为布局元素。本例中只有一个层，因此此步骤可以省略。

（3）插入第一个表格。选择“插入”→“Table”命令，并按照如图 6.18所示的对话框设置表格中的各项参数。

（4）插入第二个表格。再次选择“插入”→“Table”命令，向页面中插入第二个表格，参数如图 6.19所示。

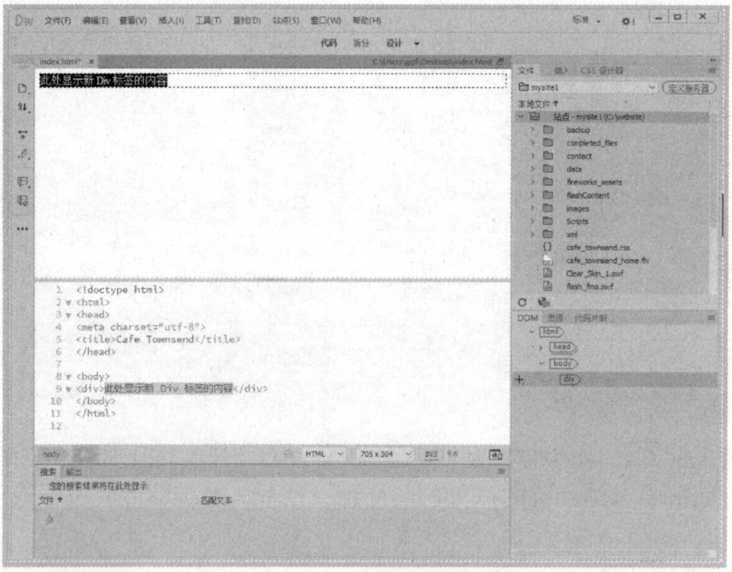

图 6.17 插入层

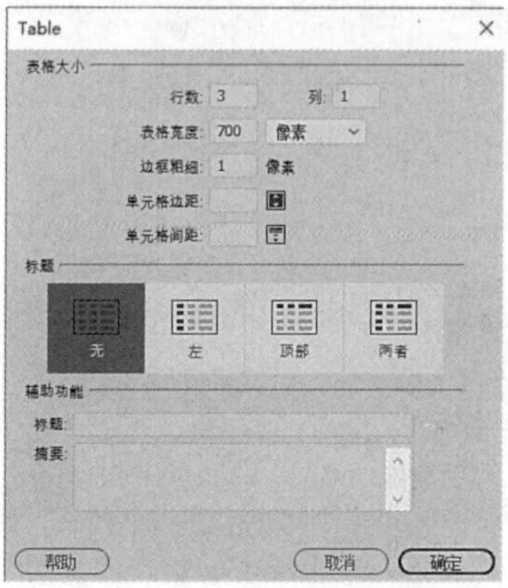

图 6.18 插入3行1列的表格

（5）插入第三个表格。以相同的方法在第二个表格下面插入第三个表格，参数如图 6.20 所示。

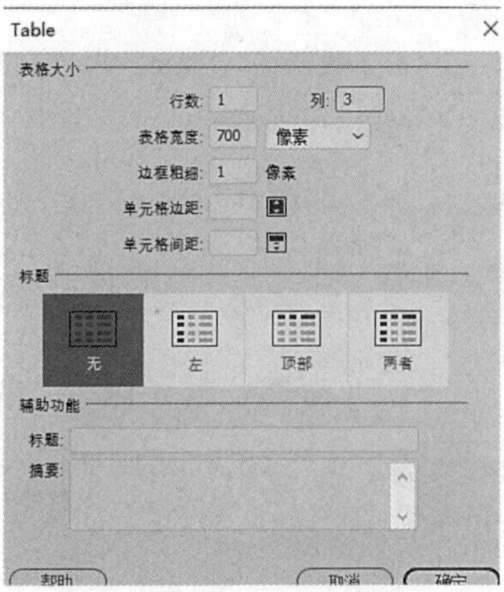

图 6.19 插入第二个表格

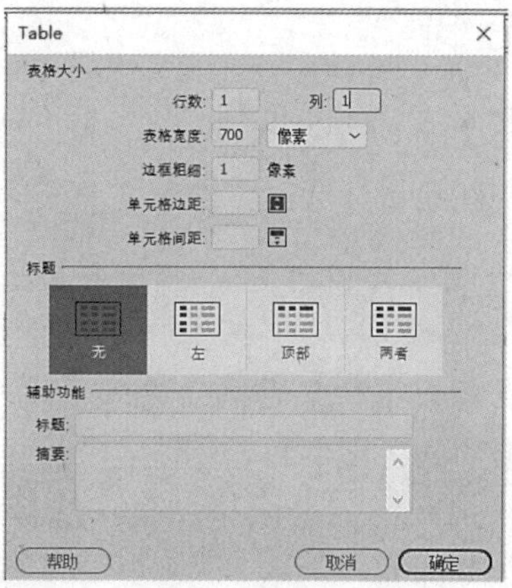

图 6.20 插入第三个表格

（6）设置第一个表格属性。在第一个表格的第一行中单击，定位光标，然后在属性检查器中设置单元格高度为90。再以同样的方法将表格第二行和第三行的单元格高度分别设为166和24，如图 6.21所示。

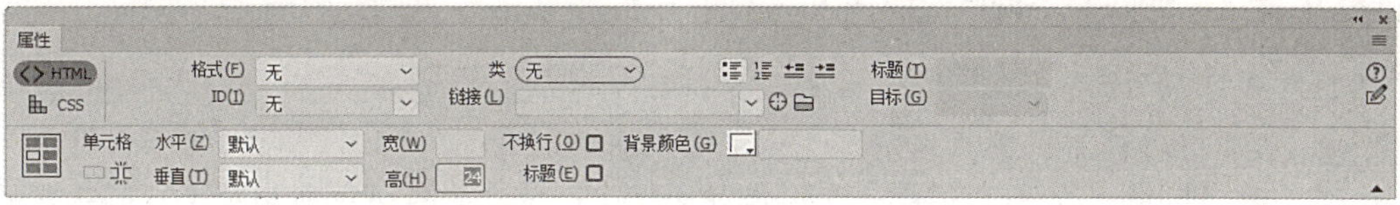

图 6.21　设置第一个表格的单元格属性

（7）设置第二个表格属性。仿照步骤（6）的方法，将第二个表格三列的宽度分别设置为140、230、330，如图 6.22所示。

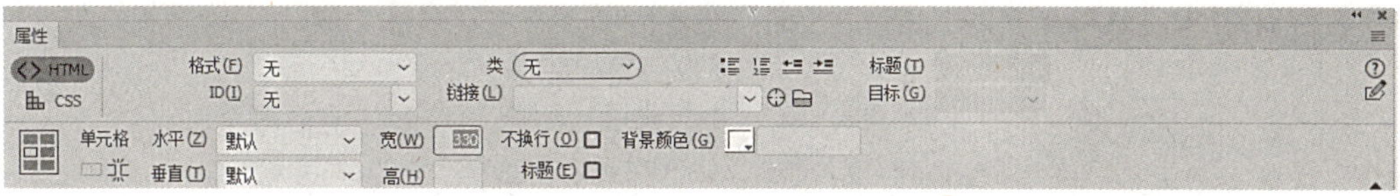

图 6.22　设置第二个表格的单元格属性

（8）插入banner图像。将光标定位于第一个表格的第一行中，然后选择“插入”→“Image”命令，将会弹出4个选项：之前、之后、换行和嵌套，选择“嵌套”选项，在之后弹出的“选择图像源文件”对话框中选择images文件夹下的banner_graphic.jpg文件，单击“确定”按钮即可插入选定的图像，如图 6.23所示。

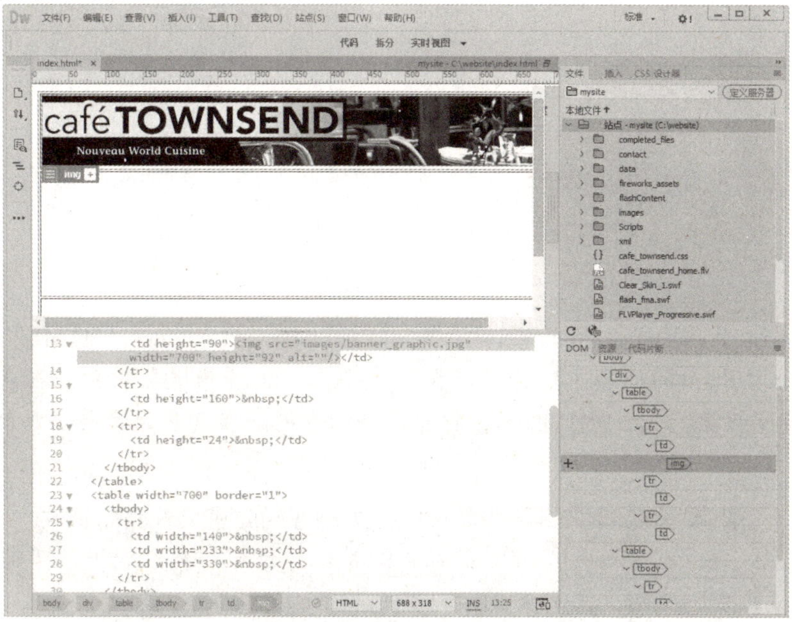

图 6.23　插入banner图像

（9）插入其他图像。用相同的方法分别向第一个表格的第三行中插入图像文件body_main_header.gif，向第三个表格插入图像文件body_main_footer.gif。

（10）插入Flash文件。将光标定位于第一个表格的第二行中，然后选择“插入”→“HTML”→“Flash SWF”命令，在弹出的选项中选择“嵌套”选项，在弹出的对话框中选中Flash文件flash_fma.swf，单击“确定”按钮。在“对象标签辅助功能属性”对话框中输入标题“FLASH”，如图 6.24所示。然后单击“确定”按钮，结果如图 6.25所示。

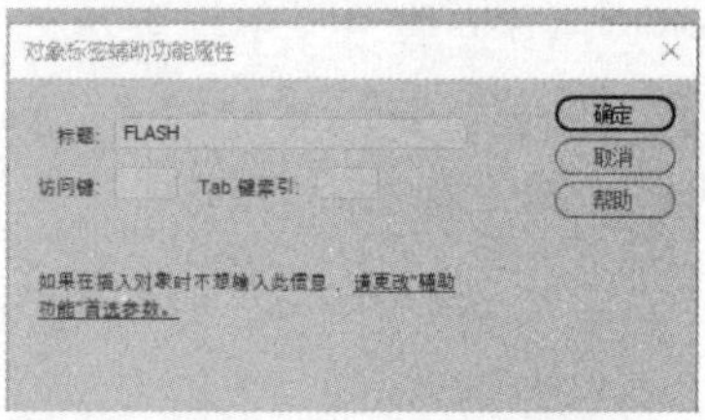

图 6.24 设置标题

Tips 在实时视图下，用户在网页文件中插入新的对象时，Dreamweaver会弹出一个选择对话框，让用户选择该对象相对于当前对象的位置（包括之前、之后、换行、嵌套），在相应位置上单击即可完成选择。

Tips HTML5新增的Video标签可实现对视频的添加功能，除了Flash文件外，HTML5 Video还支持.mp4，.ogg，.m4v，.webm，.gv，.3gp等多种多媒体信息。也可以采用插入HTML5 Video的方式插入视频，具体步骤如下。

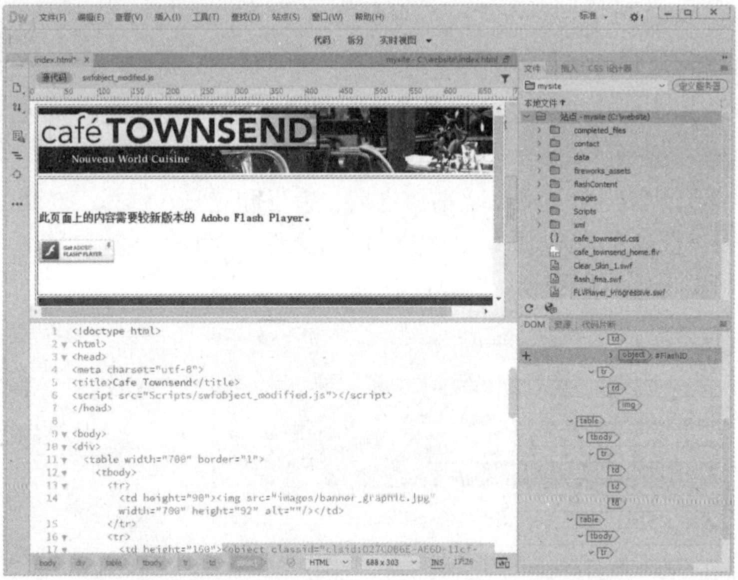

图 6.25 插入Flash文件

将光标定位于第一个表格的第二行中，然后选择“插入”→“HTML”→“HTML5 Video”命令，在弹出的选项中选择“嵌套”选项，单击“确定”按钮。在表格中出现如图6.26所示的视频框。单击video +图标，打开属性检查器，在其中选择要添加的视频文件，如图 6.27所示。

图 6.26 插入HTML5视频

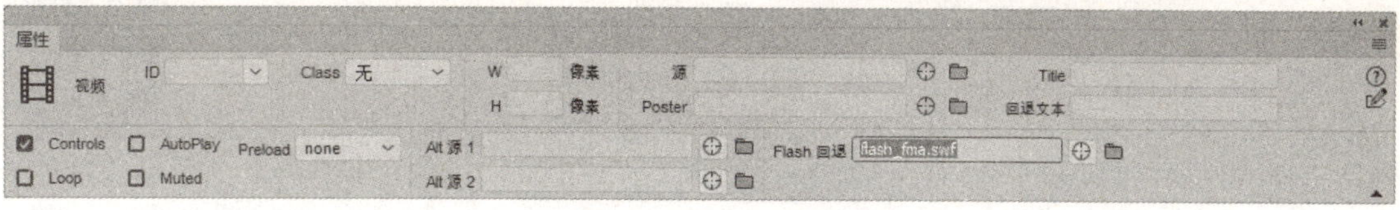

图 6.27　选择视频文件

（11）插入音频。单击代码窗口底部的<body>标签切换到HTML“主体”部分，选择“插入”→“HTML”→“HTML5 Audio”命令，在网页文件顶部出现如图 6.28所示的音频框。打开属性检查器，单击“源”框右侧的“浏览”按钮，在打开的对话框中选择音频文件home.mp3，如图 6.29所示。

图 6.28　插入HTML5 音频

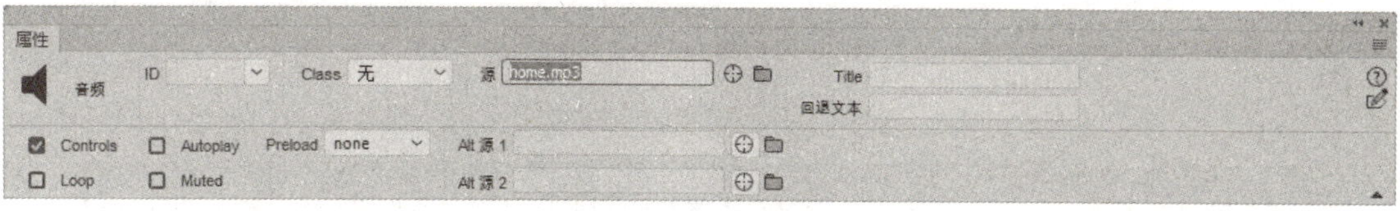

图 6.29　选择音频文件

（12）修改页面属性。选择“文件”→“页面属性”命令，弹出“页面属性”对话框，在“分类”栏中选择“外观CSS”类别，设置背景颜色和背景图像，如图 6.30所示。

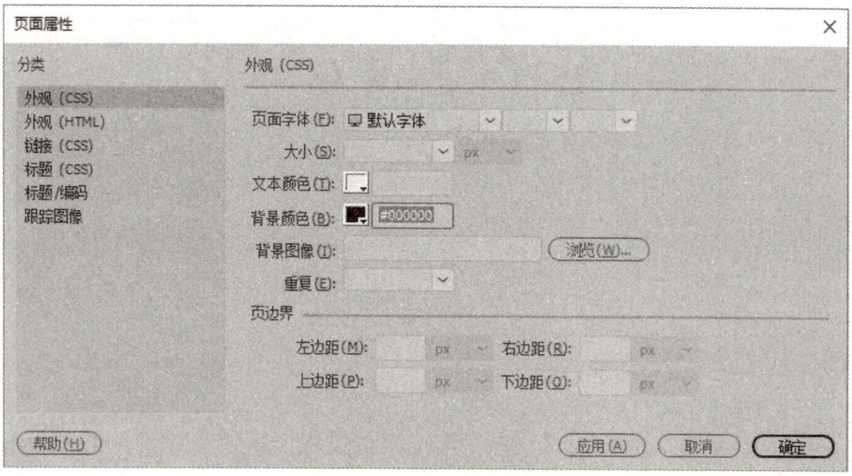

图 6.30　修改页面属性

4．制作网站导航栏

（1）改变导航栏颜色。将光标定位于第二个表格的第一列中，在属性检查器中将背景颜

色设置为 #993300，单元格颜色即变为红棕色，如图 6.31所示。

（2）输入文字。双击第二个表格的第一列，然后输入以下单词：Cuisine、Chef Ipsum、Articles、Special Events、Location、Menu、Contact Us，单词之间以空格分隔开，如图 6.32所示。

操作视频

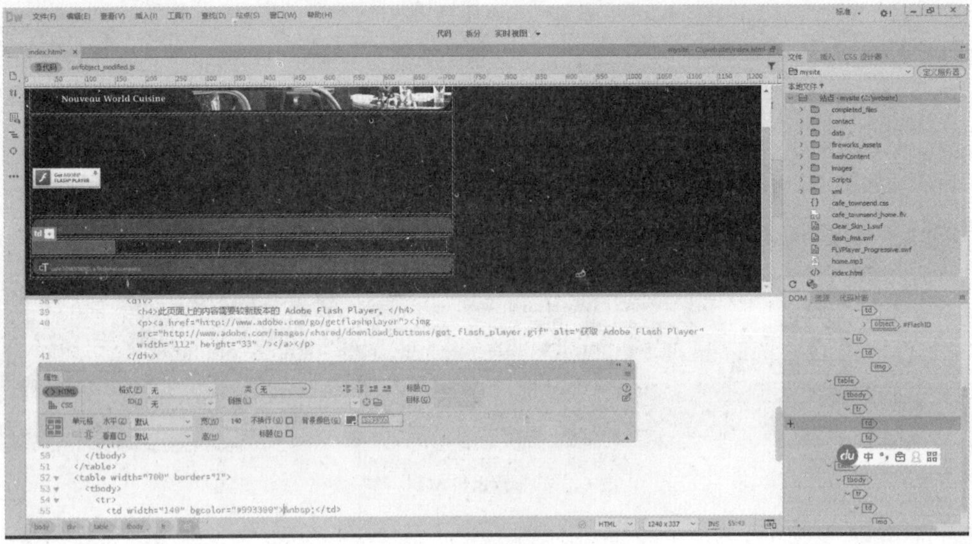

图 6.31　改变导航栏颜色

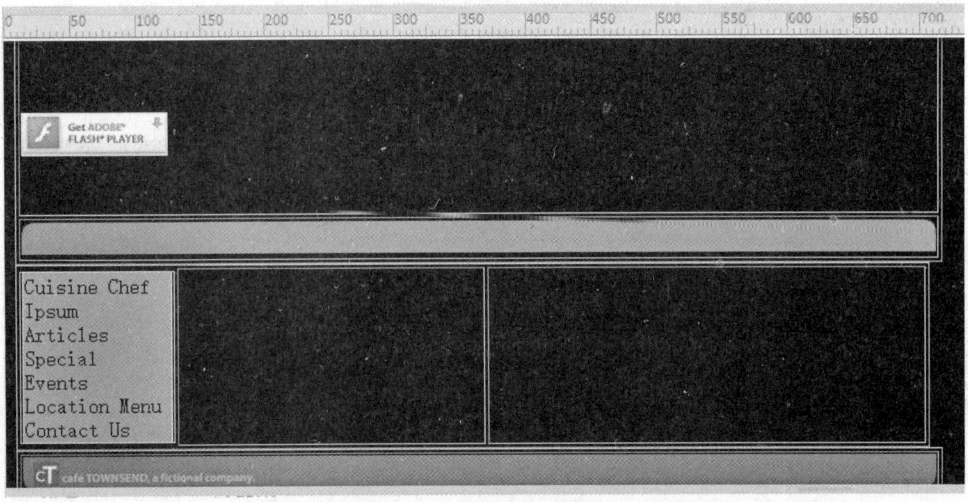

图 6.32　输入导航栏文字

5. 修饰美化页面

（1）建立CSS类选择符。①打开CSS设计器面板，在“源”区域中单击“+”按钮，创建新的CSS文件，命名为cafe_townsend.CSS。②在“选择器”区域中单击“+”按钮，将新建的类选择符命名为navigation。③在“属性”区域中单击“属性”按钮，设置属性如表6.1所示。④ 在代码窗口中可见，文件cafe_townsend.CSS已自动产生类选择符定义代码，在代码栏中将navigation改为.navigation，如图 6.33所示。

操作视频

表6.1　类选择符属性设置

分　类	属　性　设　置
文本	color: #FFFFFF; font-family: Verdana,Geneva, sans-serif; font-style: normal; font-size: 16px; text-decoration: none; font-weight: bold;
背景	background-color: #993300;
布局	display: block;
方框	border-width: 140px; padding-top: 8px;

```
@charset "utf-8";
.navigation {
    display: block;
    padding-top: 8px;
    color: #FFFFFF;
    font-family: Verdana,Geneva, sans-serif;
    font-style: normal;
    font-size: 16px;
    text-decoration: none;
    font-weight: bold;
    border-width: 140px;
    background-color: #993300;
}
```

图 6.33　类选择符定义代码

Tips　有多种建立CSS类选择符的方法，其中对HTML语言比较熟悉的用户可将上述代码直接插入index.html文件“头部”区域的<style>标签内，具体请读者自行练习。

（2）将样式应用到页面元素。回到网页文件index.html，在第二个表格第一列中选中单词Cuisine，然后在属性检查器的“样式”下拉列表中选择navigation，此时Cuisine 文本的外观将根据类选择符navigation所定义的样式规则发生变化，如图 6.34所示。

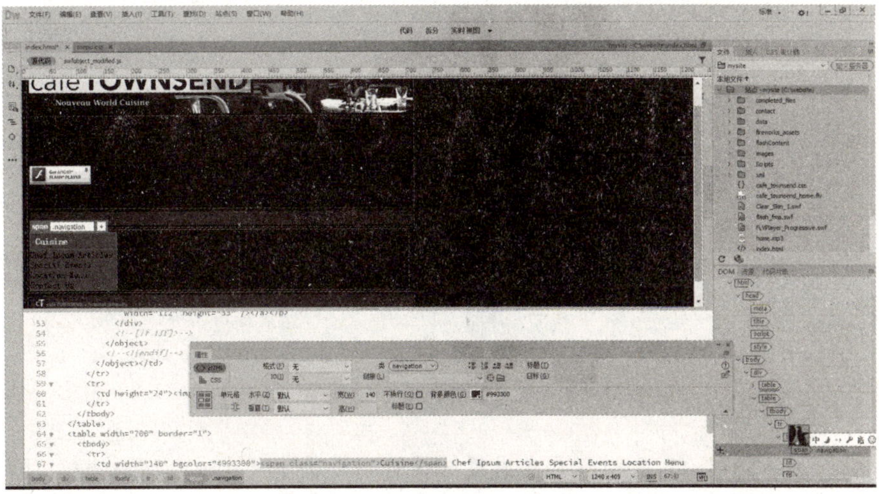

图 6.34　将样式应用于页面元素

重复上述方法，为每个单词选择样式navigation，至此导航栏制作完成，如图 6.35所示。

图 6.35　导航栏完成

6．填写页面内容

（1）添加特效。将光标定位到第二个表格的第二列中，然后选择“插入”→“HTML”→“鼠标经过图像”命令，在弹出的选项中选择“嵌套”选项，弹出“插入鼠标经过图像”对话框，“原始图像”和“鼠标经过图像”分别设置为“image0.jpg”和“image2.jpg”文件，如图 6.36所示。在网页浏览器中输入http://localhost可以实时查看效果。

操作视频

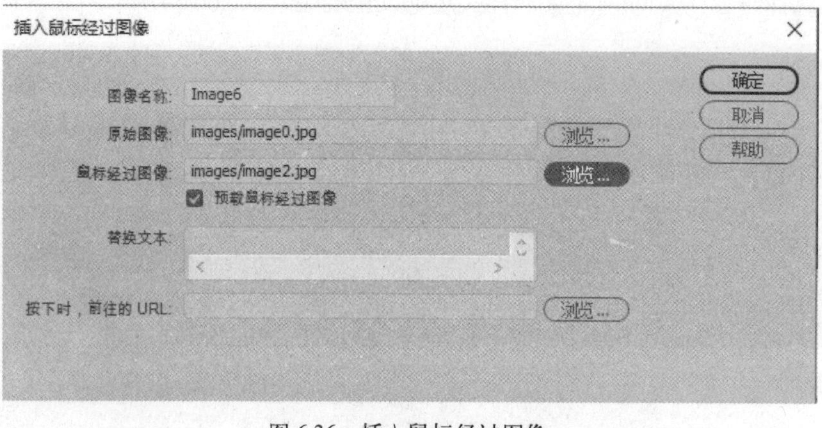

图 6.36　插入鼠标经过图像

Tips　在上网浏览时，常看到网页中出现一些新的提示信息窗口和网页图标，随着鼠标动作产生不同的特殊效果，这种特殊效果只在浏览器中解释、运行就能够实现人机交互和动态显示，简称为网页特效。网页特效主要由JavaScript语言来实现。JavaScript语言是一种脚本语言，在网页中一般与HTML、CSS结合在一起使用。对于设计者来说，如果没有一定编程基础，使用JavaScript语言编写会有一定的难度。使用Dreamweaver的“插入”菜单中的某些命令如“鼠标经过图像”命令，或使用Dreamweaver的行为面板添加行为，可以使设计者不需要对JavaScript语言有较多的了解和编程知识，就可直接利用这些预置行为便捷地制作出精美的动态交互式网页。请读者查阅帮助文档练习Dreamweaver的行为编辑操作。

（2）插入Flash视频。光标继续留在第二个表格的第二列中，然后选择“插入”→“HTML”→“Flash Video”命令，在弹出的选项中选择“之后”选项，在弹出的“插入FLV”对话框中选择cafe_townsend_home.flv视频文件，并设置插入视频的相关选项，例如，宽度为202px，高度为152px，自动播放等，如图 6.37所示。再将street_sign.jpg图片插入此单元格中。选中该单元格，在属性检查器中设置“水平”选项为居中对齐，设置背景颜色为#F7EEDF，如图 6.38所示。

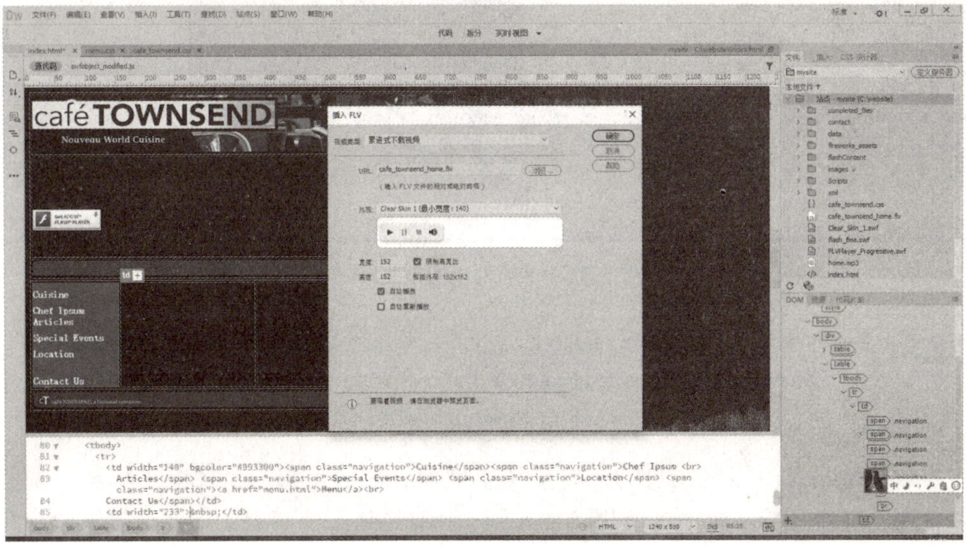

图 6.37　设置Flash 视频属性

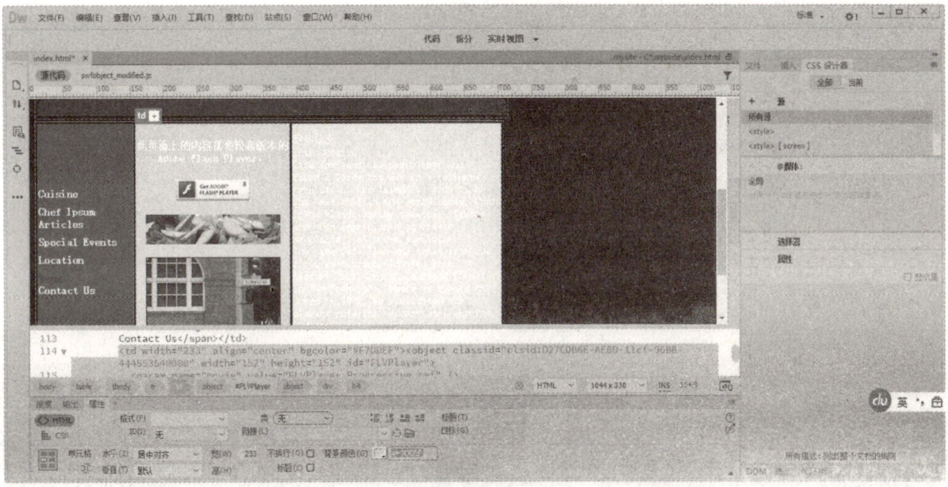

图 6.38　设置单元格属性

Tips 此处同样可以使用插入HTML5 Video实现，视频文件和鼠标经过图像、GIF图像的相对位置可以在代码窗口中通过移动代码相对位置实现，请读者自行练习。

（3）插入文字。将光标定位到第二个表格的第三列中，在属性检查器中设置“背景颜色”为#F7EEDF，打开text.txt文件，将文字内容复制到该单元格中，如图 6.39所示。

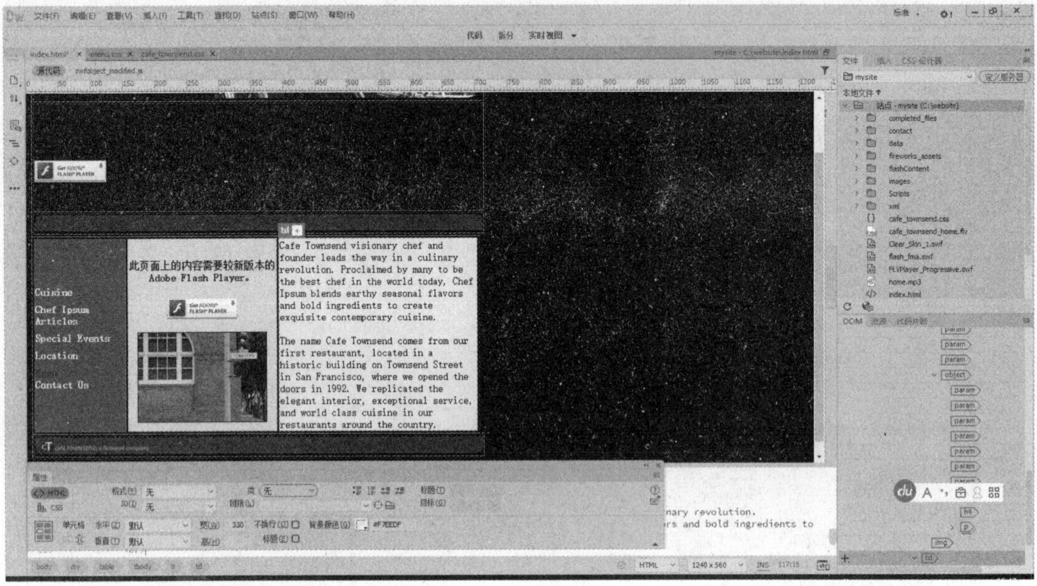

图 6.39　插入说明性文字

Tips 此步骤也可以通过使用“插入”→“HTML”→“article”命令插入文字。请读者根据6.2.6节中介绍的HTML5新增结构元素，自行练习在article元素内部插入section、aside、footer等。

（4）添加地址。可以在主页的末尾呈现该虚拟餐厅的信息，包括电了邮箱、餐厅地址等。其中电子邮件链接可以通过使用“插入”→“HTML”→“电子邮件链接”命令在文档底部插入。所有信息也可以利用HTML5的<address>标签来完成。将如图 6.40所示代码输入</body>标记前，并将页面属性中文字的颜色改为红色，则页面底部显示如图 6.41所示。

```
<address>
<a href="mailto:12345@qq.com">Please mail to me:</a><br>
 Cafe Townsend <br>
  NO.201 ,Unit1,buildingNo.1,SHENGDEDistrict<br>
</address>
```

图 6.40　<address>代码

图 6.41　页面底部显示信息

7. 设计制作次级页面并建立链接

（1）添加超链接。选中导航栏中的Menu一项，然后在属性检查器中单击“链接”文本框旁的文件夹图标，在弹出的“选择文件”对话框中，找到menu.html 文件（与index.html文件处于同一个文件夹中），并单击“修改”按钮，如图 6.42所示。

操作视频

图 6.42　添加超链接

（2）设置特殊效果。下面设置鼠标经过链接时的效果。进入cafe_townsend.CSS文件代码视图，选择整个 .navigation 规则，复制，然后在规则代码最后粘贴该段文本。在粘贴的文本的.navigation后面添加:hover，并将background-color的属性值修改为#D03D03，如图 6.43所示。

```
    .navigation {
    font-family: "Verdana, sans-serif";
    font-size: 16px;
    font-style: normal;
    text-decoration: none;
    font-weight: bold;
    color: #FFFFFF;
    display: block;
    width: 140px;
    text-decoration: none;
    background-color: #993300;
    padding-top: 8px;

}
    .navigation:hover {
    font-family: "Verdana, sans-serif";
    font-size: 16px;
    font-style: normal;
    text-decoration: none;
    font-weight: bold;
    color: #FFFFFF;
    display: block;
    width: 140px;
    text-decoration: none;
    background-color: #D03D03;
    padding-top: 8px;
}
```

图 6.43　设置特殊效果

（3）测试网站。保存网页文件，然后在浏览器中预览，显示效果如图 6.44所示。单击链接，观察链接情况及所有素材的显示情况，若出现错误，则寻找错误并修改。

8. 发布网页

到目前为止，网站制作已经完成，最后需要将网站内容上传到互联网上，发布网站，才能让其他人通过网络访问该网站。发布网页一般有两种方式。

图 6.44　测试网站

(1) 租用服务器

租用Internet服务供应商提供的服务器，例如阿里云、腾讯云等，若已经租用了服务器，则可以在Dreamweaver中发布网页。具体方法如下。

① 选择“站点”→“管理站点”命令，在弹出的对话框中选择需要发布的网页所在的站点，单击“修改当前选定的站点”按钮进入站点编辑窗口，如图 6.45所示。

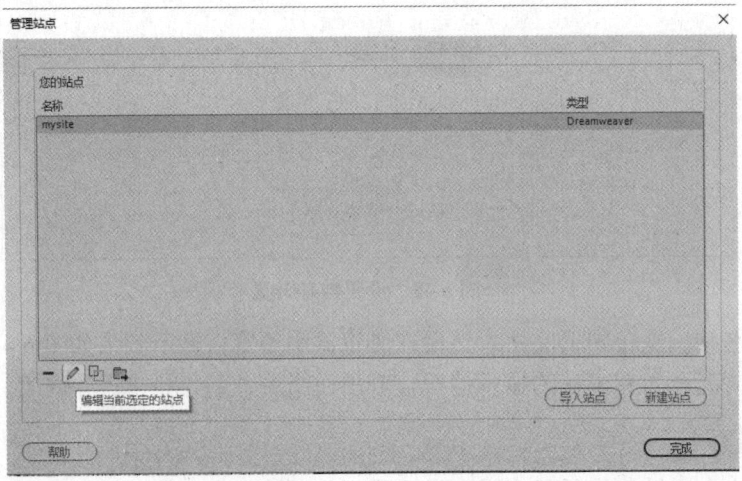

图 6.45　修改站点信息

② 选择对话框左边列表框中的“服务器”选项，在右边单击 **+** 按钮添加新服务器信息，如图 6.46所示。

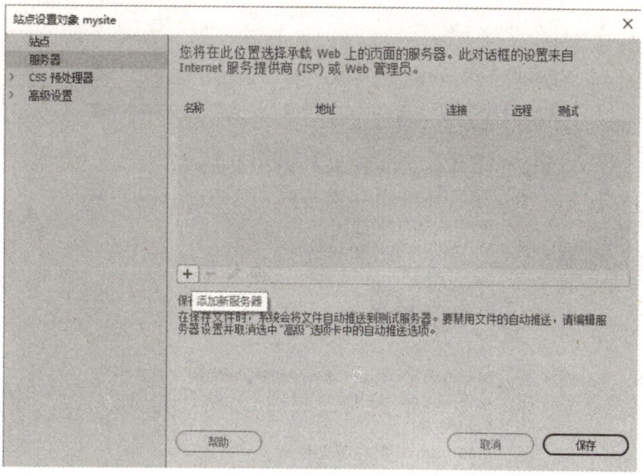

图 6.46　添加服务器信息

③ 在弹出的对话框中输入服务器信息，如图 6.47所示。进入文件面板，右击站点信息，从快捷菜单中选择“上传”命令，如图 6.48所示。

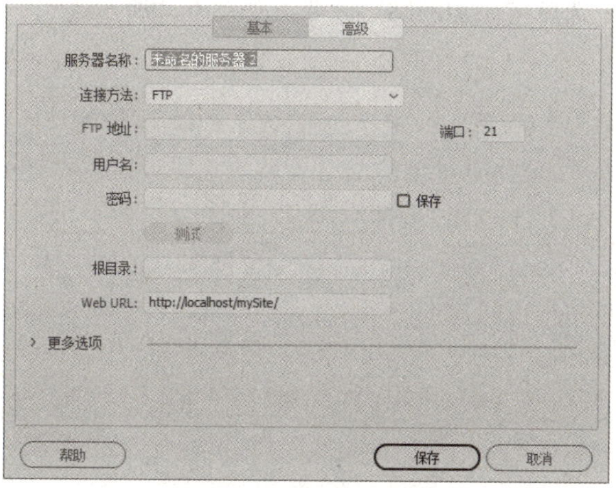

图 6.47　输入服务器信息

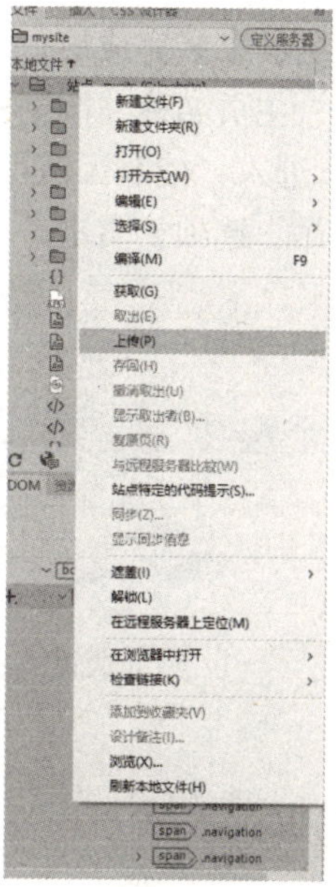

图 6.48　上传网站至服务器

（2）自己动手安装一个Web服务器

IIS是Internet Information Server的缩写，是微软提供的Internet服务器软件。它可以使得人们在Internet上发布信息变得很容易。

① IIS的安装

IIS是Windows操作系统自带的组件。在Windows 10下，可以按照下面的步骤安装。

a）打开控制面板。双击“程序和功能”图标，单击窗口左边列表的“启用或关闭Windows功能”按钮，进入Windows组件向导。

b）在向导对话框中，选择"Internet Information Services"项，选中"Web管理工具"和"万维网"服务的所有选项，如图 6.49所示。按照安装向导提示操作，开始安装IIS。

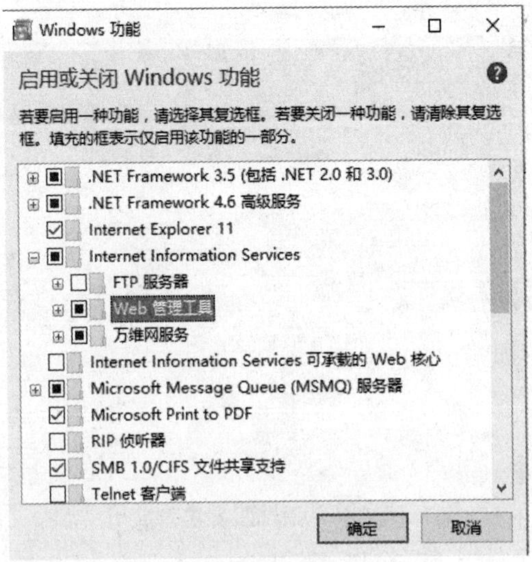

图6.49　添加组件

② 网站的配置和测试

服务器安装完成后，可根据自己网站的需求配置Web服务器。通常，可以设置网站的存放位置、主页名称、浏览权限、虚拟目录等。

a）进入"控制面板"→"管理工具"→"Internet信息服务（IIS）管理器"。在左侧选择"网站"选项，右击，从快捷菜单中选择"添加网站"命令，如图 6.50所示。

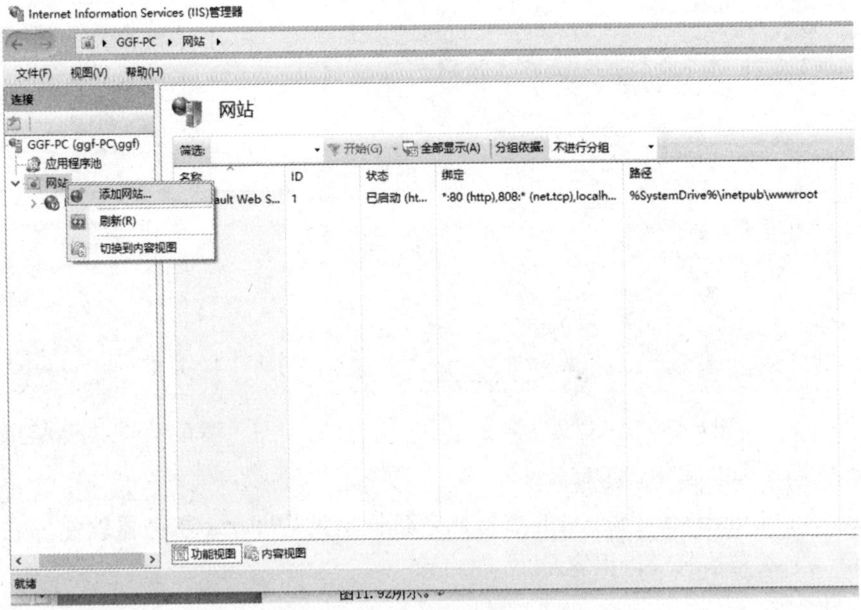

图 6.50　添加网站

b）输入网站名称、物理路径、IP地址以及端口号，如图 6.51所示。

Tips 若在IP地址栏中输入IIS所在的主机IP地址，则在同一网络下的其他终端的浏览器中输入“http://（主机IP地址）”即可访问网站，请读者自行练习。

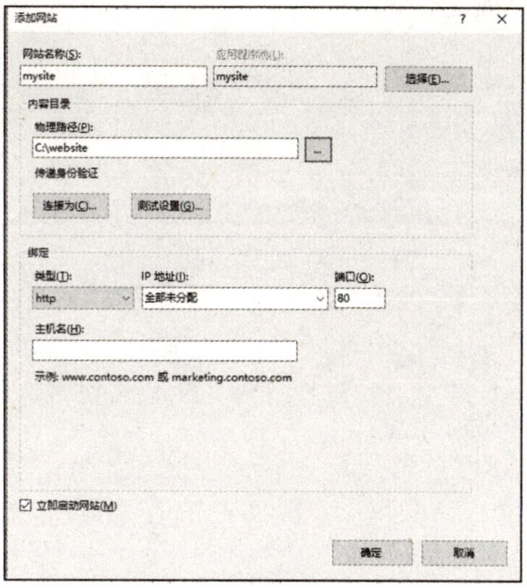

图 6.51　网站的基本配置

c）系统默认主页文件名为index.html、Default.htm等。若需添加自定义主页，可选择“默认文档”选项，单击“添加”按钮，输入自定的主页文件名，如图 6.52和图 6.53所示。

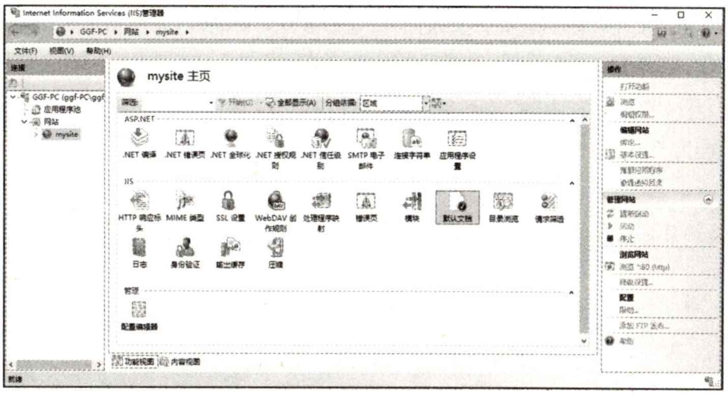

图 6.52　选择“默认文档”选项

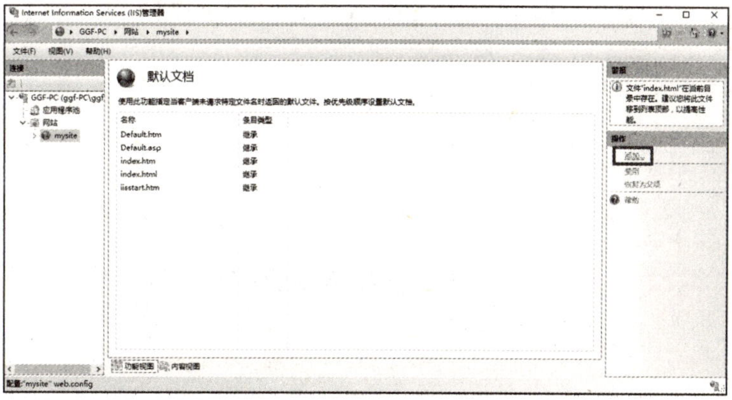

图 6.53　修改默认文档

Tips 一定把要发布的网站文件放置到步骤b）所设置“本地路径”的目录中，本例中该目录为: C:\website。

d）启动网站，如图 6.54所示。

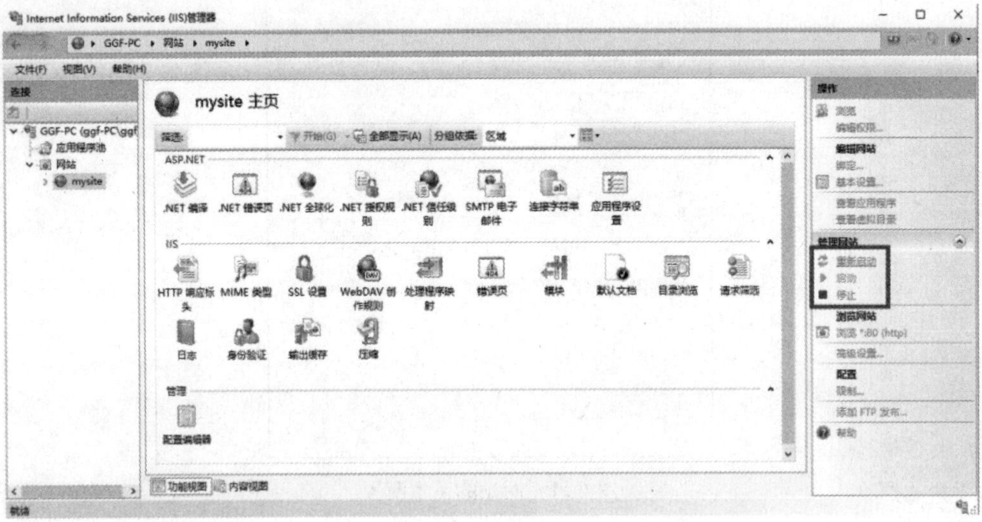

图 6.54　启动网站

e）打开浏览器，在地址栏中输入“http://localhost/”测试网站能否正常运行。

f）若网站需要配置为虚拟目录，则选择“mysite”网站，右击，从快捷菜单中选择“添加虚拟目录”命令，如图 6.55所示。在“添加虚拟目录”对话框中输入别名和物理路径，单击“确定”按钮，如图 6.56所示，完成虚拟目录设置。重新启动IIS服务器，打开浏览器，在地址栏中输入“http: //localhost/web”测试网站能否正常运行。

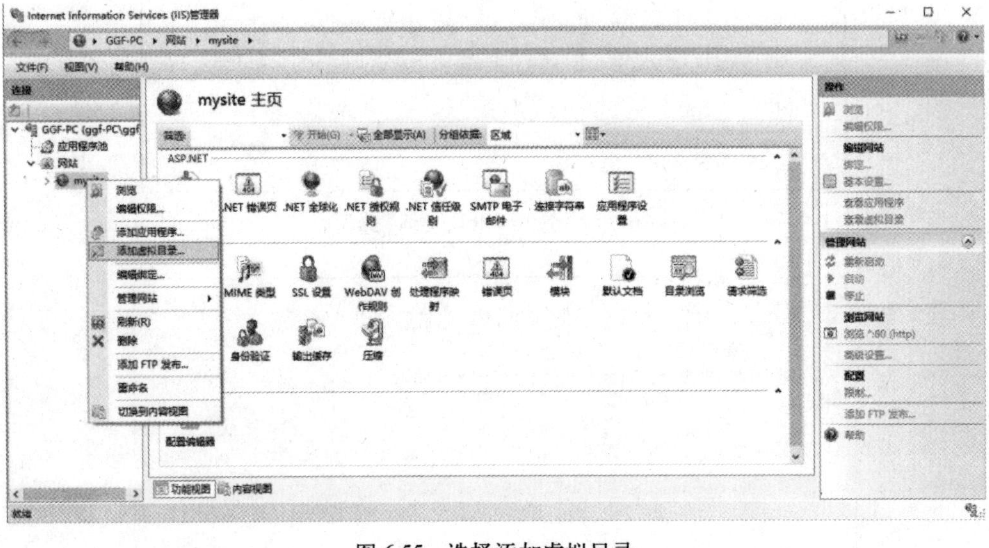

图 6.55　选择添加虚拟目录

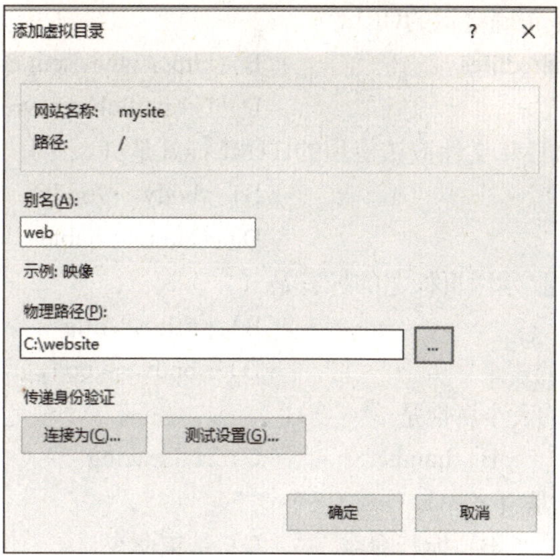

图 6.56　设置虚拟目录

本章小结

本章主要讲述了从网页设计到创建网站的基本方法和过程。

网页制作可以利用文本编辑软件直接编写代码而成，也可以使用可视化编辑综合工具来制作。在实际应用中，为了提高制作效率，往往是代码和可视化软件结合使用，例如使用Adobe Dreamweaver，因此不仅要掌握可视化的制作工具，也要熟悉编写网页语言的代码。

HTML语言和CSS是网页设计的基础。熟练掌握这两种代码的运用，才能编写出高质量的网页，也为将来进一步学习制作动态网页打下良好的基础。

构建网站有一些基本原则、制作方法和具体步骤。设计网站要注意网站类型和对象的定位性、观赏性、有效性、规范性、兼容性。要设计一个好的网站，除了要有好的制作技术外，更重要的是要有良好的创新意识和素材。

本章通过实例讲述了网站设计的基本步骤和操作过程，以及网页发布的方法和Web服务器的安装与设置。

练习与思考

一、单项选择题

1. 下面HTML的标签结构（　　）是错误的?

   A）<em>大家好，我是HTML标签</em>

   B）<h2>中国<big>北京</big></h2>

   C）<h2>中国<big>北京</h2></big>

   D）<img src="p1.gif" align="right" width="200">

2. 下面（　　）是正确格式的URL。

A）\\ServerA\Sharedfiles　　B）http: //www.scut.edu.cn/index.html

C）10.1.34　　D）C:\inetPub\wwwroot\index.html

3. 为了标识一个HTML文件应该使用的HTML标签是（　　）。

A）<p> </p>　　B）<body> </body>

C）<html> </html>　　D）<table> </table>

4. 可设置浏览器上显示网页标题的标签是（　　）。

A）<head> </head>　　B）<title> </title>

C）<style> </style>　　D）<body> </body>

5. 设置表格边框的大小属性是（　　）。

A）width　　B）height　　C）cellspacing　　D）border

6.
标签的用途是（　　）。

A）分段命令　　B）换行命令　　C）结束命令　　D）打印命令

7. 关于Dreamweaver的基本功能的叙述，不正确的是（　　）。

A）它是网页制作常用的可视化编辑工具

B）它具有较强大的网页制作、编辑功能

C）它具有较优越的Web网站管理功能

D）它不能实现网页布局

8. 在<body>标签中设置网页背景色的属性是（　　）。

A）bgcolor　　B）link　　C）vlink　　D）text

9. （　　）网页制作技术不能提供动态网页的效果。

A）ASP　　B）PHP　　C）HTML　　D）JSP

10. 设计网站最重要的是要有良好的（　　）和素材。

A）创新意识　　B）结构　　C）技术　　D）编辑工具

二、多项选择题

11. 设计网站要注意网站类型和对象的（　　）。

A）定位性　　B）观赏性　　C）有效性

D）规范性　　E）兼容性

12. 组成一个HTML文件最基本的标签有（　　）。

A）<html></html>　　B）<head></head>　　C）<body></body>

D）<form></form>　　E）<table></table>

三、简答题

13. 简述网页制作的工具类型，以及目前比较流行的制作工具软件。

14. HTML文档的基本结构是由哪些标签组成的？

15. 简述HTML和CSS在网页设计中的作用。

16. 网页中使用超链接的目的是什么？

17. 什么是站点？

四、操作题

18. 分别使用记事本和可视化工具制作一个网页文档，使用浏览器查看页面效果和代码。

19. 制作几个网页，使用超链接把它们连接起来，并以原窗口和新窗口方式打开页面。

20. 自选内容设计制作一个主页页面。

第7章

多媒体应用开发技术

多媒体应用开发技术是一门综合的、跨学科的技术，本章将详述多媒体应用的开发方法与模型制作过程及美学原则等。多媒体综合作品或多媒体应用系统（以下统称为“多媒体应用”）是多媒体技术应用的实际产物，是学习多媒体制作技巧的最终成果。多媒体应用领域比较广泛，主要有演示型、交互型、混合型三种基本模式。演示型模式的多媒体应用主要用于教学、会议、商业宣传、影视广告和旅游指南等场合，如企业宣传视频、多媒体教学课件等；交互型模式的多媒体应用一般会根据使用者与作品的对话来进行交互式操作并做出相应的结果展示，例如多媒体游戏、虚拟现实体验等；混合型模式介于二者之间，兼有两者的特点。

7.1 创意设计

1. 创意设计的作用

多媒体应用之所以有巨大的诱惑力，主要是因为其具有丰富多彩的多种媒体的同步表现形式和直观灵活的交互功能。精彩的创意将为整个多媒体应用注入生命与色彩，好的创意不仅使多媒体应用独具特色，也大大提高了系统的可用性和可视性。

创意设计涉及美学、实用工程学和心理学，创意设计的作用和影响不可忽视，所谓“七分创意、三分做”，就形象地说明了这个道理。创意设计的主要目的是使产品程序运行速度快，表现手段多样化、科学化，风格个性化，产品商业化，能更好地投入应用，得到消费者的重视。

2. 创意设计内容

创意设计主要从事三个方面的工作：技术设计、功能设计、美学设计。这三个设计涉及的专业知识比较广泛，需要多媒体应用的所有设计群体的共同努力才能完成。在设计过程中，需将全部创意、进度安排和实施方案形成文字资料，制作成脚本，并贯穿于多媒体应用开发阶段的各个环节中。

创意设计工作的特点是细腻、认真、一丝不苟。一点小小的疏忽，可能会使今后的开发工作陷入困境，甚至要从头开始。

7.2　多媒体应用的开发人员

从多媒体应用的构思到产品交付，有许多工作进程必须完成，特别是多媒体具体制作过程非常复杂，期间涉及很多设计方面的内容。目前，对于多媒体应用开发而言，没有现成的准则来制订完美的开发进程计划。简单的多媒体应用可以由一个人独立完成，但大型的、综合的、出色的多媒体应用则需要许多人共同合作来完成，如计算机美工、软件编程人员、文字编辑人员、外语翻译、音乐编辑人员、影视制作人员等。一个完整的多媒体项目开发小组成员如图7.1所示。

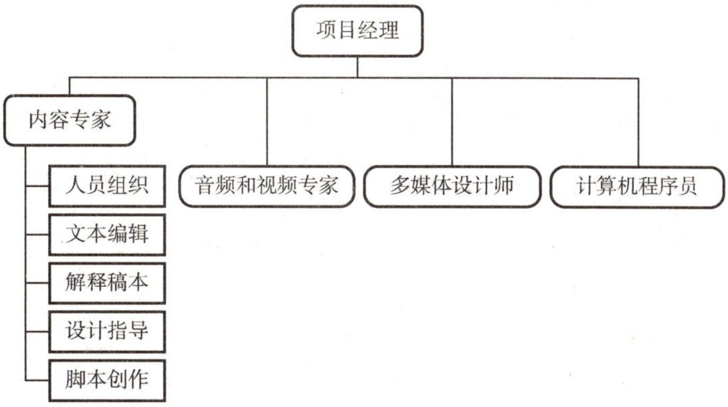

图7.1　多媒体应用开发小组成员结构

1. 项目经理

项目经理也称制作经理，负责整个项目的开发和实施，包括经费预算、进度安排、主持脚本的创作等，其管理能力非常重要。

由于多媒体是一项新兴产业，因此专门针对多媒体应用的管理人才非常稀缺，于是多媒体应用的项目经理往往是从电视或无线广播等行业被挖掘出来的，他们一般拥有图像设计与计算机基础能力。总之，项目经理是整个多媒体应用开发制作过程的核心人物。

2. 内容专家

内容专家负责研究应用作品的全部内容，为多媒体设计师提供程序内容，即多媒体应用演示的具体信息、数据、图形或事实。具体工作包括人员组织、文本编辑、解释稿本、对作品的总体和模块设计进行设计指导、脚本创作等。

3. 音频和视频专家

当成段的讲述和视频需要集成到多媒体描述中时，需要用到音频专家和数字视频专家。音频专家负责选择、录制或编辑各种声音及特效；数字视频专家负责视频的捕获、编辑和数字化，拍摄照片，扫描图片或幻灯片，并进行编辑。

4. 多媒体设计师

多媒体设计师负责监督其他队伍成员的工作，如音频专家、数字视频专家、计算机程序员等。多媒体设计师不必精通其他小组成员的技巧，但必须基本了解其他成员所用的软件，并对他们使用文件的格式和转换方案提出建议。

5. 计算机程序员

计算机程序员即软件工程师，主要负责使用多媒体创作工具或编程语言把一个项目中的多媒体素材集成为一个完整的多媒体系统，同时负责项目的各种测试工作。

7.3 多媒体应用的开发阶段

多媒体应用的开发阶段如图7.2所示，包括从需求分析到发行作品7个阶段。

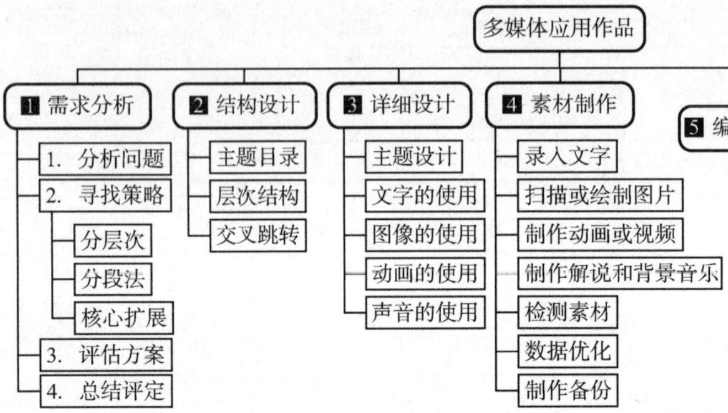

图7.2　多媒体应用的开发阶段

7.3.1　需求分析

需求分析是创作新应用产品的第一个阶段，其任务是确定用户对应用的具体要求和设计目标。在用户提出需求后，多媒体应用的开发人员要从不同的角度分析问题，列出解决问题的各种策略，最后评估各种方案的可行性，选择一个可行性高且创意最新颖的方案。具体分为4个步骤。

1. 分析问题

根据用户提出的需求，组织一切与该问题相关的因素，并将所有相关信息以草图、思维导图等方式表示出来，然后从各种不同角度分析问题，整理思路。

2. 寻找策略

实现一个应用作品，可采用多种策略。常用的策略介绍如下。

（1）分层次：将大系统分为若干子系统，自顶向下逐步细化，然后自下向上逐个解决。

（2）分段法：将整个问题分为几段，分别处理，最后集成。

（3）核心扩展：在系统最核心部分确定后，从该处入手扩展到其他部分，直到全部解决。

3. 评估方案

评估的目的在于确认方案是否可行，能否满足用户需求。因此，一般将方案与用户需求互相对照并列出功能，请用户判断方案的正确性。

4. 总结评定

在对各种方案进行评定时，应请最终用户来判断方案的正确性或可行性，并在可行的方案中找出有创意的目标方案。

7.3.2　结构设计

需求分析完毕，确定设计方案后，设计人员就要决定如何构造应用系统结构。在多媒体应用设计中，设计人员必须将交互的概念融入到应用作品的设计中。在确定系统整体结构设计模型之后，还要确定组织结构是线性的、层次的，还是网状链接结构，然后着手脚本设计，绘制插图、屏幕样板和定型样本。

通常，结构设计中要确定以下三项内容。

1. 主题目录

这是整个作品的入口点、查询中心。主题目录应体现出良好的设计，例如，一幅导览图能简单明了地表明作品的整体框架，用户可通过该图访问所有元素。

2. 层次结构

此阶段要建立和每个问题相关的主题的层次关系，以及其对项目显示信息顺序的影响。例如，一个多媒体课程学习网站，第一层内容是该课程教学的主干知识，然后通过相关知识进行交叉跳转，提供其他层次的知识点，从而建立了一个知识层次结构。

3. 交叉跳转

在使用多媒体创作工具时，一般会使用主题词或图标作为跳转点，将相关主题连接起来；而使用编程环境或开发平台时，通常使用脚本语言来实现。

7.3.3　详细设计

此阶段的任务是建立设计标准和细则，在开发多媒体应用系统之前，必须制定高质量的设计标准，以确保多媒体设计具有一致的内部设计风格。这些标准主要包括主题设计标准、字体使用标准、声音使用标准、图像和动画的使用标准等。

1. 主题设计

当把表现的内容分为多个相互独立的主题或屏幕时，应当使声音、内容和信息的广度保持一致。例如，腾讯视频APP，不管通过主屏幕跳转到什么类型的视频主题，其界面风格、字体风格都是一致的。

2. 文字的使用

选择文本字体（包括字型、字号、颜色等）的一致是保证作品的易读性和美观性的重要因素。例如，腾讯新闻网，每个页面的字体格式、版面格式及颜色搭配风格都保持了高度一致。

3. 图像的使用

在使用图像时，可通过对图像进行加工和再创造，渲染情感，使图像富于内涵，创造某种意境，让人们产生遐想。图像使用要注意“图像的真实性”、“图像的内涵”和“图像的选材”三个问题。

（1）图像的真实性。图像的第一属性是形象、准确地表达自然现象和思想。因此对于图像的涂抹、压缩和缩放都要慎重，要保证图像的清晰度和真实性。

（2）图像的内涵。图像富于内涵，通过对图像进行加工和再创造，能够创造某种意境，让人们产生遐想，具有某种象征性的意义。常用的手段如下：

① 对图像进行去色处理，形成灰度图像，使图像具有黑白艺术感，象征刚毅、果敢；

② 需要表现怀旧题材时，对图像进行色调调整，使其色调偏黄，并适当降低对比度；

③ 根据色彩的象征意义，把图像调整到需要的色调，能使人们产生相应的联想；

④ 对图像中的主体和其他部分进行不同处理，能强调主观意识；

⑤ 当把图像用作背景时，需要降低图像的对比度和亮度，并适当地调整色调。

（3）图像的选材。根据不同的场合合理选择图像素材，能准确地展现图像的内涵。图像的选材应遵循以下原则：

① 确定主题后，根据主题选择素材；

② 尽量选用高分辨率、饱和度高的图像素材；

③ 需要拍摄照片作为素材时，应先设计好文字在照片中的位置，拍照时留有余地；

④ 当图像取自印刷品时，要消除印刷品上的网纹，会降低图像的锐度；

当一张图片不能满足要求时，应多准备几张，截取每张中所需部分再重新组合。

4. 动画的使用

为了使动画对象的造型生动、逼真，构图均衡，使用动画时要综合考虑如下几个方面。

（1）动画造型的设计需要个性鲜明，善恶分明，适度夸张。

（2）画面的结构布局要符合美学的构图规则，例如，除了合理摆放景物、人物的位置以外，还应为动画主体留出活动的空间。

（3）画面调度自然，具有可观赏性。

（4）动画制作符合实际，尊重视觉规律，例如，慢动流畅、快动引起注意。动画要把握好运动节奏。

（5）动画的运动要符合自然规律，但如果有趣味性的需要，也允许做出适度的夸张。

5. 声音的使用

人们对声音美感的感觉是直接的，不好听、刺耳、有杂音等都属于直接的感受。优美的声音给人带来愉悦和享受。美化声音的目的是使声音清晰、悦耳、动听。使用声音时需要注意以下问题。

（1）如何提高声音的质量，使其更加纯净、逼真。

（2）如何润色声音，使其更加悦耳动听。

（3）如何加工声音，为某种需要制造特殊效果。

Tips 需求分析、结构设计与详细设计阶段均可使用思维导图来整理思路，详细内容请见7.5节。

7.3.4　素材制作

多媒体素材的制作过程是最为艰苦和关键的过程。在此阶段，要和各种工具软件打交道，按照创意设计的思路，制作图像、动画、声音及文字。制作是否成功，直接影响多媒体应用的表现力、特色和实用性。这是既费时又复杂的工作，涉及素材的数字化处理、创作和编辑等方面。如果对素材的要求较高，应请专业人员利用专业的设备来完成制作。

（1）录入文字，并生成文档，如TXT、DOC文件。

（2）扫描或绘制图片，并根据需要进行加工和修饰。

（3）按照脚本要求，制作规定长度的动画或视频文件。

（4）制作解说和背景音乐。按照脚本要求，将解说词进行录音，并合成背景音乐和解说音。

（5）利用工具软件，对所有素材进行检测。对于文字内容，主要检查用词是否准确、有无纰漏、概念描述是否严谨等；对于图片，则侧重于画面分辨率、显示尺寸、彩色数量、文件格式等；对于动画和音乐，主要检查二者时间长度是否匹配、数字声频信号是否有爆音、动画的画面调度是否合理等。

（6）数据优化是针对媒体素材进行的，这样可以减小各种媒体素材的数据量，提高多媒体应用的效率，降低光盘数据存储的负荷。

（7）制作素材备份。此项工作十分重要，素材制作不容易，复制几份非常必要。

7.3.5　编码与集成

多媒体应用是具备实际使用价值、功能完善而可靠、文字资料齐全、具有数据载体的产品。因此在完全确定产品的内容、功能、设计标准和用户使用要求后，应选择适宜的创作工具和方法，对根据脚本设计的各种多媒体数据进行连接，实现媒体的集成、连接编排与组合，从而构造出可由多媒体计算机控制的应用系统。

Tips　多媒体应用的后期阶段可以使用专用平台软件对媒体进行组合，并且增加全部控制功能。

7.3.6　测试

测试阶段的任务是运行并检测应用系统。每个模块都要进行单元测试和功能测试，模块连接后进行总体功能测试。经过测试，可以修改错误，强化软件的可用性、可靠性，并对功能不断改进。

7.3.7　发行作品

此阶段的任务是制作发行版本，编写技术说明书和用户使用说明书。技术说明书用于阐述多媒体应用的技术指标，包括：各种媒体文件的格式与技术数据，开发环境和运行环境，技术支持方式，版权说明等。用户使用说明书的阅读对象是多媒体应用的直接使用者，主要介绍如何使用多媒体应用，包括：软件的安装方法，具体使用说明，解释使用中常见的问题，版本更新和修改的说明，联系方法等。

7.4 多媒体应用的开发模型

多媒体应用开发模型是指多媒体应用开发的全部过程、活动和任务的结构框架。常见的开发模型有线性顺序模型、演化模型、螺旋模型、增量模型、喷泉模型与智能模型等，由于篇幅关系，本节只介绍多媒体应用开发的常用模型。

通过7.3节讲述的多媒体应用的开发阶段可推断，多媒体应用的开发模型多采用线性顺序模型或增量模型。

7.4.1 线性顺序模型

线性顺序模型是1970年W.Royce提出的，也称为传统生命周期模型（或瀑布模型）。该模型给出了固定的顺序，将生存期活动从上一个阶段向下一个阶段逐级过渡，如同流水下泻一样，最终得到所开发的软件产品，投入使用。生命周期模型如图7.3所示。

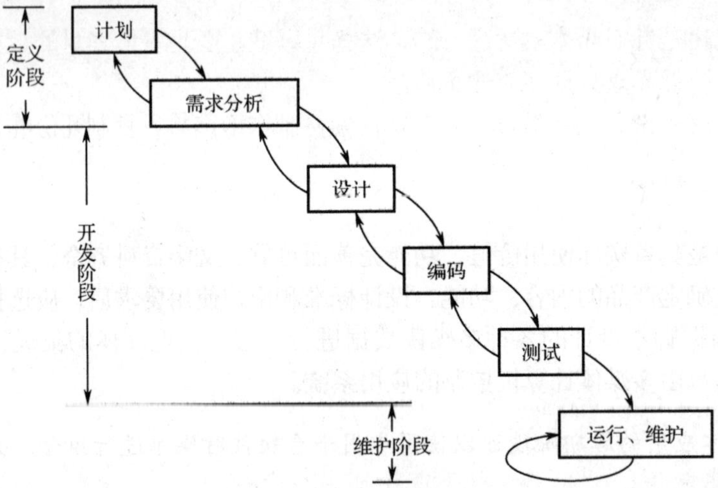

图7.3 生命周期模型

此模型适应小型的多媒体应用开发。在大型的多媒体应用开发中，若采用此模型，当需求变更时，软件变更将非常困难；用户不能跟进项目；另外，整个组的人员必须等到上面的阶段完成后才可以进行下阶段的工作。因此，大型的多媒体应用开发，常使用增量模型。

7.4.2 增量模型

增量模型如图7.4所示。增量模型实际上是一个随着日程的进展而交错的线性序列集合。它采用增量式开发方法，每一个线性序列产生一个软件的可发布的“增量”，所有的增量都能够结合到原型模型中去。

应用增量模型进行多媒体应用开发时，开发者首先开发出框架，然后再少量地或大量地在其上增加功能。当项目开发人员变动较大时，可以使用该模型，在人员增加时可以扩展。

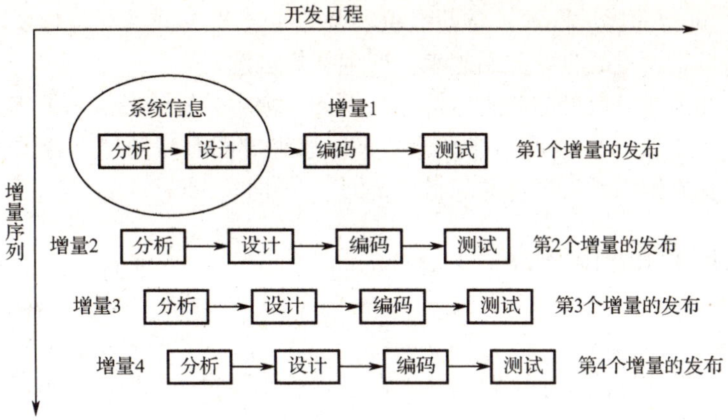

图7.4　增量模型

7.5　思维导图工具

多媒体应用的开发过程可以使用思维导图工具来辅助完成。思维导图（Mind Mapping）是英国学者托尼·巴赞在20世纪70年代初期所创的一种笔记方法，它以关键词和直观形象的图示建立起各个概念之间的联系，能有效帮助设计及研究人员表达和组织放射性思维，从而提高工作效率。

7.5.1　思维导图功能

思维导图在我们的生活、学习和工作等很多方面都可以应用。在多媒体应用开发过程中，可以应用思维导图，整理思维，提高开发效率。下面结合多媒体应用的开发阶段对思维导图的用途加以说明。

（1）计划。项目经理需要在项目阶段对各个环节进度进行安排和工作分配。思维导图可以帮助项目经理将所有待办工作罗列出来，再组织成清楚的、有目标的计划，并通过思维导图的关联线、分层等展示各项工作的负责人，工作的前后依赖关系，截止日期等。

（2）选择。在开发阶段中，从需求分析到设计到素材制作，都面临多种方案选择的情况，尤其是需求分析阶段，思维导图可以帮助我们更全面清晰地理解问题，具体如下：① 将需要考虑的因素、可行性等用思维导图画出来；② 将所有的因素结合预算、交付时间等实际参数加以权衡，做出分类或排序，选出最佳方案。

（3）笔记。在“需求分析”阶段，项目组人员在和用户沟通时，用思维导图做记录，把相关的意念用连接线连接起来，加以组织，方便记忆。

（4）小组讨论。在前期的“需求分析”、“结构设计”、“详细设计”阶段，需要项目组成员结合需求讨论出相应方案。① 各人分别画出已知的资料和意念；② 在共同讨论时，将各人的思维导图中的重点提取出来加工合并；③ 重组成一个新的思维导图。重组之后，可以产生许多新的创意。在这一过程中，每个成员的意见都被考虑进来，提升团队的归属感和合作效率。

（5）创作。在“素材制作”阶段，需要创作或重组一些多媒体对象。① 将所有发散性创意写下来；② 进行考虑后筛选，重新组织和合并；③ 对形成的思维导图进行修改。在这一过程中，有助于把大量的创意联系起来，产生新的创意。

(6) 展示。在所有阶段都需要进行展示，例如在需求分析阶段展示方案、在结构设计阶段阐述整体架构、在发行阶段展示作品原型等。思维导图可帮助展示者预先清楚自己的构思，在演说时更具有组织性和更容易记忆。

7.5.2 思维导图制作方法

1. 制作思路

制作思维导图前应熟悉了解主题内容，在头脑里面形成一个整体的雏形。一般来说，可以按照以下步骤整理自己的思路：

(1) 将中心主题置于中央位置。

(2) 大脑不受任何约束，围绕主题进行思考，画出各个分支，及时记下瞬间思想。

(3) 留有适当的空间，以便随时增加内容。

(4) 整理各个分支内容，寻找它们之间的关系，并运用连线、颜色、图形等表示。

(5) 利用图像库增加思维导图的视觉表现力。

例如，多媒体应用的开发阶段用思维导图整理如图7.2所示，对一本书做思维导图如图7.5所示。

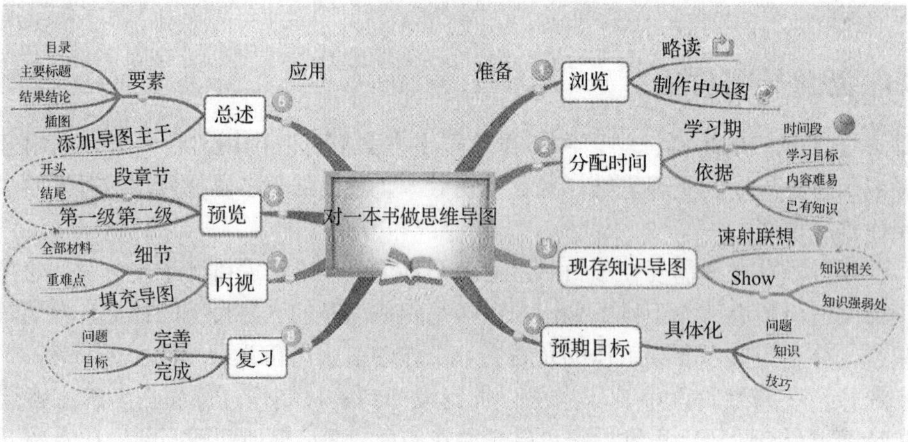

图7.5　对一本书做思维导图

2. 利用在线思维导图网站制作

思维导图除了用传统的手绘方式外，还可以利用计算机或其他移动终端来制作。通过在线网站制作，免去了搜索、下载和安装软件环节，直接登录网站就可以制作思维导图。随着网络的迅速发展，网上协作越来越重要，在线制作可以邀请其他人一起创作和分享作品。大部分的网站支持常用的思维导图制作工具的文件格式。

(1) 百度脑图：http://naotu.baidu.com。打开该网站，可以用百度账号登录并在线编辑，无须安装软件并可在线存储，使用比较方便。主界面如图7.6所示。

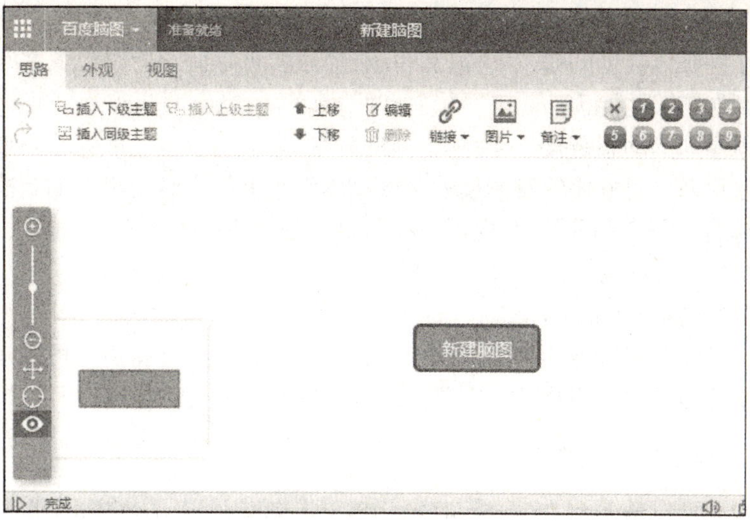

图7.6　百度脑图主界面

（2）Processon团队开发的在线网站：https://www.processon.com。可以用微信、QQ、新浪微博账号登录，除支持思维导图外，还支持流程图、原型图、UML、网络拓扑图等。

（3）MindMeister：https://www.mindmeister.com/zh。近年来备受好评的在线思维导图应用软件。

3. 用思维导图制作工具

思维导图制作工具很多，各种操作系统、平台均能找到工具。

例如，Mindnode是Mac机专用的思维导图工具；Xmind、Mindmap、Mindmanager是Windows中使用的思维导图工作；目前流行的Android系统可使用“思维导图”；苹果系统用“思维导图HD”、SimpleMind等。

Tips　工具只是辅助整理思维，找到一款适合自己的工具即可。对于思维导图的制作，可以关注和思维导图相关的许多公众号，进行在线学习。

7.6　多媒体创作工具概述

1. 多媒体创作工具的定义

多媒体应用软件一般利用功能强大且简单易用的多媒体创作工具进行制作。多媒体创作工具又称多媒体著作工具，它提供了组织和编辑多媒体应用中各媒体元素所需的框架，是集成处理和统一管理多媒体信息的一个或一套工具，其实质是程序命令的集合。

2. 多媒体创作工具的功能

多媒体应用是一个综合性系统，要求其使用的工具具备以下功能。

（1）编程环境：能对单媒体进行基本的操作控制，如循环、条件分支、变量等价、布尔运算及计算管理等。

（2）超媒体功能和流程控制功能：指从一个静态对象跳转到另一个相关的数据对象进行

处理的能力。

(3) 支持多种媒体数据的输入和输出，具有描述各种媒体之间时空关系的交互手段。

(4) 动画制作与演播能力。

(5) 应用程序间的动态链接。

(6) 模块化和面向对象化的制作模式：多媒体创作工具应能让用户编制模块化的独立片段，使其能"封装"和"继承"，以便用户在需要时独立使用。

(7) 界面友好、易学易用。

(8) 具有良好的扩充性。

除此以外，一些功能较强的多媒体创作工具还具有网上应用能力，可以开发出基于互联网和大数据应用的多媒体应用软件，有些具有很强的交互能力。

3. 多媒体创作工具的种类

(1) 独立的创作工具

独立的多媒体创作工具根据创作方法的不同分为以下4类。

① 以图标为基础的多媒体创作工具，如Adobe Authorware、IconAuthor。

② 以时间为基础的多媒体创作工具，如Adobe Action、Director。

③ 以页为基础的多媒体创作工具，如Tool Book、PowerPoint、Dreamweaver、各类电子杂志工具。

④ 以传统程序设计语言为基础的多媒体创作工具，如C++、Java语言，以及可视化程序编写工具，如Visual Basic、Visual C++、Delphi、Visual C#等。

⑤ 专用领域创作工具，如几何画板用于制作数学、几何方面的应用软件；Electronic Workbench用于制作电子方面的应用软件等。

根据创作界面不同，多媒体创作工具分为以下7类。

① 幻灯式：如Microsoft PowerPoint、Prezi等。

② 书本式：如电子杂志软件iebook等。

③ 窗口式：一个窗口就是屏幕上的一个与用户交互的对象，如Tool Book。

④ 时基式：采用按时间轴顺序的创作方式，如Adobe Action。

⑤ 网络式：具有超文本特色，如Adobe Dreamweaver。

⑥ 流程图式：利用图标标识内容和动作，如Adobe Authorware。

⑦ 总谱式：以角色和帧为对象，是时基式与脚本的结合，如Adobe Director。

(2) 工具套系

微软一直都提供工具包，例如Visual Studio工具包（如Visual Studio.NET），近年来Adobe公司也推出了CC（Creative Cloud）系列工具集。Adobe Creative Cloud 的目的是将多媒体应用制作中的工作流程转换成一种直觉式的自然体验，让创作者可轻松地将作品发布至任何台式计算机、平板电脑或手持设备。该系列包括各类多媒体素材制作软件，通过Creative Cloud应用程序入口即可访问 Adobe CC系列中其他应用程序、联机服务及其他新发布的应用程序。

Tips 由于篇幅关系，本书对具体工具的应用不做详细介绍，请自行去官网查阅相关信息。对于综合实例的开发，可参考第6章。

本章小结

多媒体应用开发技术是一门综合的、跨学科的技术，涉及的内容非常多。本章就多媒体应用开发技术的相关理论知识，包括多媒体应用的创意设计、开发人员、开发阶段、开发模型和一些开发工具等做了简要介绍。

创意设计是多媒体应用开发的关键。

多媒体应用开发人员包括项目经理、内容专家、音频和视频专家、多媒体设计师和计算机程序员，他们共同完成一个综合的多媒体应用的开发。

多媒体应用的开发阶段包括需求分析、结构设计、详细设计、素材制作、编码与集成、测试、发布作品。

多媒体应用的开发模型常采用线性顺序模型（瀑布模型）或增量模型。

思维导图工具能帮助开发人员整理思维，提高开发效率。

多媒体创作工具提供了组织和编辑多媒体应用中各媒体元素所需的框架，是程序命令的集合。

练习与思考

一、单项选择题

1. 创意设计师是多媒体应用开发的关键。(　　)

A）正确　　B）错误

2. (　　）是多媒体应用开发阶段中的首要阶段。

A）结构设计　　B）需求分析　　C）素材制作　　D）发行阶段

3. 大型的多媒体应用开发模型通常采用（　　）。

A）瀑布模型　　B）增量模型　　C）螺旋模型　　D）演化模型

4. 多媒体创作工具提供了组织和编辑多媒体应用各媒体的框架，是（　　）的集合。

A）多媒体数据　　B）程序命令　　C）多媒体软件　　D）各媒体框架

5. 思维导图以（　　）和直观形象的图示建立起各概念之间的联系。

A）关键词　　B）线段　　C）放射性思维　　D）图标

二、多项选择题

6. 多媒体应用开发人员包括（　　）。

A）项目经理　　B）内容专家　　C）音频和视频专家　　D）多媒体设计师

E）计算机程序员

7. 思维导图在我们的生活、学习中都可以应用，例如（　　）。

A）计划　　B）选择　　C）笔记　　D）小组讨论

E）创作　　F）展示

三、简答题

8. 多媒体应用的开发人员包括哪些？分别有哪些工作内容？
9. 多媒体应用的开发阶段有哪些？
10. 多媒体应用的开发模型有哪些？
11. 举例说明多媒体创作工具的含义和功能。

参考文献

[1]王中生，高加琼．多媒体技术与应用（第3版）．北京：清华大学出版社，2016．

[2]赵子江，吴海燕．多媒体技术基础（第2版）．北京：机械工业出版社，2015．

[3]史林平，中山．构图决定一切．北京：人民邮电出版社，2011．

[4]贾永红．图像处理．武汉：武汉大学出版社，2003．

[5]张弘．图像处理与分析．北京：机械工业出版社，2008．

[6]陆芳等．多媒体技术及应用．北京：电子工业出版社，2010．

[7]冯博琴，崔舒宁，赵英良．多媒体技术及应用．北京：清华大学出版社．

[8]凤舞．会声会影X9完全自学宝典，北京：电子工业出版社，2017．

[9]格罗斯．视频制作：专业素养与技巧（第10版）．谢毅，译．北京：清华大学出版社，2013．

[10]刘西杰，张婷．HTML CSS JavaScript网页制作从入门到静态．北京：人民邮电出版社，2016．

[11]王彩梅．网页制作与网站建设课堂实录．北京：清华大学出版社，2015．

[12]Adobe Photoshop学习与支持：https://helpx.adobe.com/cn/support/photoshop.html.

[13]Adobe Audition 学习与支持：https://helpx.adobe.com/cn/support/audition.html.

[14]Adobe Animate学习与支持：https://helpx.adobe.com/cn/support/animate.html.

[15]Adobe Dreamweaver学习与支持：https://helpx.adobe.com/cn/support/dreamweaver.html.

反侵权盗版声明

举报电话：（010）88254396；（010）88258888

传　　真：（010）88254397

E-mail:　dbqq@phei.com.cn

通信地址：北京市万寿路 173 信箱

电子工业出版社总编办公室

邮　　编：100036